"十一五"国家计算机技能型紧缺人才**培养培训教材**

教育部职业教育与成人教育司

全国职业教育与成人教育教学用书行业规划教材

新编

中文版
Fireworks MX 2004

标准教程

策划／WISBOOK 海洋智慧图书

编著／詹 巍

与本书相关范例源文件、实例效果、

超媒体教学视频 以及相关素材

U0337876

海洋出版社

北京

内 容 简 介

本书是专为在较短时间内学会并掌握网页图像制作软件 Fireworks MX 2004 的使用方法和技巧的标准教程。作者从自学与教学的实用性、易用性出发，用典型的实例、边讲边练的方式，淋漓尽致地展示了 Fireworks MX 2004 的强大功能。

主要内容：全书由 18 章及附录构成。第 1 章～第 5 章介绍 Fireworks MX 2004 的新增功能、安装和卸载、工作界面，文件、图像和文本的基本操作，网页图像的优化技术基础知识；第 6 章～第 13 章介绍 Fireworks 中颜色、笔触、填充、滤镜、特效和样式的用法，GIF 动画的制作方法，最后通过几个具体实例的讲解让读者充分体验该软件的强大功能，从而提高运用该软件设计网页图像的水平；第 14 章～第 18 章，介绍网页艺术设计基础知识，用具体的实例说明如何利用它创建网站的 LOGO、Banner、按钮和导航栏等网站形象，讲解网页图像热点与切片的使用，最后了解它与 Dreamweaver 结合使用的一些具体操作方法，并通过一个具体网站建设体验两者结合在建站中所发挥的巨大作用；附录是 Fireworks MX 2004 快捷键一览表。

本书特点：从零开始，由浅入深、循序渐进，图文并茂、内容丰富，重点突出，边讲边练，通俗易学；范例典型、强调应用；学习轻松，容易上手；每章附有思考题及答案，更有利于理解和掌握；光盘内容丰富实用，提高学习效率，事半功倍；文前的彩色效果更让读者体味 Fireworks MX 2004 的强大魅力。

光盘内容：包含与本书相关的范例源文件、超媒体教学视屏以及相关素材。

读者对象：专为职业院校、社会电脑培训班、广大电脑初、中级读者量身定制的培训教程和自学指导书。

图书在版编目(CIP)数据

新编中文版 Fireworks MX 2004 标准教程/詹巍编著. —北京：海洋出版社，2004.4（2010.8 重印）

ISBN 978-7-5027-6041-0

Ⅰ.新… Ⅱ.詹… Ⅲ.主页制作—图形软件，Fireworks MX 2004—教材 Ⅳ.TP393.092

中国版本图书馆 CIP 数据核字（2004）第 001110 号

总 策 划：WISBOOK

责任编辑：钱晓彬 周京艳

责任校对：肖新民

责任印制：刘志恒

光盘制作：海洋多媒体开发中心

光盘测试：海洋多媒体开发中心

排 版：海洋计算机图书输出中心 永媛

出版发行：海洋出版社

地 址：北京市海淀区大慧寺路 8 号（705 房间）
100081

经 销：新华书店

发 行 部：(010) 62174379（传真）(010) 62132549
(010) 62100075（邮购）(010) 62173651

技术支持：(010) 62100055

网 址：www.oceanpress.com.cn

承 印：北京海洋印刷厂

版 次：2004 年 4 月第 1 版
2010 年 8 月第 4 次印刷

开 本：787mm×1092mm 1/16

印 张：16.75 彩插 2 页

字 数：385 千字

印 数：7001～9000 册

定 价：29.00 元（含 1CD）

本书如有印、装质量问题可与发行部调换

Fireworks MX 2004

Fireworks MX 2004

光盘内容

本书配套光盘含有以下内容：
\Fireworks 插件　　　本书范例的所需Fireworks插件文件
\彩色插图　　　　　　本书各章中所有的插图文件
\范例源文件　　　　　本书各章中所讲解的实例的最终文件
\超媒体教学视频　　　一些典型实例的操作演示
\相关素材　　　　　　提供了读者学习和练习的素材

Fireworks插件　　超媒体教学视频　　范例源文件　　相关素材　　彩色插图　　AUTORUN　　wisbook

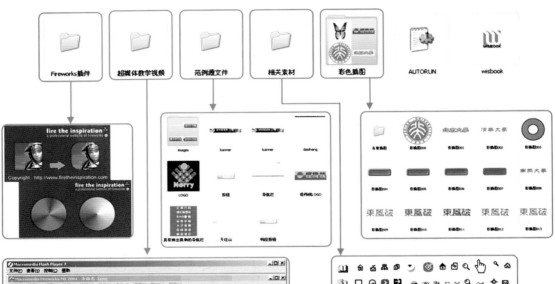

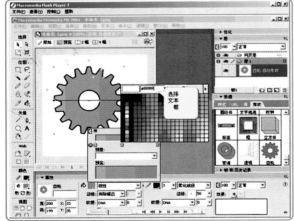

有问题找詹巍，
技术支持信箱：
firstfriend@263.net

"十一五"全国计算机职业资格认证培训教材

编 委 会

主　任　杨绥华

编　委　（排名不分先后）

丛 书 序 言

计算机技术是推动人类社会快速发展的核心技术之一。在信息爆炸的今天，计算机、因特网、平面设计、三维动画等技术强烈地影响并改变着人们的工作、学习、生活、生产、活动和思维方式。利用计算机、网络等信息技术提高工作、学习和生活质量已成为普通人的基本需求。政府部门、教育机构、企事业、银行、保险、医疗系统、制造业等单位和部门，无一不在要求员工学习和掌握计算机的核心技术和操作技能。据国家有关部门的最新调查表明，我国劳动力市场严重短缺计算机技能型技术人才，而网络管理、软件开发、多媒体开发人才尤为紧缺。培训人才的核心手段之一是教材。

为了满足我国劳动力市场对计算机技能型紧缺人才的需求，让读者在较短的时间内快速掌握最新、最流行的计算机技术的操作技能，提高自身的竞争能力，创造新的就业机会，我社精心组织了一批长期在一线进行电脑培训的教育专家、学者，结合培训班授课和讲座的需要，编著了这套为高等职业院校和广大的社会培训班量身定制的《"十一五"国家计算机技能型紧缺人才培养培训教材》。

一、本系列教材的特点

1. 实践与经验的总结——拿来就用

本系列书的作者具有丰富的一线实践经验和教学经验，书中的经验和范例实用性和操作性强，拿来就用。

2. 丰富的范例与软件功能紧密结合——边学边用

本系列书从教学与自学的角度出发，"授人以渔"，丰富而实用的范例与软件功能的使用紧密结合，讲解生动，大大激发读者的学习兴趣。

3. 由浅入深、循序渐进、系统、全面——为培训班量身定制

本系列教材重点在"快速掌握软件的操作技能"、"实际应用"，边讲边练、讲练结合，内容系统、全面，由浅入深、循序渐进，图文并茂，重点突出，目标明确，章节结构清晰、合理，每章既有重点思考和答案，又有相应上机操练，巩固成果，活学活用。

4. 反映了最流行、热门的新技术——与时代同步

本系列教材在策划和编著时，注重教授最新版本软件的使用方法和技巧，注重满足应用面最广、需求量最大的读者群的普遍需求，与时代同步。

5. 配套光盘——考虑周到、方便、好用

本系列书在出版时尽量考虑到读者在使用时的方便，书中范例用到的素材或者模型都附在配套书的光盘内，有些光盘还赠送一些小工具或者素材，考虑周到、体贴。

二、本系列教材的内容

1. 新编中文版 Photoshop 7 标准教程（含 1CD）

2. 新编中文版 Photoshop CS 标准教程（含 1CD）

3. 新编中文版 Fireworks MX 2004 标准教程（含 1CD）

4. 新编中文 Authorware 7 标准教程（含 1CD）

5. 新编中文 Premiere Pro 1.5 标准教程（含 2CD）

6. 新编中文版 PageMaker 6.5 标准教程（含 1CD）

7. 新编中文版 AutoCAD 2006 标准教程

8. 新编中文版 FreeHand MX 标准教程（含 1CD）

9. 新编中文版 Acrobat 6.0 标准教程

三、读者定位

　　本系列教材既是全国高等职业院校计算机专业首选教材，又是社会相关领域初中级电脑培训班的最佳教材，同时也可供广大的初级用户实用自学指导书。

　　海洋出版社强力启动计算机图书出版工程！倾情打造社会计算机技能型紧缺人才职业培训系列教材、品牌电脑图书和社会电脑热门技术培训教材。读者至上，卓越的品质和信誉是我们的座右铭。热诚欢迎天下各路电脑高手与我们共创灿烂美好的明天，蓝色的海洋是实现您梦想的最理想殿堂！

　　希望本系列书对我国紧缺的计算机技能型人才市场和普及、推广我国的计算机技术的应用贡献一份力量。衷心感谢为本系列书出谋划策、辛勤工作的朋友们！

教材编写委员会

前　言

Fireworks 是第一个完全为网页制作者设计的软件。它能够自由地导入各种图像，如 PSD、GIF、JPEG、BMP、TIFF，甚至是 ASCII 的文本文件。Fireworks 能够辨认矢量文件中的绝大部分标记以及 Photoshop 文件的层。作为一款为网络设计而开发的图像处理软件，它还能够自动切图、生成鼠标动态感应的 JavaScript 等。此外，它还具有十分强大的动画功能和一个近乎完美的网络图像生成器，可以轻易地完成大图切割、动态按钮、动态翻转图等，因此它已成为 Macromedia 三套网页利器之一，在辅助网页编辑方面功不可没。用户使用 Fireworks 可以在一个专业化的环境中创建和编辑网页图形、对其进行动画处理、添加高级交互功能以及优化图像。在 Fireworks 中，还可以在单个应用程序中同时创建和编辑位图和矢量两种图形。

Fireworks MX 2004 是 Macromedia 公司于 2003 年推出的一款功能强大、所占空间小的网络图像制作和处理软件，继承了以前版本易学易用的优点，同时又增加了许多新特点和新功能，如执行效率的提高、用户界面的改进、内建 FTP 登录和版本控制、新的特效、自动图形、新的照片修饰工具、服务器端代码的支持、系统反锯齿和自定义反锯齿、双字节支持和提供了 JavaScript API 接口等，在 Fireworks MX 的基础上有了很大的提高。

本书主要是为对网页图像设计有一定了解或者专门从事网页设计的专业人员编写的。本书一共有三大部分，分别为基础部分、提高部分和高级部分，由浅入深地讲解了 Fireworks MX 2004 的功能和用法，并通过实例让读者掌握该软件的操作方法和网页创作技巧，帮助读者充分地利用该软件，发挥出自己的想象力和艺术才能，从而创作出精美的图像甚至网站。

基础部分　第 1 章到第 5 章，首先是让读者初步了解 Fireworks MX 2004 中文版的新增功能、安装和卸载、工作界面，接着讲解它对文件的一些基本操作，然后分别讲解了 Fireworks 中的图像和文本操作，最后让读者了解网页图像的优化技术初步。这一部分是为了帮助读者初步了解 Fireworks 软件并初步掌握 Fireworks MX 2004 的基础用法。

提高部分　第 6 章到第 13 章，是对 Fireworks MX 2004 中文版做进一步的深入讲解，通过实例来体验它的强大功能。在这一部分可以逐步了解掌握 Fireworks 中颜色、笔触、填充、滤镜、效果和样式的用法，随后讲解了 GIF 动画的制作方法，最后通过几个具体实例的讲解让读者充分体验该软件的强大功能，从而提高运用该软件设计网页图像的水平。

高级部分　第 14 章到第 18 章，主要对 Fireworks MX 2004 在网站设计中的运用进行详细的讲解，让读者了解该软件最主要的特点，即与 Dreamweaver 结合建设站点。这一部分首先让读者了解了什么是网页艺术设计，然后用具体的实例来说明如何利用它来创建网站的 LOGO、Banner、按钮和导航栏等网站形象，接着讲解网页图像的热区和切片的使用，随后让读者了解它与 Dreamweaver 结合使用的一些具体操作方法，最后通过一个具体网站建设体验二者结合在建站中所发挥的巨大作用。

本书由詹巍主笔，万祎、赵珊珊参与编写了本书的部分章节。赵臻彦、朱彪、兰天、左谦、余海峰、张群、丁斌、吴同仁、江一鸣、叶笑风、葛良因、吴海霞、方琬丽、徐丰、叶有红等在资料收集和整理等方面给予作者很大的帮助，此外余淼参与了本书的修改和校对工作，在此向他们表示深深的谢意。由于作者水平有限加上时间仓促，本书错误、纰漏之处在所难免，希望读者批评指正，不胜感激。

作　者

目 录

第1章 Fireworks MX 2004 概述

 教学目标

Fireworks 是 Macromedia 公司推出的世界上第一个完全为网页制作者设计网页图像的软件，它的出现掀起了网络图像处理的一次革命。Fireworks MX 2004 是 Macromedia 公司推出的 Studio MX 2004 中的组件之一。与 Fireworks MX 相比较而言，改进了用户界面和执行效率，新增了 FTP 传输，服务器代码支持以及多种图像特效功能，更加简化了网络图形的工作难度。本章中就来简单地了解一下 Fireworks MX 2004。

 教学重点与难点

➢ 新增功能
➢ 安装与卸载
➢ 工作界面

1.1 新增功能

Fireworks 系列软件一经推出就受到极大欢迎，其主要原因是该软件提高了为网站创建图形和交互控件的能力，并逐渐成为一个容易被人接受的应用程序。对于对代码编写或 JavaScript 知之甚少或一无所知的网页开发新手来说，Fireworks 软件的设计非常人性化，快捷化，可以最大限度地提高工作效率。同时，拥有更加统一和完美的图标及其相关的启动画面，更合理化、方便化、快捷化的按钮和弹出式菜单以及更直观的位图和矢量工具，还有风格统一、功能增强的各种面板，可拆分重组的面板窗口。这些都使得 Fireworks 软件成为众多网络安好者的首选网络图片编辑工具。

Fireworks MX 2004 是 Macromedia 公司最新推出的版本。与以前版本相比，有了很大改进，主要有以下新增功能和特点。

1. 提高了执行效率

无论是一些小的操作（如笔刷，缩放，添加特效，编辑文本等），还是打开大图片或进行一些交互操作，Fireworks MX 2004 的执行效率最大能提高到 85%。同时，改良的数据驱动图形向导使创建那些相似性较大的图形也变得更容易更快捷。而且，Fireworks MX 2004 增加了对服务器端代码的支持，支持双字节字体，提供了 JavaScript API 接口，大大提高了工作效率。

2. 用户界面的改进

Fireworks MX 2004 新增加了启始页面，在这个页面里可以快速访问最近访问过的文档，创建新文档，也可以查看帮助。在属性面板中，材质、填充、笔刷的菜单中都提供了实时预览功能。新增的面板和选项卡使多个文档之间可以使用标签切换。控制面板隐藏显示切换方便，自由度大大增加，可以调整工作界面，节省了编辑空间。

3. 新增内建 FTP 和版本控制功能

Fireworks MX 2004 内建了 FTP 功能，用户不必借助 FTP 软件就可以上传文件，而不必受他人的工作流程的约束。新增的 Check In 和 Check Out 功能可以保证多人多程序操作下版本的统一控制，不会发生误操作导致文件被覆盖。用户可以用一个开放、高效的工作流程（它识别并支持用户所使用的文件格式、应用程序和标准）将图形制作集成到用户的开发过程中。

4. 增加的图形特效和修饰工具

Fireworks MX 2004 新增加了轮廓渐变填充、虚线笔触、杂点效果等特殊处理功能，增加了自动图形种类，增加了移除红眼工具，替换工具和动态模糊效果。这些均大大增强了软件处理能力，方便了用户操作。新增加的 L 形、斜切矩形、斜面矩形、星形、箭头等自动图形功能能自由调整扭曲中心，随心所欲的变换图形。

5. 操作更为便捷

Fireworks MX 2004 在处理图像时可以保存为原来的格式，而不是保存为.PNG 格式，方便了用户。在软件内部，还可以把文件直接以 E-mail 方式发送出去。

更详细的新特点和新功能将在以后各节中予以介绍。

1.2　安装与卸载

1.2.1　安装要求

- 300MHz Intel Pentium II 处理器
- Windows 98 SE、ME、2000 或 XP
- 64 MB 可用内存（建议使用 128 MB）外加 80 MB 可用磁盘空间
- 800×600 像素分辨率，256 色或更高的显示模式
- Adobe Type Manager® 4 或更高版本，以便处理 Type 1 字体
- CD-ROM 驱动器

1.2.2　安装 Fireworks MX 2004 中文版

安装 Fireworks MX 2004 中文版只需要按照安装向导的提示即可顺利完成，安装的具体步骤如下：

（1）将 Fireworks MX 2004 中文版光盘插入光驱中。

（2）在 Windows 系统中，Fireworks 的安装程序是自动运行的。如果没有自动运行，请选择 Windows 窗口【开始】菜单上的【运行】命令，单击【浏览】并找到 Fireworks MX 2004 中文版安装文件单击【确定】按钮。

（3）接下来按照 Fireworks MX 2004 中文版的安装程序的要求，接受软件许可协议，阅读自述信息，输入用户信息，指定安装路径。

（4）安装程序的设置基本上完成。用户可以通过进度条查看安装进度，单击【取消】按钮将取消安装。

（5）文件复制完成，Fireworks MX 2004 中文版将显示【安装完成】对话框。若用户想立即启动应用程序。可选中【是，开始程序】复选框，接着单击【完成】按钮。

（6）安装好 Fireworks MX 2004 中文版，还需要在 30 天之内激活产品，才能长期使用。先将计算机连通网络，运行软件，会出现选项选择使用 30 天还是激活产品，选择激活产品，将产品序列号输入即可，这样就可以使用软件了。

1.2.3　卸载 Fireworks MX 2004 中文版

如果长期不使用该软件，可以将其卸载。具体步骤如下：

（1）单击【开始】菜单上的【控制面板】，在控制面板中双击【添加/删除程序】图标。

（2）在【安装/卸载】选项卡中选中【Macromedia Fireworks MX 2004 中文版】，然后单击【添加/删除】按钮。

（3）在随后弹出的【确认要完全删除 Macromedia Fireworks MX 2004 中文版】对话框中单击【是】按钮。系统将彻底删除 Macromedia Fireworks MX 2004 中文版软件，包括共享程序文件、标准程序文件、文件夹项、程序文件夹、应用程序目录以及应用程序注册表顶在内的有关各项。

1.3　工作界面

Fireworks MX 2004 中文版的工作界面主要分为绘画区域，菜单栏，工具栏，工具箱，状态栏，属性面板和控制面板几个部分，其中菜单栏中的 Window 选项可以对其他部分进行选取。这些部分共同形成了 Fireworks MX 2004 中文版的工作环境。要熟悉 Fireworks MX 2004 中文版的各种功能，进而将这些功能准确地应用于制作精彩的 Web 图形，就需要对 Fireworks MX 的界面有一个全面的了解。下面分别对各个部分逐一介绍。

1.3.1　菜单栏

无论什么软件，菜单命令一般都是最完整、最详细的，几乎包括了软件的所有功能，Fireworks MX 2004 当然也不例外，除了给用户提供各种各样的方便快捷的面板、工具栏之外，作为命令最完整的菜单，自然是必不可少的，从菜单项的边上还可以找到该菜单命令的快捷键（图 1-1）。Fireworks MX 2004 中文版中的菜单包括：

文件(F)　编辑(E)　视图(V)　选择(S)　修改(M)　文本(T)　命令(C)　滤镜(I)　窗口(W)　帮助(H)

图 1-1　菜单栏

➤ 文件菜单：文件菜单是完成对文档基本操作的菜单项，包括文档的新建、打开、保存、导入、格式转换，打印，扫描等等。

➤ 编辑菜单：编辑菜单中包含了所有的图像编辑操作的命令如对图像、路径、蒙板等的编辑操作以及设置热键命令等。

➤ 视图菜单：视图菜单主要是图片视觉效果的设置。既包含了控制 Web 创作者视图的命令，也包含了一些对布局起辅助作用的工具。

➤ 选择菜单：选择菜单中的命令主要用于图片对象的选取，以及对选取对象边界的处理。

➤ 修改菜单：修改菜单的命令既有基于矢量的命令，又有基于图片像素的修改命令。可以对矢量或者栅图片进行修改，添加各种特效。

➤ 文本菜单：文本菜单主要是用来设置图像中文本的字体。该文本编辑命令与许多字处理程序极为相似，有了其他字处理软件的使用经验，在这里编辑文本也就轻而易举了。

➤ 命令菜单：提供了一些 Fireworks MX 2004 中文版的批处理命令。

➤ 滤镜菜单：滤镜菜单提供了 Fireworks 中各种滤镜效果，用它可以轻轻松松处理对象，做出非常生动的图像效果。

➤ 窗口菜单：窗口菜单主要用来设置 Fireworks MX 2004 中文版的工作界面。在窗口菜单的命令中，可以设置显示窗口的方式，是否显示工具栏，控制面板等。下面将围绕着该菜单栏给大家介绍 Fireworks MX 2004 中文版的工作界面。

➤ 帮助菜单：帮助菜单显示了 Fireworks MX 2004 中文版的帮助系统，包括了 Fireworks 帮助、新功能、学习 Fireworks、Fireworks Exchange、管理扩展功能、Fireworks 支持中心以及 Macromedia 在线论坛等。

1.3.2 绘画区域

当利用 Fireworks 应用程序打开或者新建文档时，图片出现的窗口就是绘画区域，区域中绘图的底板叫作画布。这就是使用各种工具进行创作的地方。

绘画区域其实就是在新建或打开一幅图片时在 Fireworks 应用程序界面中出现的窗口，许多用户都亲切地称呼为画布，画布就是使用各种工具进行创作的地方。画布窗口被包含在整个 Fireworks 应用程序界面窗口中，如图 1-2 所示。

Fireworks 应用程序窗口中可以打开任意多个文档窗口，文档窗口有属于自己的【最大化】、【最小化】以及【关闭】按钮。当用户打开了许多个文档窗口进行工作时，如果文档是最大化方式打开，Fireworks MX 2004 中文版新增了标签页的显示方式，让用户能方便的在各个文档间切换，如图 1-3 所显示。

图 1-2　文档窗口

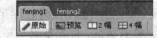

图 1-3　标签页显示多文档显示

如果各个文档是以窗口形式打开，也不必担心在文档之间的切换，用户只需要使用【窗口】菜单中的层叠、水平平铺、垂直平铺就可以帮助整齐地摆好画布，如图 1-4 所示。它们的意义分别如下：

➤ 单击命令【窗口】|【层叠】，打开的文档窗口将会按照顺序斜向迭放起来，各个窗口的标题都会显示出来。

➤ 单击菜单命令【窗口】|【水平平铺】，打开的文档窗口将会按照顺序水平地平行排列。

➤ 单击命令【窗口】|【垂直平铺】，打开的文档窗口将会按照顺序垂直的平行排列。

窗口中，画布还有图像模式选项栏用于图像的显示和输出等的设置，如图 1-4 所示。其中，【原始】是原始图片编辑区域，【预览】、2 幅、4 幅都是对编辑图片的预览模式。用户在编辑图片的同时，可以对编辑图片的显示效果进行预览。

图 1-4　图像模式选项栏

Fireworks MX 2004 中文版在文档窗口新增加了快速导出菜单，用于图片的快速输出，为

Macromedia 公司的其他产品的格式或者是其他常用图像处理软件格式。单击文档窗口右上角的快速导出按钮就会弹出图 1-5 所示的快速导出菜单。

图 1-5　快速导出菜单

　　文档的状态栏上显示了文档的尺寸和格式，Fireworks MX 2004 中文版新增的功能能直接保存原来的文档格式，而不是存为.PNG 格式。其他功能键与 Fireworks MX 一样，从左至右依次为控制基于帧结构的动画按钮（利用它们可以实现对动画播放的控制），退出位图编辑模式按钮（直接单击它就可以退出位图模式进入矢量模式），文档显示尺寸按钮（用于修改文档的显示尺寸），如图 1-6 所示。

图 1-6　状态栏

1.3.3　工具栏

　　工具栏是 Fireworks MX 2004 中文版中文档和图像对象常用操作的快捷方式。工具栏的显示和隐藏可以通过菜单命令【窗口】|【工具栏】|【主要】|【修改】控制。工具栏的名称前打勾，则表示该工具栏处于显示的状态，如图 1-7 所示。工具栏可以任意停放，当它靠在应用程序、窗口边界时，标题栏消失，当停放在别处时，标题栏出现。

　　图 1-7 中可以看出，工具栏主要分为两个：主要工具栏和修改工具栏。以下分别叙之。

　　1. 主要工具栏

　　主要工具栏（图 1-8）是各种软件中常见的操作，它大大方便了用户，只要单击这些按钮，就可以实现一些主要功能。例如常用的文件操作，编辑功能以及显示或者关闭 5 个常用的浮动面板。

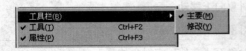

图 1-7　显示及隐藏工具栏

图 1-8　主要工具栏

　　表 1-1 列出了主要工具栏中的各个按钮的名称和功能，以供读者学习参考。

表 1-1　主要工具栏中各按钮的名称及功能

按钮图标	按钮名称	按钮功能
	新建	新建文档
	打开	打开已有的文档
	保存	使用默认格式保存当前文档
	导入	导入图片到当前文档
	导出	导出当前文档
	打印	打印当前文档
	撤销	撤销上一步操作
	重复	对撤销的上一步操作进行恢复

续表

按钮图标	按钮名称	按钮功能
✂	剪切	剪切当前选中的对象到剪贴板中
▣	复制	复制当前选中的对象到剪贴饭中
▣	粘贴	将剪贴板中的对象粘贴到当前文档中

2. 修改工具栏

修改工具栏（图 1-9）由 4 个基本的操作组成，分别对对象分别进行组合、排列、对齐以及旋转操作。

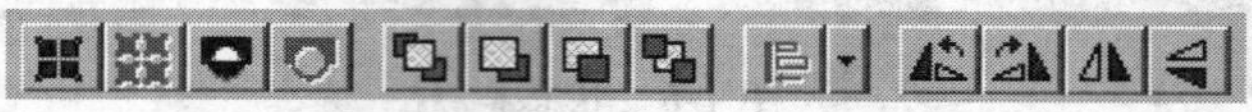

图 1-9　修改工具栏

当选取或者绘制了某个对象时，可以利用修改工具栏对其进行位置角度以及层次的变换，表 1-2 就详细介绍了修改工具栏上各个按钮的功能。

表 1-2　修改工具栏中各按钮的名称及功能

按钮图标	按钮名称	按钮功能
▦	组合	将选中的多个对象组合成为一个对象
▩	取消组合	将组合而成的一个对象拆分为多个对象
▣	合并	将两个失量路径连接成一个路径
▣	拆分	将连接而成的一个路径拆分为多个路径
▣	移到最前	将选定对象置于其他所有对象的最上层
▣	前移	将选定对象向上移动一层
▣	置后	将选定对象向下移动一层
▣	移到最后	将选定对象至于其他所有对象的最下层
▤	左对齐	将选定对象左对齐
▤	垂直轴居中	以中心垂直轴为基准选定对象对齐
▤	右对齐	将选定对象右对齐
▥	上对齐	将选定对象向上对齐
▥	水平轴居中	以中心水平轴为基准将选定对象对齐
▥	下对齐	将选定对象向下对齐
▤	按高度分散排列	将选定对象在垂直方向上均匀分开
▥	按宽度分散排列	将选定对象在水平方向上均匀分开
▨	旋转 90° 逆时针	将选定对象逆时针旋转 90°
▨	旋转 90° 顺时针	将选定对象顺时针旋转 90°
▣	水平翻转	将选定对象作水平方向的镜像
◁	垂直翻转	将选定对象作垂直方向的镜像

1.3.4 工具箱

　　单击菜单命令【窗口】|【工具】，在屏幕的左侧会出现工具箱的快捷菜单，用它可以对各种主要的图像进行处理，这在大多数图像处理软件中都有类似的快捷菜单。

　　在 Fireworks MX 2004 中文版中，工具箱的分类更加详细：新的工具面板将不同类型的工具分开排列，分别有选择工具、位图工具、矢量工具、网页工具、颜色工具和视图工具 6 个选项区，包括了选择、绘图、编辑、填充、图像映射及切片等 40 余个工具，可用来绘制图形（或输入文字）和修改图形图像等。但从工具箱表面上只能看到 22 个工具，这是因为有些工具包含在工具组中。如果某个工具的右下角有一个小黑三角符号，表明单击并按住鼠标左键不放，将打开该工具的同位工具组。表 1-3 列出了工具栏中大部分按钮功能供读者参考。

表 1-3 各工具的名称、用途及快捷键

归　类	工具图标及名称	用　途	快捷键
选择工具	指针	选择一个对象	V 或 0
	选择后方对象	选择被顶层对象覆盖的对象	V 或 0
	部分选定	选取组对象中的某个对象	A 或 1
	缩放	改变对象大小方向	Q
	倾斜	倾斜\旋转\透视	Q
	扭曲	扭曲\旋转	Q
	裁剪	剪切一块	C
	导出区域	导出所选的部分区域	J
位图工具	选取框	在图像编辑模式下选择一块矩形区	M
	椭圆选取框	在图像编辑模式下选择一块椭圆形区	M
	套索	在图像编辑模式下自由选择一块范围	L
	多边形套索	在图像编辑模式下选择一块不规则的多边形	L
	魔术棒	在图像编辑模式下选择一块颜色相近的区域	W
	刷子	画一条有填充效果的笔画	B
	铅笔	画任意曲线	Y
	橡皮擦	擦除选中范围或对象	E
	模糊	使图片模糊	R
	减淡	使图片锐化	R
	加深	使图片某部分减淡	R
	涂抹	使图片某部分加深	R
	橡皮图章	提取颜色并在图片上沿着拖动的方向涂抹	R
	换色	复制一部分的对象	S
	去红眼	将所选颜色替换原有色彩	S
	滴管	消除红眼效果	S
	油漆桶	吸取鼠标所在位置的颜色	I

续表

归 类	工具图标及名称	用 途	快捷键
位图	指针	用选中的颜色来填充选中的区域	G
工具	渐变填充	用选中渐变颜色填充选中区域	G
	线条	画直线	N
	钢笔	画一条隐藏的路径	P
	矢量路径	画一条矢量路径	P
	重绘路径	重画一条路径	P
	矩形	画矩形	U
	椭圆	画椭圆	U
	多边形	画多边形	U
	L 形	画 L 形	
	圆角矩形	画圆角矩形	
	斜切矩形	画斜切矩形	
	斜面矩形	画斜面矩形	
矢量	星形	画星形	
工具	智能多边形	画智能多边形	
	箭头	画箭头	
	螺旋形	画螺旋形	
	连接线形	画连接线形	
	面圈形	画面圈形	
	饼形	画饼形	
	文本	在图像中编辑文本	T
	自由变形	平行改变路径形状	0
	更改区域形状	球形改变路径形状	0
	路径洗刷工具—添加	增加压力至选取路径	
	路径洗刷工具—去除	从选取的路径中删除压力	
	路径切割工具	把路径切断端点自动生成	Y
	矩形热点	画一个矩形热点	J
	圆形热点	画一个圆形热点	J
Web	多边形热点	画一个多边形热点	J
工具	切片	实现矩形切割	K
	多边形切片	实现多边形切割	K
	切片热点视图转换	实现热点切片显示隐藏	2
颜色	铅笔颜色	选择铅笔颜色	
工具	油漆桶颜色	选择油漆桶颜色	

续表

归　类	工具图标及名称	用　　途	快捷键
视图 工具	文档窗口视图切换	切换文档窗口显示方式	F
	手形	用来上下移动查看图形	H
	缩放	放大和缩小（左键是放大，Alt＋左键是缩小）	Z

1.3.5　属性面板

单击菜单命令【窗口】|【属性】，在屏幕的下方会出现属性面板。这是 Fireworks 系列软件从 Fireworks MX 开始出现的新功能。当用户利用工具栏中工具绘制图像或者选择好对象准备处理效果时，属性菜单可以快捷的帮助用户设置绘制工具或者选择对象处理效果的属性。该设置大大简化了图像处理，使用户使用更为方便简单。

属性面板上的内容对应着不同的对象和工具，会随着当前对象的不同而显示出相关的参数，供使用者调节。而在 Fireworks MX 以前的版本则需要弹出相关的面板来设置参数，现在对象的参数都直接显示在对象的属性面板里，在进行图像处理时就显得十分的方便和实用。图 1-10 所示的为新建文档的属性面板，里面包含了画布的所有参数设置，可以直接在上面进行修改，大大简化了操作。

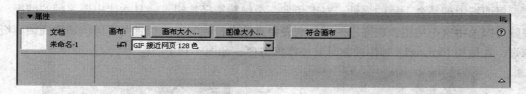

图 1-10　属性面板

1.3.6　控制面板

以上介绍了菜单栏、工具栏以及属性面板，把图像基础操作的工具给大家作了一个简介。当然网页不只是简单的图像处理，它本身有自己的特色。网络图片的各种特效给大家也留下不少印象。要达到这些效果，需要做更进一步的处理，在 Fireworks 中，这些处理方式被分门别类归纳为几类，分别存放于不同的面板中。

在【窗口】菜单下单击面板选项，面板会在屏幕的右侧或者以工具窗口方式出现。图 1-11显示了【窗口】菜单下各类面板选项，分别对应于出现的面板。当然出现的面板显示非常随意，可以固定与屏幕右侧也可以以窗口方式停留在屏幕任何位置。

在 Fireworks 中，很多工作都是通过控制面板进行并实现的，缺省情况下各控制面板被分成了若干个面板组（如工具栏、工具、属性及答案控制面板被分为一个面板组），这些面板组是放置在 Fireworks 的右侧的，如图 1-12 所示。单击不同的选项即可打开不同的面板，如单击颜色混合器即可打开颜色面板。用户可通过选择视图窗口中的隐藏面板（或快捷键 F4）即可随意地显示或隐藏所有面板，也可以随意配置面板的组合方式。单击面板的左上角可以隐藏单个独立的面板或一个面板钮。使用面板时，可通过设置面板上的各种属性，也可以击右上角的按钮，出现的下拉菜单中可选择其他功能。

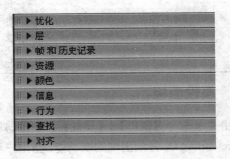

优化(O)	F6
层(L)	F2
帧(R)	Shift+F2
历史记录(H)	Shift+F10
自动形状(A)	
样式(S)	Shift+F11
库(Y)	F11
URL(U)	Alt+Shift+F10
混色器(M)	Shift+F9
样本(W)	Ctrl+F9
信息(I)	Alt+Shift+F12
行为(B)	Shift+F3
查找(N)	Ctrl+F
对齐	

▶ 优化
▶ 层
▶ 帧和历史记录
▶ 资源
▶ 颜色
▶ 信息
▶ 行为
▶ 查找
▶ 对齐

图 1-11　面板菜单　　　　　　　　　　图 1-12　Fireworks 的面板

下面就来具体介绍一下各个面板的功能。

1. 优化面板

Fireworks MX 2004 中文版中优化面板主要用于对对象显示效果的优化，对颜色、色彩、格式、透明度进行设置，如图 1-13 所示，它的使用将在第 5 章中详细讲解。

2. 层面板

层面板中部是各个层的属性，左下角是一个帧数选择按钮，一旦文件出现多帧的情况，用户就可以单击这个按钮，在弹出的下拉列表中直接进行帧的选择，省去了再次切换到帧面板的麻烦，在使用 Fireworks 制作动画时就显得很方便，如图 1-14 所示。

图 1-13　优化面板　　　　　　　　　　图 1-14　层面板

3. 帧和历史记录面板

帧是制作动画的重要概念，利用帧面板可以轻松地制作网页动画和动态 Banner，关于帧面板的使用将在后面的第 12 章中详细谈到。历史记录面板是和帧面板组合在一起的，如图 1-15 所示。历史记录面板可以记录下处理图像的每一步操作。有了它可以方便地撤销、恢复以前一个或者一系列操作，减少了不必要的重复，节省了时间。

4. 资源面板

资源面板包括了样式、URL、库和形状 4 个面板，如图 1-16 所示。在资源面板中可以对样式、库、链接等网页要素进行存储、调用等。与 Fireworks MX 的资源面板相比，Fireworks MX

2004 的资源面板中新加入了形状面板。

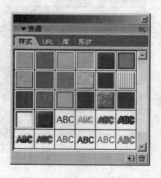

图 1-15　帧和历史记录面板　　　　　　图 1-16　资源面板

5. 颜色面板

颜色面板包括了混色器面板与颜色样本两个面板组合，如图
1-17 所示。利用混色器面板可以为对象添加笔触、填充颜色。而
在颜色样本面板中，也可以对 Fireworks 的颜色样本进行添加、删
除、替换等各种操作，并可以在其中定制自己的样本组合，关于
颜色面板的使用将会在第 7 章中详细谈到。

6. 信息面板

信息面板显示了鼠标所指地方的颜色和位置信息，该面板可

图 1-17　颜色面板

以进行颜色对比、准确定位，从而更为精确地了解对象的信息，如图 1-18 所示。

7. 行为面板

行为也是制作网页动画的重要工具，Fireworks MX 2004 中文版中增加了用来编写
JavaScript 代码的行为面板，已逐渐溶入了 Dreamweaver 的特性，如图 1-19 所示。

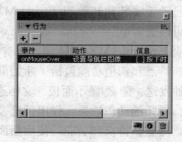

图 1-18　信息面板　　　　　　　　　图 1-19　行为面板

8. 查找面板

该面板提供了高级查询功能，可以对图形中文本等要素进行查找，并可以依次或者全部将
要修改的东西替换，大大节省了时间，提高了效率，如图 1-20 所示。

9. 对齐面板

在 Fireworks MX 2004 中文版中，可以使用对齐面板来对一组对象采用各种对齐方式，从
而取得不同的效果。对齐面板中有两种对齐功能，分别对应画布对齐和锚点对齐，如图 1-21 所
示，对齐面板大大减少了进行对象排列的时间。

图 1-20　查找面板

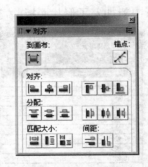

图 1-21　对齐面板

1.4　本章小结

Fireworks MX 2004 与以前版本相比有许多不同的特点，利用 Fireworks MX 2004 中的新增功能，可以更方便地在网站上添加图形和交互元素，这使得该应用程序越来越易于使用。本章首先介绍了 Fireworks MX 2004 中文版的新增功能，如提高的执行效率、用户界面的改进、新增内建 FTP 等诸多功能。然后了解了如何安装和卸载 Fireworks MX 2004 中文版，读者可以自己尝试一下该软件的安装和卸载。接着熟悉工作界面中的菜单栏、绘画区域、工具栏，属性面板，控制面板，对该软件有个初步的了解。另外 Fireworks MX 2004 中的新工具有消除红眼、替换色彩、多样式绘图工具、箭头命令、Shape 图形工具等等，特效包括增强的模糊效果、添加杂色、多填充样式效果、系统反锯齿和自定义反锯齿等等，用户可以在以后的章节中详细谈到。而关于 Fireworks MX 2004 的工作界面、属性面板、控制面板的使用也同样会在后面章节实际运用中讲解。

1.5　本章习题

（1）自己动手安装和卸载 Fireworks MX 2004 中文版。

提示：可以去 http://www.macromedia.com 下载并安装。

（2）看看 Fireworks MX 2004 中文版有哪些新特点和新增功能。

提示：新特点和新增功能包括了开始页面、按原始格式保存、服务器端支持、自动形状、作为电子邮件发送、隐藏/显示面板、文档选项卡、符合画布、从中心缩放、红眼消除工具、替换颜色工具、增强的动态效果、弹出预览、点线笔触、轮廓渐变、Unicode 支持、改善了消除锯齿效果等。这些新特点和功能的使用后面章节会详细讲解。

（3）想想 Fireworks 的工作界面由哪几部分构成，它们各有什么作用？

提示：工作界面主要包括了绘画区域、菜单栏、工具栏、工具箱、状态栏、属性面板和控制面板几个部分。可以参考本章的内容。

（4）熟悉 Fireworks 的菜单栏、绘画区域、工具栏、工具箱、属性面板和控制面板。

提示：菜单栏包括了文件、编辑、视图、选择、修改、文本、命令、滤镜、窗口和帮助几个菜单；工具栏包括了主要工具栏和修改工具栏；工具箱分别有选择工具、位图工具、矢量工具、网页工具、颜色工具和视图工具 6 个选项区，包括了选择、绘图、编辑、填充、图像映射及切片等 40 余个工具；控制面板包括了优化面板、层面板、帧和历史记录面板、资源面板、颜色面板、信息面板、行为面板、查找面板和对齐面板。

第 2 章 基 本 操 作

教学目标

本章主要介绍 Fireworks MX 2004 中文版的基本文档操作，学好本章是制作 Web 图形的基础。不同的图形处理软件处理的文件格式不同，例如，Photoshop 处理的格式为 PSD，Flash 处理的格式为 FLA，Fireworks 的默认图形格式是 PNG。Fireworks 的一个很大优点在于可以导入多种外部文件，但各种格式的图形文件被打开以后，都被转化为 PNG 格式进行处理。如果输出时想生成其他格式的文件，需要利用导入功能完成。

教学重点与难点

➢ 创建、打开和导入文档
➢ 修改文档、画布
➢ 查看、导出、保存和关闭文档

2.1 创建文档

新建文档是绘制图形的第一步，Fireworks MX 2004 中文版中创建的文档默认格式 PNG。当文档处理好，如果想将其转换成其他文件，将在文档导出作详细介绍。下面以实例来进一步说明。

（1）选择菜单【文件】|【新建】命令，或者单击工具栏中的按钮 ▢ 。

（2）出现【新建文档】的对话框，如图 2-1。该对话框可以设置图像的高度、宽度、分辨率和背景颜色。在【高度】、【宽度】和【分辨率】栏中输入想创建文档的大小属性，输入栏后的下拉框中可以选择单位，默认为【像素】。【画布颜色】是选择创建文档画布的背景颜色。其下有【白】、【透明】、【自定义】3 个选项，若选中【白】表示画布底色为白色；选中【透明】表示创建的画布透明没有颜色；【自定义】为自定义选项，其后的颜色选取框中可以自由选择画布颜色，用户可根据自己的需要创建图像的基本底色。

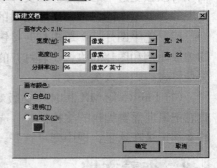

图 2-1 新建文档对话框

（3）设置完画布的属性后，【画布大小】处会出现图片文档的大小，因为网络图片尽可能要小而漂亮，减少传输时间。用户可根据大小再调节文档属性。调整完毕，单击【确定】就创建了一个空白的无标题的文档，文档显示在一个文档窗口中，其标题栏显示了文件名和当前的缩放比例。

当然，创建文档还能通过计算机外部设备输入。有时需要对一些图纸编辑，首先需要将其输入计算机。Fireworks MX 2004 中文版中提供了直接用扫描方式获得图片的功能。

（1）选择菜单【文件】|【扫描】|【Twain 输入】|【Twain 选择】命令。

（2）出现如图 2-2 所示对话框，在其中用户可以自己选择计算机上安装的扫描程序。如果未安装扫描程序，该对话框是空的。

（3）在对话框中，选择扫描程序，就可以把图纸输入计算机进行编辑。

图 2-2　扫描文档对话框

2.2　打开文档

Fireworks MX 2004 中文版支持的图形格式很多，可以打开多种类型的图片文件，以下是打开一个图片的实例。

（1）选择菜单【文件】|【打开】命令，或者单击工具栏中的按钮 。

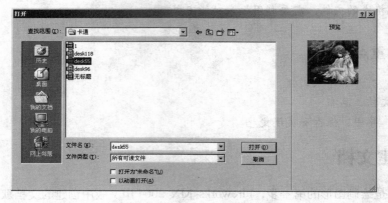

图 2-3　打开文件对话框

（2）出现【打开】对话框，如图 2-3。在对话框文件浏览中找到要打开的图形。单击图像，右侧可以预览选中的图片。在文件类型的下拉菜单中有不同图片类型可供选择。用户可以过滤出现的浏览框中的图像，选中格式的图形只出现，如果想显示全部文件可以选择所有文件。

（3）选中图片后，单击打开按钮即打开所选图片。文件的标题栏显示图片的文件名、当前的缩放比例和图片的格式。若打开的是位图格式的图像，编辑模式进入位图模式；若打开的是矢量格式，则进入矢量模式。

（4）Fireworks MX 2004 中文版对用户最近操作的文档有一个自动记录，无须寻找文件路径就能把最近需要编辑的文档打开。选择菜单【文件】|【打开最近的文件】命令会看见最近编辑的文档记录在这里，选中即可打开。

2.3　查看文档

打开文档，下一步就是对图像进行编辑。利用 Fireworks MX 2004 中文版编辑图片时，经常需要控制文档的放大倍数和显示模式来查看图形。同时，使用标尺、网格和引导线可以帮助用户精确的放置和对齐图像，大大提高工作的效率。首先，通过控制一个文档放大倍数来查看图像。

（1）选择菜单【视图】|【缩放比例】命令，或者单击文档窗口下的百分比按钮，会出现多个显示比例供选择（如图 2-4）。选择需要显示的比例即可。

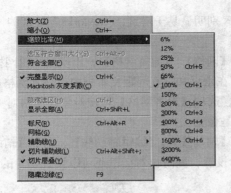

图 2-4 菜单栏和文档窗口下的比例显示菜单

（2）若要对图像中某一区域放大，单击工具栏中的 🔍 按钮，然后单击要放大的区域，每单击一次图像以单击点为中心放大到下一个倍数，也可以按住鼠标拖出一个黑框，该框即为要放大显示的区域。放大的图形有时需要移动才能准确定位，单击 ✋ 按钮，鼠标变为手形就可以移动图像进行查看。

（3）如果要缩小图像，在单击 🔍 按钮后，按住【Alt】键放大功能变为缩小功能，即可对图像进行缩小操作。

（4）【视图】菜单的【放大】和【缩小】命令可以对图像整体放大和缩小，每单击一次图像整体放大或缩小到下一个尺寸。

（5）图像窗口下的 468 x 612 显示了图像的大小，单击会出现图 2-5 显示图像的长宽和大小。

接下来看看标尺、引导线和网格，这些工具能帮助在画布上精确定位。标尺上的刻度显示了鼠标的具体坐标。引导线是从标尺拖到文档画布上的线条，可作为帮助放置和对齐对象的辅助绘制工具。网格在画布上显示一个由横线和竖线构成的体系，对于精确放置对象很有用。

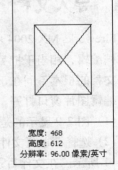

宽度: 468
高度: 612
分辨率: 96.00 像素/英寸

（1）单击【视图】|【网格】，标尺出现在文档的左侧和顶部，另外，可以查看和编辑网格、调整网格大小以及更改网格的颜色。

图 2-5　查看图像长宽和大小

图 2-6 为使用了标尺、辅助线和网格的图像和没有使用图像的对比。

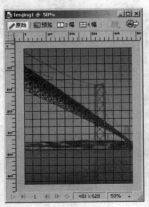

图 2-6　显示定位工具与未显示定位工具图像对比

为了使辅助线和网格与编辑图像区别明显易于辨别，Fireworks MX 2004 中文版可以在【视图】菜单下对引导线和网格进行编辑。

（2）对网格编辑，单击【视图】|【网格】|【编辑网格】，出现【编辑网格】对话框，如图 2-7 所示。其中可以设置网格的颜色，在水平和垂直间距文本框中可设置网格的大小。选项【显示网格】选中可以在图片中显示网格，选项【对齐网格】可使对象与网格对齐。在长和宽选项中可以对网格的长宽进行设置，单位是像素。

（3）编辑辅助线，单击【查看】|【辅助线】|【编辑辅助线】，出现【辅助线】对话框（图 2-8），其中可以对引导线的颜色显示设置，同时该对话框还可以设置切片的颜色显示。

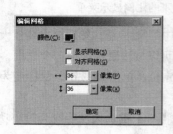

图 2-7　编辑网格对话框

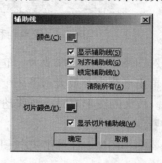

图 2-8　编辑辅助线对话框

2.4　导入文档

Fireworks MX 2004 中文版可以打开很多格式的文档进行编辑，也可以将另一图片导入到当前文档编辑，相当于把另一图片放到当前图片中，两者显示在同一窗口。也就是，导入功能与打开文档的根本不同在于打开文档是把所选的图片在新窗口打开，导入文档是把所选的图片在当前编辑图片窗口打开。

（1）图 2-9 显示的是当前的文档，下面将导入另外一幅图像到该图像之中。

（2）选择菜单【文件】|【导入】命令，或者单击工具栏中的回按钮。出现导入对话框，如图 2-11 所示。在文件目录下选中要导入的图片，右侧的预览框可以对其预览。

（3）单击【打开】按钮，鼠标形状表为 Γ 形状，在文档中单击并拖出一个框即可导入要输入的图片，如图 2-10 所示。鼠标拖动大小为图片在当前文档中的大小。

图 2-9　当前文档

图 2-10　导入图片后的显示结果

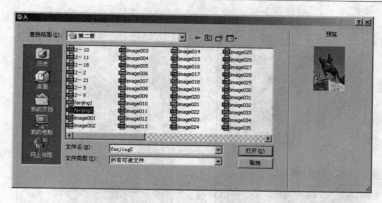

图 2-11 导入对话框

2.5 修改文档

通常情况下，用户需要对打开的原始图片进行编辑，编辑图片包括很多内容，也是本书讲述的重点，这里将对文档的基本属性的修改做一个介绍，复杂的图像处理将在后面的章节一一介绍。下面以实例来说明文档。

2.5.1 修改图像

网页上的图片大小直接关系到网页的打开速度，而且更改文档的像素尺寸也会影响到图像的品质。在 Fireworks MX 2004 中文版中，用户可以直接通过软件对文档像素尺寸进行修改，并查看修改后的大小是否合乎要求。下面以实例来说明：

（1）首先打开一个文档。

（2）从 Fireworks MX 版本开始，出现了【属性面板】这一非常方便的功能，可以方便用户设置和更改当前选中对象或使用工具的属性。现在如果选中画布（用工具箱中的选择工具单击图片背景即可），属性面板中会出现画布的信息。

（3）选择菜单【修改】|【画布】|【图像大小】命令，或者单击属性面板上的 [图像大小...] 按钮。出现如图 2-12 的【图像大小】的对话框。其中，【像素尺寸】中，[↔ 481] 可以设定图像宽度的像素，[↕ 628] 里设定图像高度像素，单位可选择像素或者百分比。【打印尺寸】中可设定图片打印的尺寸。选项【约束比例】图像改变尺寸时，高度与宽度的比例保持现状，改变任意之一，另外的数值会依比例自动改变。改变比例后的图像如何从原来的尺寸拉伸到现在的尺寸，拉伸的方式决定了得到图像的效果和大小。选项【图像重新取样】提供了 4 种拉伸的方式。【双立方】方式是最慢但最精确的方式，得到的图像结果具有最平滑的色调渐变；【最近的临近区域】方式是最快但最粗糙的方式，得到的图像会有明显的锯齿效果；【双线性】和【柔化】方式用于中等品质的图像处理。

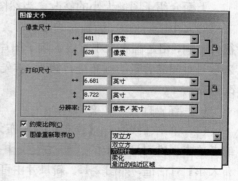

图 2-12 调整图像大小对话框

（4）单击【确定】按钮，画布中的图像大小就被修改。改变像素尺寸的文档和原始文档对比显示，这里改变图像大小为 321×419，如图 2-13。

图 2-13 改变图像尺寸前后对比

Fireworks MX 2004 中文版也可以对图像进行旋转。只需选择【修改】|【画布】|【旋转 180°】等一系列旋转文档的命令，可以完成对画布中所有的图像进行旋转，如图 2-14 为旋转后 180°的图像与原图对比。

图 2-14 图像旋转 180°后效果

2.5.2 修改画布

上面介绍了图像大小的修改，当然图像是置于画布之上。上面的操作是对图像进行的，和文档的大小密切相关，而画布的修改对文档的大小没有很大影响，但是画布大小直接影响了图片的美观。现在来学习对图像背景的画布进行修改。首先来看看如何修改画布。

（1）首先打开一个文档。

（2）单击【修改】|【画布】|【画布大小…】命令，或者单击属性对话框上的 画布大小... 按钮，出现【画布大小】对话框，如图 2-15。新尺寸中可以输入画布的高度和宽度，单位可以选择像素、英尺或厘米。锚点处选择其中一个方格，指明新画布中的哪个位置放入现有图片。当前大小显示了当前的画布大小。

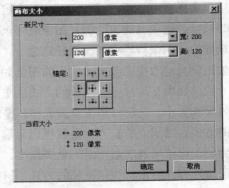

图 2-15 调整画布大小对话框

（3）单击【确定】，即可修改画布大小，修改前后的文档对比如图 2-16 所示。

图 2-16　修改画布大小前后比较

　　画布的修改功能还可以修改画布的颜色，对画布进行旋转和裁剪，让用户随心所欲地得到自己想要的画布效果。

　　（1）修改画布的颜色只需选择【修改】|【画布】|【画布颜色…】，出现了如图 2-17 所示【画布颜色】对话框。其中，颜色选项有【白色】、【透明】和【自定义】。如果需要自己定义画布的颜色，选择自定义单选框下面的颜色井图标□，此时会出现浮动颜色选择框，可以从中选择画布的颜色，最后单击【确定】即可。

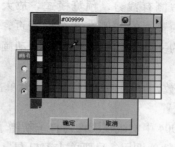

图 2-17　修改画布颜色对话框

　　（2）对画布进行裁剪时可能会遇到两种情况：画布大于其中图像和导入的图像大于画布。第一种情况，单击【修改】|【画布】|【修剪画布】命令可以把画布中多于图像的部分减掉；第二种情况，单击【修改】|【画布】|【符合画布】命令，或者单击属性面板上的 ▭符合画布▭ 按钮，可以使画布符合导入的图像。

2.6　导出文档

　　完成图片编辑，将图片全部或者部分输出为适当的格式是图片处理的最后关键一步。Fireworks MX 2004 中文版的导出功能可以让用户方便地对文档输出格式进行改变。而且输出向导和输出预览可以方便用户调整输出图像的属性。具体步骤如下：

　　（1）选择菜单【文件】|【导出】命令，或者单击工具栏中的▣按钮。

　　（2）出现【导出】对话框，如图 2-18 所示，选择文档要保存的目录，在【导出】对话框的下方选择要保存的文件类型。

　　（3）位图像命名之后，单击【保存】即可。

　　另外，如果要对输出的图像进行区域选择或者调试预览效果，就可以利用导出预览功能。具体操作如下：

　　（1）选择【文件】|【导出预览…】可得【导出预览】对话框。选择【文件】|【导出向导…】经过一步步的提示也可得图 2-19 所示的导出预览对话框，这是针对对初学者设计的。

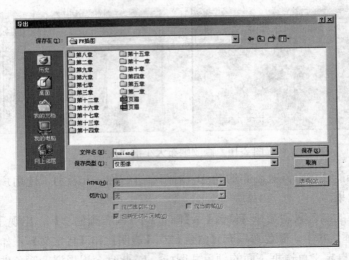

图 2-18　导出对话框

（2）预览框的右侧有裁剪，预览模式，放大缩小，选择等工具可以在这里对图像的属性作最后的调试。预览框的左侧有 3 个标签页，可以对文件的格式输出大小，输出格式进行设置。如果输出的文件是动画，还可以对动画进行设置，这部分内容将在本书后面作详细介绍。

（3）一边设置参数，一边预览图片直到满意单击【导出…】进入输出对话框，或者单击【确定】完成对图片的设置。

Fireworks MX 2004 中文版在图像窗口上新增了快速输出，可以让用户快速的将图片输出并可以为其他图像处理软件调用。只要单击窗口右上角的快速导出按钮将会出现图 2-20 所示的弹出菜单，其中可供用户输出为各种格式的图片，非常方便。

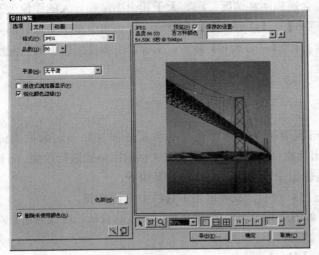

图 2-19　导出对话框　　　　　　　　图 2-20　快速输出菜单

2.7　保存文档

当完成对一个文档的编辑，保存所做的操作，原来版本保存功能只能将文档格式保存为

PNG。Fireworks MX 2004 中文版对保存功能做了改进，允许保存为原来的格式。

（1）选择菜单【文件】|【保存】命令，或者单击工具栏中的■按钮，即可完成对文档修改的保存，保存的文档为原来的格式。

（2）如果是新建文档则会出现如图 2-21 所示的【另存为…】的对话框，输入保存的文档名并选择保存路径，单击【保存】即可，这时保存的格式为.PNG。如果已经保存过的文档需要再次保存，重复以上操作即可。

图 2-21　另存为对话框

2.8　关闭文档

同时编辑数个文件是网络图片编辑的常事。因此，用户经常要关闭当前编辑的文档，再对其他文档进行进一步的操作。这时，进行以下操作：单击当前文档窗口右上角的关闭按钮；或者单击【文件】|【关闭】命令。如果对文档进行过编辑，会出现对话框询问是否保存，如果不需要保存单击【取消】，否则单击【确定】，则对该文档进行的操作将被保存。

2.9　本章小结

本章是关于 Fireworks MX 2004 中文版的一些基本操作。首先讲解了如何在其中创建和打开一个文档。打开文档后就可以使用工具栏和文档窗口的比例显示菜单来调整文档的显示比例，通过改变显示比例能够方便图像的编辑，这是在图像处理过程中要经常使用到的功能，当图像较小时需要放大显示，而图像较大时则需要缩小显示。通过改变图像的显示尺寸能够帮助用户使用 Fireworks 来编辑图像的细节。另外通过使用标尺、引导线和网格等工具还能够在图像设计时精确定位，这也是图像设计过程中经常使用的工具，读者应当熟悉这些工具的显示与隐藏。在讲解了如何导入图像到文档之后，接着讲解了图像修改和画布的修改。而导出图像则简要地了解了网页图像的导出，关于导出图像的详细使用方法会在后面的第 5 章中图像的优化和导出更为详细地讲到。最后还了解了图像的保存和关闭。

2.10　本章习题

（1）新建一个文档，了解【新建文档】对话框中各选项的作用。

提示：可以在宽度单位下拉列表中分别选择像素、英寸和厘米看看各自的大小。还可以设置画布的颜色为白色和透明色看看有何种不同的效果，另外可以在颜色井中自定义画布的颜色。

（2）打开一个文档，尝试改变其画布大小、颜色和图像尺寸。

提示：单击【修改】｜【画布】｜【画布大小】或者属性面板中的 画布大小... 打开【画布大小】对话框设置画布的大小；单击【修改】｜【画布】｜【画布颜色】打开【画布颜色】对话框或者单击属性面板中的颜色井工具 按钮设置画布颜色；单击【修改】｜【画布】｜【图像大小】或者属性面板中的 图像大小... 打开【图像大小】对话框设置图像的大小。

（3）打开一个图像并对其进行调整大小、旋转、剪裁等操作。

提示：选中图像单击工具箱上的缩放工具 然后把鼠标放置在控制点上拖动即可改变图像大小；将鼠标放置在控制点之外，当其变形为 时候拖动鼠标即可旋转图像；单击【编辑】｜【剪裁所选位图】，当鼠标变成 形状时候在图像上拖动，绘出剪裁区域的大小后双击鼠标即可对图像进行剪裁操作。

（4）将一个编辑好的文档导出并熟悉【导出预览】对话框的功能。

提示：单击【文件】｜【导出向导】即可打开【导出预览】对话框，可以分别在它的选项、文件和动画 3 个选项栏中设置导出参数。

第3章 图像操作

教学目标

Fireworks MX 2004 是集位图操作和矢量图操作于一体的程序，其完美地结合了矢量图形处理软件和位图处理软件的优点，让设计者可以同时处理矢量图形和位图图形。在本章中，将主要介绍在 Fireworks MX 2004 中位图操作和矢量图操作的一些基础知识。

教学重点与难点

➢ 矢量图、位图
➢ 矢量图操作
➢ 位图操作

3.1 矢量图和位图

无论是哪种图形处理软件的处理格式都有矢量图和位图之分，这是两种最基本的图形格式。这一章将从基本概念入手，先说明什么是矢量图和位图，然后分别介绍在矢量图和位图两种模式下的基本操作。从中深刻体会两种格式的差别，了解 Fireworks 处理两种格式图形的方式，知道如何在实际中利用两种格式各自的优点。

3.1.1 矢量图

矢量图是由点、线、多边形组成的计算机图形，用包含颜色和位置属性的直线或曲线（即矢量）来描述图像属性的一种方法。它的基本元素是路径和点。路径是由线条以及连接它们的锚点组成，而点则是确定路径的基准。与位图相反，矢量图像记录的是图像中每一个位置的坐标以及这些坐标之间的相互关系。对于矢量图像，如果要改变线的长短、方向和位置等，只是调节点就可以了。而且，一般的描边操作是沿着路径进行的，而填充操作则是覆盖了路径的内部区域，这些操作能把一个单调的线图变为丰富多彩的图形。所以，矢量图可以自由绘出平滑的曲线，画出各种图形，但是其所占空间较大，所以最后要以位图的形式输出。

矢量图具有独立分辨率，也就是说，可以将其缩放到任何尺寸，以任何分辨率打印到任何输出设备上而不会损失细节和清晰度。因此，当缩放到不同尺寸时，对于必须保持波纹线的字体（尤其是小字体）和粗体图像而言，矢量图是最佳选择。

3.1.2 位图

所谓位图就是用栅格（像素）共同组成图像，每个栅格（像素）都被分配一个特定位置和颜色值，这些点称为像素。位图图像所记录的是像素信息，整个位图就是由像素矩阵构成的，它不记录复杂的矢量信息，而是以"一对一"的方式如实表现自然界的任何画面。当某一线段需要修改时，只需擦掉重新再画。

把一幅位图不断放大，最后能看到很多不同颜色的格子，它们共同组成图形。但是位图的分辨率不是独立的，因为描述图像的数据特定大小栅格的图像而言的。因此，编辑位图图像会改变图像的显示质量。尤其在缩放一个位图图像时，由于像素在栅格里的重新分别，从而导致图像失真。这种格式处理起来不能像矢量图那样方便，所以要和矢量图结合应用。

位图和矢量图的不同导致了创建这两种图像的应用程序也不相同。例如，创建矢量类型的图像一般用 Macromedia Freehand，而另外一些应用程序，如 Adobe Photoshop，可以创建位图类型的图像。

但是 Fireworks 却模糊了矢量图与位图之间的差别，Fireworks 对象的路径是可编辑的矢量路径，但它仍然可以有较宽的纹理，可在其中填充颜色或图案，也可以添加阴影、内外斜角、晕光、凸起和凹入浮雕等效果。扩大任一对象到一定程度，都可以发现它的像素本质，而像素在重画时，却又可以当成矢量来进行编辑。虽然 Fireworks 文档是基于矢量路径的，但它的外表仍然是由像素点组成的，因此在放大带有像素效果的矢量图时，虽然矢量对象本身的形状变化不大，但位图效果会有部分损失。Fireworks 给用户提供的另一方便就是，绘制图像时可以用任意种类的矢量绘图工具和位图绘图工具来绘制位图类型的图像，而不必过多在意矢量和位图工具在类型上的差别。

3.2 矢量图操作

在 Fireworks MX 2004 中绘制的绝大部分图形是基于路径的矢量图形。同时，编辑和处理矢量图也是 Fireworks MX 2004 的重要功能。矢量绘制工具主要有：基本图形绘制（矩形、正方形、圆形和椭圆形等）、钢笔和矢量路径。

3.2.1 进入矢量模式

在处理矢量图像之前，首先要进入矢量编辑模式，否则矢量工具不能对图像操作。大多数图像都是栅格图片，当打开一幅图片时，大多数情况处于位图操作模式，需要进入矢量模式，可以进行如下操作进入矢量编辑模式。

（1）利用任何工具双击图像之外的区域。

（2）单击状态栏的 ✪ 按钮。

（3）使用 Ctrl + Shift + D 键。

（4）按 Esc 键。

进入矢量模式后，单击工具栏中的选择按钮 ➘ 指向图片时，图片的周围会出现红色或者蓝色的细边框，这时就能进行各种矢量工具的操作。

3.2.2 创建路径

路径是组成矢量图的基本元素。通常，一条路径至少有两个点：起点和终点。其中，每个点上都有作为本段路径的控制手柄，控制着这段路径的形状和长度。

从路径组成图形的属性上分类，有开路径和闭路径两种。相应的操作区别是对两种路径组成的图形进行描边和填充。开路径，指的是路径的起点和终点没有重合，能对线段本身进行描边操作。闭路径，指的是路径的起点和终点之间通过线段连接成一个封闭区域，可以对该区域进行填充等操作。注意由路径重叠自身构成的回路不是封闭路径。

1. 使用直线工具创建路径

直线工具专门用于创建直线路径，具体步骤如下：

（1）新建一个文件，然后在工具箱中单击按钮 ![按钮]。

（2）移动鼠标至直线的起点位置然后单击。

（3）按住鼠标左键不放拖至直线终点位置，松开鼠标即可绘制出直线路径，如图 3-1 所示。

（4）拖动鼠标的同时按住 Shift 键，可以绘制水平、垂直和与水平成 45°角的直线。

2. 用钢笔工具创建路径

钢笔工具是创建贝济埃曲线的工具，贝济埃曲线是由线段和锚点连接而成的，锚点与两个控制点通过控制线相连接，调整控制点的位置和控制线的长度可以随意控制通过该端点的曲线曲率等属性，从而达到精确绘制任意平滑曲线的目的。利用钢笔工具主要绘制平滑曲线，因此，该工具可以为路径添加和更改锚点，并通过锚点两侧的贝塞尔方向控制杆更改曲线弯曲方向。

锚点是矢量图形中的点，其类型有两种：一种是角点，一种是平滑点。角点两端至少有一端是直线，平滑点两端都是平滑曲线，如图 3-2 所示。

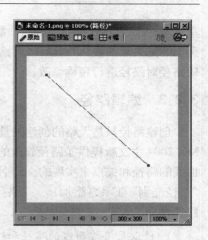

图 3-1　创建直线路径

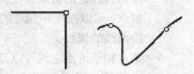

图 3-2　不同类型的锚点

使用钢笔工具创建路径的具体步骤如下：

（1）新建一个文件，然后在工具箱中单击钢笔工具 ![钢笔]。

（2）移动鼠标指针至贝济埃曲线的起点位置然后单击。

（3）拖动鼠标指针到贝济埃曲线下一个端点位置单击，这时在两个端点之间自动出现一条直线线段；如果要在两个端点之间创建曲线线段，将鼠标指针拖动到曲线末端单击并且按住鼠标进行拖动。这样，锚点的贝塞尔曲线方向控制杆会出现，移动鼠标可以更改曲线的属性。滑杆的长度和曲线弧度相关，滑杆的角度与曲线弯曲角度相关。

（4）中止绘制开放曲线时，只需要双击鼠标。如果要绘制封闭曲线，只要把最后的锚点移动在起始锚点上，鼠标可以会变为一个小方圈，单击即可，如图 3-3 所示。

（5）重复（3）操作可以创建出多个节点的复杂路径。

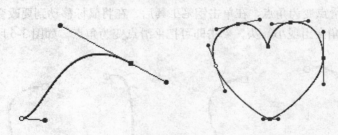

图 3-3　利用钢笔工具绘制图片

3. 创建自由矢量路径

直线和钢笔工具用于创建直线和平滑曲线工具，矢量路径工具主要是用来创建自由路径。

单击 可以自由在画布上画出曲线，曲线由很多节点和其之间的线段组成。与铅笔的不同在于画出的是矢量曲线，并且可以对路径进行各种描边操作，画出笔刷的效果。而且，可以通过编辑路径对路径进行精确修改。

3.2.3 编辑路径

创建路径只是大略的创建矢量图形，需要得到满意的图形还需要对其进行修整。Fireworks MX 2004 中文版提供了路径修改的功能和 5 种路径编辑工具。路径修改功能主要是编辑贝济埃曲线的路径和锚点来实现的。5 种路径编辑分别是"自由变形"工具、"更改区域形状"工具、"路径洗刷"工具（添加）、"路径洗刷"工具（去除）和刀子工具。以下将详细介绍这些编辑路径操作。

1. 修改贝济埃曲线的路径和锚点

➢ 要更改曲线的属性，先单击工具栏中的部分选择工具 按钮，单击锚点并按住移动，移动到满意的位置放松鼠标，可以改变锚点的位置，如图 3-4 所示。单击滑杆两端的控制点，可以改变控制杆的长度和角度，可更改曲线的弧度和弯曲角度。这样可以随意更改曲线的属性。

➢ 角点和平滑点之间可以互相变换，锚点也可以增加和删除，以便于在绘制后自由修改。

• 把角点变为平滑点，单击工具栏中的 按钮，单击需要改变的角点，并拖动鼠标，直到锚点两侧出现贝塞尔曲线方向控制杆，这样就把角点变为了平滑点，并且可以改变曲线属性，如图 3-5 所示。

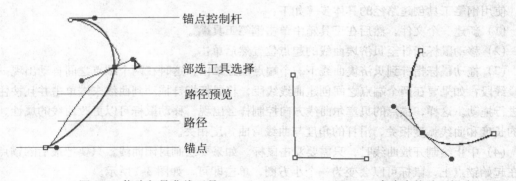

图 3-4　修改矢量曲线工具　　　　图 3-5　角点变换为平滑点

• 要把平滑点变为角点，在单击钢笔工具后，在将鼠标移动到要改变的点上，这时鼠标右下角会出现小箭头，单击即可把平滑点变为角点，如图 3-6 所示。

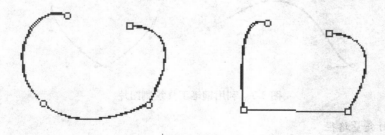

图 3-6　平滑点变换为角点

> ➤ 要在一条路径上增加锚点，首先单击部分选择工具选中路径，再单击钢笔工具 ，把鼠标移到要添加锚点的地方，这时鼠标右下角会出现一个小加号，单击即可添加一个平滑点，拖动可改变曲线属性。

> ➤ 如果要删除路径上的锚点，首先单击次选工具选中路径中要删除锚点，按 Delete 键即可。如果要删除多个锚点，单击次选工具后按住 Shift 键可选中多个锚点，再按 Delete 键可以删除所选锚点。

2. 使用【自由变形】工具编辑路径

【自由变形】工具可以对选定路径的部分线段进行整形操作。使用铅笔工具或笔刷工具创建路径常常有很多锯齿，使用变形工具可以使路径平滑，消除锯齿。使用自由变形工具的具体步骤如下：

（1）从工具箱中选择"部分"选取工具 ，选取要整形的路径。

（2）在工具箱中选择"自由变形"工具 。

（3）此时鼠标指针右下角出现一个小圆圈，当鼠标指针接触到所选路径时，鼠标右下角的小圆圈变成 S，按住鼠标拖动即可改变路径的形状。如图 3-7 所示为使用自由变形工具变形前和变形时的路径。

图 3-7 使用自由变形工具变形前和变形时的路径

3. 使用"更改区域形状"工具编辑路径

使用"更改区域形状"工具可以拉伸变形区域指针外圆内的所有选定路径的区域。使用"更改区域形状"工具的具体步骤如下：

（1）从工具箱中选择"部分"选取工具 ，选取要整形的路径。

（2）在工具箱中选择"更改区域形状"工具 。

（3）此时鼠标指针右下角出现一个小圆圈，当鼠标指针接触到所选路径并按住鼠标时，出现如图 3-8 所示的同心圆，拖动鼠标即可更改选定区域的路径形状。

图 3-8 使用"更改区域形状"工具

若要设置更改区域形状指针的内圆的强度：在"属性"检查器的"强度"文本框中输入一

个范围从 1 到 100 的值。该值指示指针的潜在强度的百分比，百分比越高，强度越大。

若要更改区域形状指针的大小，可执行下列操作之一：

➢ 在按住鼠标按钮的同时，按右箭头键或 2 可增加指针的宽度。

➢ 在按住鼠标按钮的同时，按左箭头键或 1 可减小指针的宽度。

➢ 若要设置指针大小，并设置指针所影响的路径段的长度，请取消选择文档中的所有对象，然后在"属性"检查器的"大小"文本框中输入一个范围从 1 到 500 的值。该值指示指针的大小（以像素为单位）。

4. 使用"路径洗刷"工具编辑路径

您可以使用"路径洗刷"工具来更改路径的外观。路径洗刷工具包括"路径洗刷-添加"工具 和"路径洗刷-去除"工具 ，前者是对选取的路径增添压力，后者恰好相反。使用不断变化的压力或速度，可以更改路径的笔触属性。这些属性包括笔触大小、角度、墨量、离散、色相、亮度和饱和度。

> **TIPS▶** "路径洗刷"工具只能对使用压力敏感笔触效果（如书法笔效果、油画效果等）创建的路径起作用。

5. 使用"刀子"工具编辑路径

使用刀子工具可以把路径切开，成两个或多个独立的路径。操作如下：

（1）新建一个文件，然后绘制一个椭圆路径。

（2）在工具箱中选择刀子工具 。此时鼠标指针变成刻刀形状，在要切开路径附近单击并拖动，此时从起点到终点之间会出现一个蓝色的线，表示刻刀划过的路径。

（3）释放鼠标，完成切割。如图 3-9 所示。

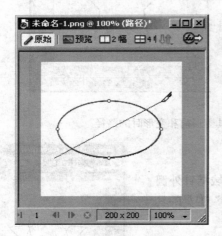
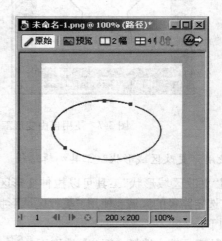

图 3-9　切割前后的路径对象

6. 使用"重绘路径"工具编辑路径

重绘路径工具兼有创建具有各种笔刷效果的自由路径和编辑路径的功能，但它最大的优点在于用户可以在绘制过程中不断修改重绘路径。具体使用方法如下：

（1）选择"钢笔"工具弹出菜单中的"重绘路径"工具 。

（2）在路径的正上方移动指针，指针更改为重绘路径指针。

（3）拖动以重绘或扩展路径段，要重绘的路径部分以红色高亮显示。

（4）释放鼠标键，即可完成。

3.2.4 创建矢量对象

矢量图形中的对象指任何可以编辑的矢量图形，包括路径、基本图形以及它们的组合。Fireworks MX 2004 中文版中添加了很多对象，用户可以直接调用。

1. 绘制矩形

要绘制矩形，应执行如下操作：

（1）从工具箱中选择矩形工具 ■。

（2）在文档窗口指定位置的左上角按下鼠标，拖动鼠标直至合适的矩形大小。

（3）释放鼠标，矩形就被绘制到文档中。

 拖动鼠标指针绘制矩形时，按住 Shift 键，绘制的就是一个正方形；按住 Alt 键，就以矩形中心为起始位置绘制矩形；同时按住 Shift 键和 Alt 键，就以正方形中心为起始位置绘制正方形。绘制圆角矩形、椭圆和多边形时，Shift 键和 Alt 键的作用相同。

2. 绘制多边形

多边形包括三角形、矩形以及超过 5 条边的其他类型的多边形，其中矩形的绘制最为简单，前面已经介绍过了。要绘制除矩形外的其他多边形，应执行如下操作：

（1）在工具箱中选择多边形工具 ●。

（2）打开属性面板，如图 3-10 所示。打开"形状"下拉列表框，选取要绘制的图形种类星形或多边形；在"形状"文本框中输入多边形的边数或星形的角数；在"角度"文本框中输入星形尖角度数。

（3）单击并拖动鼠标，完成多边形或星形绘制。

图 3-10　多边形工具属性面板

4. 绘制椭圆

使用工具箱中的椭圆工具 ○ 与使用矩形工具创建的方法完全相同，只是起始位置是包围椭圆的矩形框的左上角。

5. 绘制其他特定图形

Fireworks MX 2004 中文版增加了很多特定图形供用户选择，大大方便了这些图形的绘制，打开绘制矩形的工具栏，可以看见有箭头、斜切矩形、斜面矩形、连接线形、面圈形、L 形、饼形、圆角矩形、智能多边形、螺旋形和星形等 11 种图形可以选择绘制。其操作方法与绘制矩形一样，只是各个不同的形状有不同的控制点。移动控制可以控制图形的形状，得出不同的效果，具体的细节读者可以一一尝试体会，如图 3-11 所示。

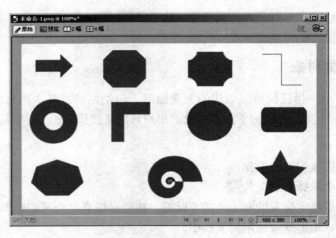

图 3-11　各种其他的特定图形

3.2.5　编辑单个对象

由于使用基本几何图形工具创建的对象都十分规则，而实际应用当中需要对这些基本图形进行变形使它们可以显出各种立体或者透视效果。Fireworks MX 2004 中文版提供了一些对象编辑工具方便对其进行编辑。以下是一些编辑对象工具的使用方法。

1. 选取对象

在对对象进行编辑之前，首先要选取被编辑的对象。Fireworks MX 2004 中文版提供了 3 种选取工具，指针工具、选择后方对象工具和部分选定工具。其中，部分选择工具常用于矢量曲线的编辑。

使用指针工具可以直接选取当前对象，方法如下：

➢ 单击工具箱的选择指针工具 。

➢ 将鼠标指针单击对象，此时对象被一个蓝色线框包围，并有四个蓝色方形手柄。此时，对象即被选定。

如果要选取对象被重叠时，使用指针工具就方便了。这时，可以使用选择后方对象工具可以选取隐藏或被遮挡的对象。以下是使用选择后方对象工具的具体方法：

➢ 单击工具箱中选择后方对象工具 。

➢ 在堆叠的对象上反复单击，选择工具会以堆叠顺序自上而下选择对象，直到选择所需的对象。

 对于通过堆叠顺序难以选择的对象，也可以在 Layer 面板中单击该对象进行选择。

2. 使用变形工具变形对象

使用"缩放"、"倾斜"、"扭曲"和"缩放"工具以及菜单命令，可以对所选对象进行变形操作。使用缩放工具 可以使对象成比例的放大或缩小，也可以对对象进行横向和纵向拉伸；使用倾斜工具 可以倾斜所选的对象；使用扭曲工具 可以将所选对象变形成不规则的形状，产生各种倾斜放置的效果。变形工具的使用方法如下：

（1）首先选取要变形的对象。

（2）从工具箱中选择变形工具。

（3）被选对象会被一个矩形框包围，线框的 4 个角以及四条边的中点有 8 个黑色方块，这些方块就是用于缩放、倾斜和扭曲对象的控制手柄。线框中心的圆形黑点为旋转中心。

（4）选择手柄或旁边的指针时，指针会改变以指示当前的变形。执行下列操作之一以变形对象：将指针放到角点附近，然后拖动以旋转；拖动变形手柄，根据活动的变形工具来变形。

（5）在窗口内双击或按回车键应用更改。如图 3-12 所示分别为各种变形操作前后的对象。

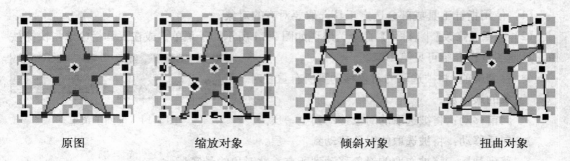

原图　　　　　　　　缩放对象　　　　　　　　倾斜对象　　　　　　　　扭曲对象

图 3-12　变形前后的对象

3.2.6　编辑群组对象

很多图形是由多个对象组成，在对这些图形进行编辑时，经常要进行对象的移动、排布、叠放以及群组对象的操作。以下将介绍这些排布和管理对象的方法，为方便处理多个对象打下良好基础。

1．移动对象

移动对象主要利用选定工具来完成，具体操作如下：

（1）使用指针工具或部分选定工具选取要移动的对象。

（2）单击并拖动对象到合适位置，释放鼠标即完成移动操作。

2．对齐对象

Fireworks MX 2004 中文版提供了多种对齐对象的方式，这些操作可以在菜单中找到，也可以在工具栏中直接单击。具体操作如下：

（1）使用指针工具或部分选定工具选取要对齐的对象。

（2）选择【修改】|【对齐】命令，出现如图 3-13 所示的子菜单。或在工具栏中单击快捷按钮，具体工具栏介绍可见第 1 章。

图 3-13　对齐子菜单

➤ 左对齐：被选取对象的左边缘都同最左边对象的左边缘对齐。

➤ 垂直居中：被选取对象在垂直方向上居中对齐。

➤ 右对齐：被选取对象的右边缘都同最右边对象的右边缘对齐。

➤ 顶对齐：被选取对象的上边缘都同最上边对象的上边缘对齐。

> ➤ 水平居中：被选取对象在水平方向上居中对齐。
> ➤ 底对齐：被选取对象的下边缘都同最下边对象的下边缘对齐。
> ➤ 均分宽度：在最左方对象的左边缘和最右方对象的右边缘之间平均分布各选中对象。
> ➤ 均分高度：在最上方对象的上边缘和最下方对象的下边缘之间平均分布各选中对象。

3. 重叠对象

当多个对象发生重叠时，可以使用 Fireworks MX 2004 中文版菜单命令或在工具栏中单击工具按钮，来改变多个对象的重叠顺序，具体方法如下：

（1）使用指针工具或部分选定工具选取要对齐的对象。

（2）选择【修改】|【排列】命令，出现如图 3-14 所示的子菜单。或在工具栏中单击快捷按钮，具体工具栏介绍可见第 1 章。

> ➤ 移到最前：将被选取的对象移动到所有重叠对象的最顶层。
> ➤ 向前移动：将被选取的对象移动到上一层。

图 3-14 排列子菜单

> ➤ 向后移动：将被选取的对象移动到下一层。
> ➤ 移到最后：将被选取的对象移动到所有重叠对象的最底层。

4. 群组对象

当多个对象排布完毕后，为防止以后操作移动已经定位对象，可以将这些对象组合成一个对象，也可以在需要时拆分成多个相互独立的对象。操作如下：

（1）使用指针工具或部分选定工具选取要对齐的对象。

（2）选择【修改】|【组合】命令即可将被选取的对象组合成一个整体。

（3）要取消群组对象，只需要选择【修改】|【取消组合】命令即可把组合的对象拆分成多个独立的对象。

3.3 位图操作

3.3.1 创建位图

在 Fireworks MX 2004 中文版中，创建位图主要有 3 种方法：在位图编辑模式下利用绘制工具（绘制工具有喷涂图像、改变像素的颜色、滤镜纠正和增强图像效果）直接绘制位图对象，通过导入的方法创建位图对象和通过扫描获取位图。下面详细介绍这几种创建位图的方法。

1. 绘制位图

绘制位图的主要工具有铅笔和笔刷工具，以下分别介绍。

铅笔工具绘制的路径宽度为 1 个像素，主要用于绘制自由路径。按住鼠标左键在绘图窗口中运动的轨迹就是绘制的自由路径。用户可以使用鼠标，也可以使用手写板来绘制。使用铅笔工具创建自由路径的方法也十分简单，具体步骤如下：

（1）单击工具栏中的按钮 ✎，鼠标变成铅笔形状。

（2）移动鼠标指针到自由曲线的起点位置处单击并拖动。

（3）在绘制过程中，如果先按住 Shift 键再拖动，可以绘制出直线，如图 3-15 所示。

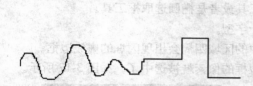 

图 3-15　铅笔工具绘制自由曲线　　图 3-16　笔刷工具绘制填充效果的自由曲线

笔刷工具同铅笔工具作用一样，用于创建自由路径，如图 3-16 所示。操作大致相同，只是笔刷工具单击工具栏的按钮 ✐。

笔刷工具和铅笔工具的区别在于创建路径时的描边效果：使用铅笔工具绘图时，创建的所有路径均为 1 个像素宽度，同时显示为硬边界效果；而笔刷工具能够绘制出特殊效果的路径，包括油画、水彩、迈克笔和蜡笔等效果。绘制过程中依靠鼠标移动的感觉绘出图案。同铅笔相比，笔刷工具绘出的线条是填色区块，其效果、大小和纹理都可以在属性面板中设置。

2．导入位图

用户可以通过导入外部位图的方法在 Fireworks 中直接创建位图对象。在 Fireworks 中可以导入很多位图图片，如.png、.gif、.jpeg、.jpg、.psd、.tif、.tiff、.tga、.bmp、.dib、.rle、.pict、.lrg，导入位图的方法可见第 2 章。

 因为 Photoshop 不但可以包含图层信息，还可以包含蒙板和 Alpha 通道等信息，所以 Photoshop 文件就有些特殊。如果 Photoshop 文件中有 Alpha 通道，则必须在导入到 Frieworks 之前将其删除。

3．扫描位图

扫描也是 Fireworks 获取位图文件常用的方法。只要计算机接上了扫描仪，并安装了该扫描仪的驱动及扫描程序，就可以在 Fireworks 中直接获取位图对象。

3.3.2　选取位图

位图处理的对象与矢量图不同，矢量图有处理的对象，而位图是由许多像素组成，所以处理的是像素区域。在编辑处理之前，必须对像素区域进行选取。Fireworks MX 2004 中文版提供了 3 类选取位图的工具，分别是选取框类工具 ▢、◯，套索类工具 ◁、◁ 和魔术棒工具 ✎。

当选择某一像素区域后，在选中的区域四周将会出现一个闪烁的虚线选取框，可以通过拖动被选中的像素区域来改变它在图像中的位置。一旦再选中其他的区域，以前被改变位置的像素区域就会被放置到新的位置。由于位图对象不同于矢量对象，难以被修改，所以在移动操作的时候要十分谨慎，若有操作失误，就只能通过【编辑】菜单下的【撤销】或在历史面板里恢复。

1．选取规则区域

Fireworks MX 2004 中文版提供了矩形和椭圆两种规则选取工具，利用选取框可以在图像中选取规则的像素区域，操作如下：

(1) 打开一个图像文件。

(2) 根据需要从工具箱中选择矩形选择工具或者是椭圆选取框工具。

(3) 将鼠标移至绘图区域中，鼠标变成十字型。

(4) 拖动鼠标选取需要的区域，这时选中的区域四周会出现闪烁的虚线边框。

(5) 在需要的位置释放鼠标，那么虚线边框的像素就被选中了，如图 3-17 所示。

图 3-17　矩形和椭圆形选取框选取的像素区域

单击选取工具按钮，属性面板上出现一些同选取框工具状态有关的选项。其中，可以对选取的区域进行调节，主要设置"样式"和"边缘"这两个属性。"样式"设置的是选取框本身，控制的是选取框中像素内容的大小；而"边缘"可以设置选取框选中像素区域的边界效果。以下分别叙之：

在"样式"下拉列表中，可以定义矩形和椭圆选取框的属性。对于矩形选取框，定义的是选取框的高度和宽度；对于椭圆选取框，定义的是椭圆的长轴和短轴。其中有 3 个选项可供选择："正常"、"固定比例"和"固定大小"，如图 3-18 所示。

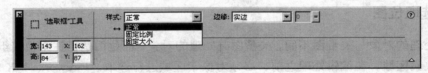

图 3-18　样式下拉列表

➤ 正常：选中该项后，托动鼠标可以任意创建矩形和椭圆选取框，产生的矩形或椭圆外切矩形的高度和宽度之间没有固定关系，完全取决于用户拖动鼠标移动的范围。

➤ 固定比例：选中该项，选取框对应的矩形或椭圆外切矩形的高度和宽度保持一定的比例。即，在拖动鼠标生成选取框时，用户可以在"样式"下拉列表下方的水平双箭头和垂直双箭头的文本框中输入宽度值和高度值，这两个数的比值决定了选取框高度和宽度的比例。在拖动鼠标时，拖出图形的高度和宽度比例符合设定值。

➤ 固定大小：选中该项，在图像中的选取框大小是固定的，大小数值可以由"样式"下拉列表下方的文本框中的数值大小来设定。数值是像素为单位。选取时，不需要在图像中拖动鼠标，只需在图像中单击鼠标就可以生成一个选取框。鼠标单击的地方就是选取框左上角所在的位置。

- 在"边缘"下拉列表中可以设置选中区域的边界效果，其中有 3 个选项，如图 3-19 所示可供选择。它们分别是"实边"、"消除锯齿"和"羽化"。以下来分别简述各种选择的效果。

图 3-19　边缘下拉列表

➤ 实边：选中该项，选取框所选择区域的边界不经过平滑处理，特别是椭圆选取框选取的区域边缘可能会产生锯齿。

➤ 消除锯齿：选中该项，对选取框所选择的区域边界进行抗锯齿处理，这会使选中的区域边界更加平滑。

➤ 羽化：选中该项，对对话框所选择的区域边界进行羽化处理，而且还可以在其右方的文本中调节羽化效果的强弱。

 只有选取框工具有"样式"属性，而其他选取工具，如套索、多边形套索和魔术棒等都只可以设置相应的"边缘"属性。

2. 选取不规则区域

很多情况下，要选择的对象一般不属于规则区域，这就要求对不规则区域进行选取。选取不规则区域的工具有多边形套索工具、套索工具和魔术棒工具。其中，多边形套索工具可以在位图图像上选中多边形的像素区域；套索工具可以在位图图像上选择任意形状的像素区域；魔术棒工具可以在位图图像上选中带有相同颜色的区域。下面分别介绍。

多边形套索工具的工作步骤如下：

（1）单击工具箱中多边形套索工具 ，鼠标变成多边形套索的形状。

（2）在绘图区域中希望选取的多边形区域起点单击鼠标，移动鼠标，可以看到鼠标连接着一条蓝色轨迹，这就是多边形选取框的边界。

（3）多次单击鼠标生成多边形选取区域其他顶点，完成选择后，将鼠标移动到轨迹的起点附近，当鼠标右下角出现黑点时，再释放鼠标即可；或者在需要结束的位置双击鼠标，此时从起点到双击鼠标的位置会自动用一条直线连接，从而形成多边形选择区域。

（4）完成以上操作后，蓝色轨迹将变成虚线边框，这时就表明该区域已经被选中了，如图 3-20 所示。

套索工具的工作步骤如下：

（1）单击工具箱中 按钮，鼠标变成套索形状。

（2）在绘图区域，拖动鼠标选取区域，鼠标拖动的地方会出现蓝色轨迹。

（3）拖动时不要松开鼠标左键，当移动到想要创建封闭区域的起点附近，且鼠标右下角出现黑点时释放，此时在起点和释放鼠标的地方会自动生成一条直线，从而形成闭合区域。如图 3-20 所示。

图 3-20　使用多边形套索工具或套索工具创建选择域

魔术棒工具的工作步骤如下：

（1）魔术棒工具用来选择颜色相近的区域，所以在选择前先确定要选择的颜色。

（2）单击工具箱中魔术棒工具按钮![icon]，将鼠标移至绘图区域，鼠标将变成魔术棒形状。

（3）在图像中需要选择的颜色上单击鼠标，则图像上所有包含该颜色的区域都会被选中，如图 3-21 所示。

 在利用魔术棒工具进行选取时，对于颜色种类较少且分布规则的位图图像来说，所选取的区域也比较简单；而对于那些颜色种类繁多，分布又不规则的图像而言，选取的区域形状将非常复杂。

图 3-21　使用魔术棒工具创建的选择域

3. 调整选择区域

经过粗选后的区域，Fireworks MX 2004 中文版中提供了许多调整选择域的功能。这些功能的命令都在"选择"菜单下。下面介绍各个命令的作用和效果。

➢ 选取相似颜色：单击该命令，用户可以在绘图区域选取需要选择图像的颜色，则图像中所有与选择域颜色相同的像素都会被选取出来。

➢ 反选图像：该命令将原来选择域以外的区域变为选择域，而原选择域不被选中。

➢ 羽化选择域：该命令用于羽化选择区域的边界，羽化数值可以设定。

➢ 成比例扩张选择域：以下的选择边界设定命令都会出现对话框对边界操作宽度进行设置。执行该命令首先设置需要扩展的像素范围，单击【确定】按钮可扩展选取范围。

➢ 成比例缩小选择域：可以将原有的选择域按设置像素参数成比例缩小。

➢ 创建边框选择域：可在原有的选择域边界再创建一个带状选择域，可设置区域宽度的像素值。

➢ 使选择区域平滑：可将选取区域的棱角变得平滑。

图 3-22 至图 3-27 分别为各种操作的效果，供读者学习参考。

图 3-22 原始选择域

图 3-23 扩展选择域

图 3-24 收缩选择域

图 3-25 使选择域平滑

图 3-26 创建边框选择域

图 3-27 选取相似颜色区域

3.3.3 编辑位图

1. 图像的擦除、填充与复制

在执行图像的擦除、填充与复制操作时，首先需要注意的一点是，如果当前已经制作了选区，则上述操作只对选区内的像素有效；否则，其操作范围为整个位图编辑区。

利用橡皮擦工具可以用设定的擦除颜色填充选择区域。操作如下：

（1）单击工具箱中的橡皮擦按钮，属性面板会出现工具属性，如图 3-28 所示。其中可以设置橡皮擦的大小，边界和形状。

（2）设定好工具属性，在图像区单击并拖动鼠标可以执

图 3-28 擦除工具属性面板

图 3-29 擦除像素示例

行擦除操作。如果此时按下 Shift 键单击并拖动，则可沿垂直或水平方向进行擦除，如图 3-29 所示。

利用油漆桶工具可以填充对所选区域填充图案和颜色。操作如下：

（1）选中要填充的区域。

（2）单击工具栏上油漆桶工具按钮 ，出现如图 3-30 所示对话框。其中，在颜色面板中可以设置填充颜色，也可以单击按钮 吸取需要填充的颜色。此外，属性面板上的其他选项可以设置填充方式、颜色容差值以及边缘和纹理类型。

（3）鼠标变成油漆桶状，单击要填充区域即可。

图 3-30　油漆桶工具的属性面板

 利用边缘下拉列表框设置填充边缘类型时，如果制作的选区本身已设置了羽化效果，此时即使未设置边缘羽化类型，所填充的图案仍会带有羽化效果。

替换颜色工具是 Fireworks MX 2004 中文版新增功能之一，利用它能将图中选中的颜色替换为其他颜色。单击工具栏中的换色按钮 ，出现如图 3-31 所示属性面板。

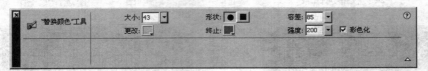

图 3-31　替换颜色工具的属性面板

其中，更改栏中可以选择被替换的颜色，中止栏中设置替换颜色。在绘图区域单击并拖动鼠标，即可完成颜色替换。此外，属性面板也可以设置替换工具的形状，替换的容忍度和色调强度。图 3-32 表示了颜色替换前后的对比。

图 3-32　使用颜色替换工具替换颜色

在 Fireworks MX 2004 中文版中新增了颜色渐变工具，用户可以利用它轻松画出颜色渐变效果，操作如下：

（1）选择要填充渐变颜色的区域。

（2）单击工具栏颜色渐变按钮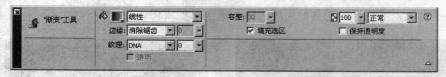，出现颜色渐变属性面板，如图 3-33 所示。

图 3-33 颜色渐变工具属性面板

（3）在颜色渐变属性面板中，纹理和边缘分别设置渐
变的质地和边界。单击颜色设置按钮，会出现图 3-34 的各
种颜色渐变，拖动颜色箭头滑块其中还可对渐变颜色范围
设置，预览栏中可以预览设置的渐变颜色。单击渐变方式
下拉菜单，可以看到如图 3-35 所示的各种渐变方式，单击
选择需要的方式。

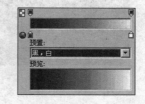

图 3-34 设置颜色渐变工具的颜色

（4）鼠标在绘图区域变为点状，按住左键在所选区域
拖动鼠标，可以画出颜色渐变的效果，如图 3-36 所示。

使用橡皮图章工具可迅速在绘图区域复制图像的某一部分，画出重像的效果，操作如下：

（1）单击工具箱中的橡皮图章工具 。

在其工具属性面板中进行设置大小边界和应用范围，如图 3-37 所示。

（2）将鼠标指针移动到希望复制的区域并单击鼠标左键，设置要复制源点。

（3）移动鼠标指针到新区域，单击拖动就可把源点处的图像在鼠标拖动区域复制出，如图
3-38 所示。

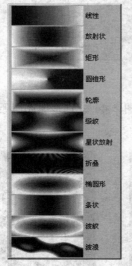

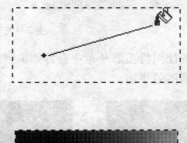

图 3-35 颜色渐变的类型

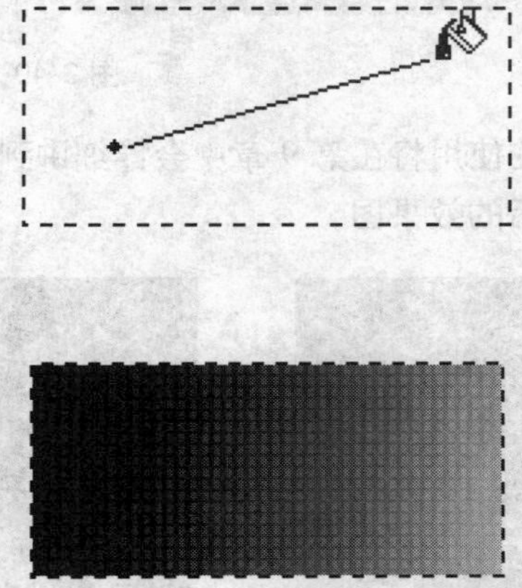

图 3-36 颜色替换操作

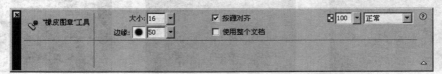

图 3-37 橡皮图章工具属性面板

2. 裁剪位图

要裁剪图像，可首先单击工具栏中裁剪按钮 ◫ 。然后在编辑区单击并拖动设置裁剪区，最后按回车键确认，系统自动把其他区域去除，选区单独成图，如图 3-39 所示。

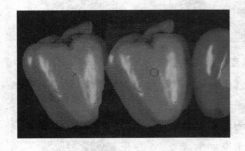
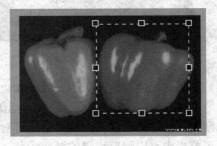

图 3-38 利用橡皮章工具复制像素　　　　　　　图 3-39 裁剪位图

3. 使用滤镜

滤镜可用于帮助改善和增强图像效果。Fireworks MX 2004 中文版中包含了许多新的图像编辑滤镜，用户可利用它们调整图像的对比度、亮度、反相、色阶和饱和度，模糊及锐化图像等，滤镜都放置在"滤镜"菜单之下，如图 3-40 所示。

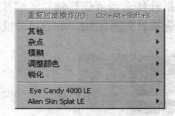

重复过滤操作(R)	Ctrl+Alt+Shift+X
其他	▶
杂点	▶
模糊	▶
调整颜色	▶
锐化	▶
Eye Candy 4000 LE	▶
Alien Skin Splat LE	▶

图 3-40 滤镜菜单

关于滤镜的使用将在第 9 章中会详细讲到，图 3-41 至图 3-46 分别是原图以及对它使用了各种不同滤镜后的效果图。

　图 3-41 原图　　　　　　图 3-42 添加杂点效果　　　　　图 3-43 自动色阶效果

图 3-44　反色效果

图 3-45　放射状模糊效果

图 3-46　锐化效果

 虽然滤镜菜单中的效果主要用于位图图像，但是用户也可将它们用于路径对象。不过，一旦对路径对象执行了滤镜操作，路径对象将被转换为位图对像。

3.4　本章小结

Fireworks MX 2004 作为图像处理软件最大的特点就是它集成了位图操作和矢量图操作于一体，它完美地结合了矢量图形处理软件和位图处理软件的优点。本章首先从矢量图和位图的概念出发，让读者了解到矢量图则是用包含颜色和位置属性的直线或曲线来描述图像属性的一种方法，而位图是对每一个栅格内不同颜色的像素点进行描述。

矢量图操作中讲解了对矢量图一些基本操作，包括进入矢量模式，创建和编辑路径，创建和编辑对象等。在创建和编辑路径中学会了直线工具、钢笔工具、矢量路径工具、自由变形工具、更改区域形状工具、路径洗刷工具（添加）、路径洗刷工具（去除）和刀子工具等矢量工具的使用方法；在创建和编辑对象中学会了矩形工具、多边形工具、椭圆工具、L 形工具等 11 种特定图形工具、缩放工具、倾斜工具和扭曲工具的使用方法。

位图操作中讲解了关于对位图一些基本操作，如创建、选取和编辑位图，位图的滤镜效果等。在创建位图中学会了铅笔工具和笔刷工具的使用；在选取位图中学会了选取框工具、椭圆选取框工具、套索工具、多边形套索工具和魔术棒工具的使用。在编辑位图中学会了橡皮擦工具、油漆桶工具、替换颜色工具、颜色渐变工具和橡皮图章工具的使用。

3.5　本章习题

（1）想一想矢量图和位图有何不同？

提示：矢量图用包含颜色和位置属性的直线或曲线来描述图像属性，而位图是对每一个栅格内不同颜色的像素点进行描述。

（2）对一幅图像的主体进行选择，并羽化边界。

提示：选取图像可以依据需要使用工具箱上的选取框工具、椭圆选取框工具、套索工具、多边形套索工具和魔术棒工具来选取图像的部分，选取之后单击鼠标右键，在弹出的快捷菜单中选择【修改选取框】│【羽化】或者直接单击【选择】菜单下的【羽化】即可打开【羽化所选框】对话框来设置羽化值。

（3）打开一幅图像，选出其中颜色相近区域。

提示：选中图像，单击工具箱上的魔术棒工具 ＼ 选取一种图像中某一颜色相近的区域，然后在其属性面板中设置容差和边缘。单击【选择】│【选择相似】还可以选择图像中所有的相似区域。

（4）初步了解滤镜的各种效果。

提示：选中某一对象，然后单击【滤镜】菜单，在其下拉菜单中即可选择不同的滤镜效果。另外还可以单击对象属性面板中的添加效果按钮 ⊞ 来设置对象的滤镜效果。

第4章 文本操作

教学目标

利用 Fireworks MX 2004 可以制作许多非常漂亮的文字特效。用户可以设置文本的字体、尺寸、颜色、间距和基线偏移，通过文本设置描边、填充、效果和样式增强文本的效果，还可以像编辑对象一样对文本进行缩放、旋转、变形，翻转等操作。用户还可将文字沿指定路径排列，并可以改变附加到路径上的文本的排列方式。本章将要详细介绍 Fireworks MX 2004 中文版的各种文本处理功能以及如何在 Fireworks MX 2004 中文版中制作文字特效。

教学重点与难点

- ➢ 字体和字体安装
- ➢ 文本效果
- ➢ 文本和路径
- ➢ 文字特效
- ➢ 文本转换为路径

4.1 字体概述

汉字中常用字体包括宋体、仿宋体、楷体、黑体 4 种。但是仅仅用这几种字体来设计网页图片上的文字那么就显得十分单调，达不到所要表达的艺术效果。在进行网页设计时往往需要利用到能够增强艺术效果、起到美化作用的一些文字形态，这些起到美工作用的字体，称之为艺术字体。现在就讲讲艺术字体的安装及它们在 Fireworks MX 2004 中文版中的使用方式。

4.1.1 安装字体

字体文件的后缀名一般为.ttf，在安装艺术字体时，只需要找到这些艺术字体文件，将它们复制到系统的文字文件夹之下就可以了。在 Windows 2000 系统中，字体文件都在 WINNT|Fonts 之中，找到这个文件夹，然后将艺术字体文件复制到其中即可。

图 4-1 控制面板中的字体管理工具

另外，在 Windows 2000 操作系统的控制面板中还有一个专门管理字体的字体工具，如上图 4-1 所示。双击这个字体管理工具进入到字体管理窗口，里面包含着机器上已经安装的字体。如果要安装进行网页设计的艺术字体，只需要打开【文件】菜单的【安装新字体】就可以了，如图 4-2 所示。这时会弹出图 4-3 所示的添加字体窗口。

图 4-2　字体窗口

选中所需要的字体或者选择【全选】按钮，单击【确定】，这样就开始安装这些艺术字体了，这时候会出现【安装字体进度】对话框，如图 4-4 所示。

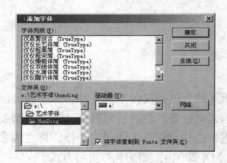

图 4-3　添加字体对话框

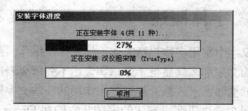

图 4-4　【安装字体进度】对话框

4.1.2　使用字体

在 Fireworks 中，可以自由地使用艺术字体制作出漂亮的文字，下面进一步来熟悉艺术字的使用操作。

（1）打开 Fireworks MX 2004 中文版，新建一个大小为 300×100 的文件，设置背景色为白色。选择工具箱的文本工具 **A**，然后在绘图区域单击。这时区域中出现蓝色的文本框，在其中输入文本，并设置字体颜色为紫色（#9966CC），如图 4-5 所示。

（2）选中文本，然后看看文本的属性面板，发现

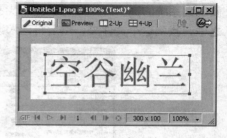

图 4-5　添加文本

此时文本的默认字体是"宋体"，如果要修改字体，也就是需要使用艺术字的话，只要选择单击字体栏右侧的倒三角选择一种艺术字体就可以了，这里选择"方正水柱繁体"，如图 4-6 所示。再回到图像面板，这时候会发现艺术字已经被使用到了文本之上了，如图 4-7 所示。

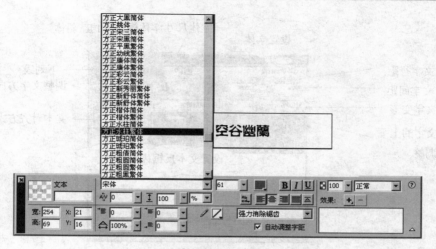

图 4-6 在属性面板中选择字体

还可以通过文本编辑器来选择字体。选中图 4-5 所示的文本，单击【文本】|【编辑器】或者右击鼠标在快捷菜单中选择【编辑器】打开文本编辑器。同样可以在其中修改字体的类型。而且选择了某种字体时还能够在旁边的浮动框中看到它的效果，如图4-8 所示。选定艺术字体后，单击文本编辑器的【确定】按钮回到图像中，这时文本已经变成艺术字体了，如图 4-9 所示。

图 4-7 艺术字效果

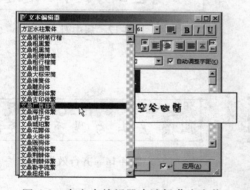

图 4-8 在文本编辑器中选择艺术字体

图 4-9 艺术字效果的文本

4.2 编辑文本

在 Fireworks 文档中要输入文本，只需选择工具箱中的文本工具 **A** 在文档中需要添加文本的位置单击鼠标即可。如果要编辑文本只需单击【文本】菜单下的【编辑器】打开文本编辑器。用户在其中调整其字体、尺寸、字间距、行间距及段落对齐特性等参数。如果需要预览输入文本在文档窗口中的效果，可以单击【应用】按钮，如果选择【应用】按钮左方的复选框，表明自动应用改变，此时文本编辑窗口中每一步设置都立即显示在文档窗口中，如图 4-10 所示。

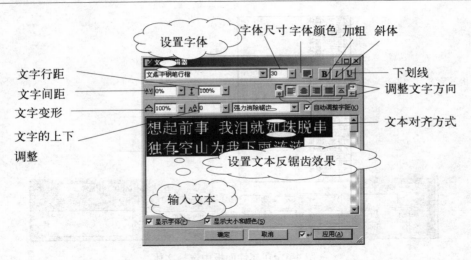

图 4-10　文本编辑器

现把文本编辑器对话框中各个工具功能列举如下供读者学习参考。

1. 对齐工具

在文本编辑器中有左对齐、居中对齐、右对齐和齐行 4 种对齐工具，下面就看看使用它们所得的不同的文字效果。

（1）左对齐工具 ▤ （图 4-11）

（2）居中对齐工具 ▤ （4-12）

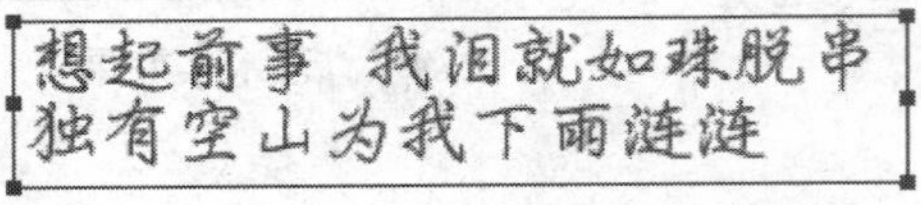

想起前事　我泪就如珠脱串 独有空山为我下雨涟涟	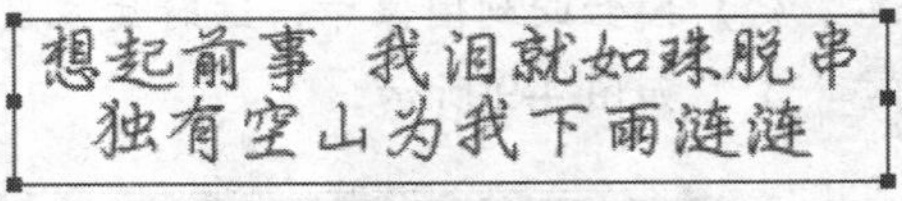 想起前事　我泪就如珠脱串 独有空山为我下雨涟涟
图 4-11　左对齐效果	图 4-12　居中对齐效果

（3）右对齐工具 ▤ （图 4-13）

（4）齐行工具 ▤ （图 4-14）

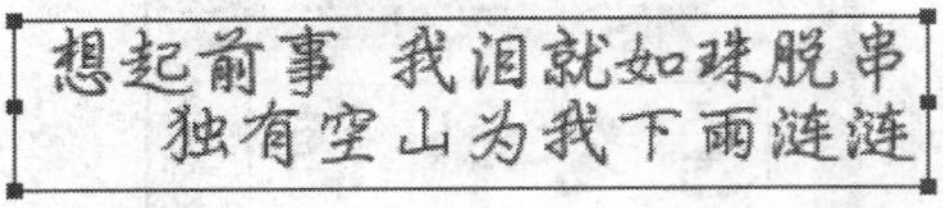

想起前事　我泪就如珠脱串 独有空山为我下雨涟涟	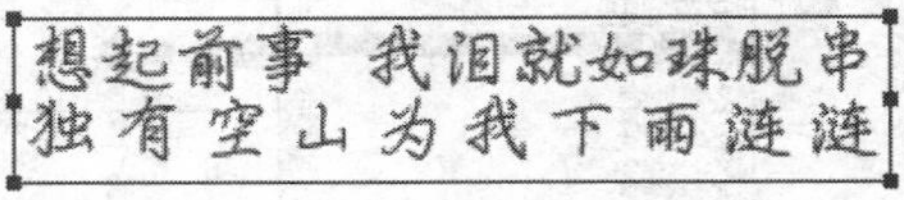 想起前事　我泪就如珠脱串 独有空山为我下雨涟涟
图 4-13　右对齐效果	图 4-14　齐行效果

2. 调整字距和行距

图 4-15 至图 4-17 所示的是分别使用不同字距和行距的文本效果。

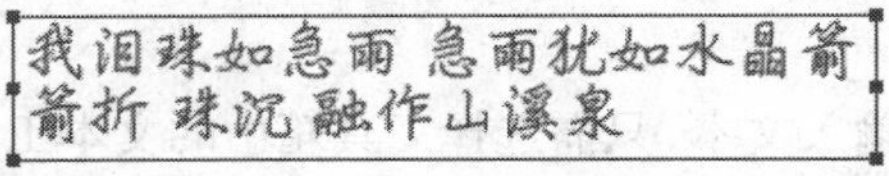

我泪珠如急雨　急雨犹如水晶箭
箭折　珠沉　融作山溪泉

图 4-15　字距为 0% 和行距为 100% 的文本效果

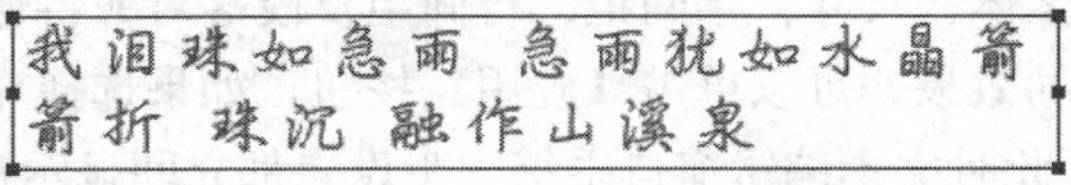

我泪珠如急雨　急雨犹如水晶箭
箭折　珠沉　融作山溪泉

图 4-16　字距为 20% 和行距为 120% 的文本效果

3. 调整文字长宽比例

图 4-18 至图 4-20 所示的分别为不同长宽比的文字效果。

图 4-17　字距为−20%和行距为 150%的文本效果　　　　图 4-18　长/宽比例为 60%的文本效果

图 4-19　长/宽比例为 100%的文本效果　　　　图 4-20　长/宽比例为 150%的文本效果

4. 调整文字上下位置

图 4-21 至图 4-23 所示的分别为不同上下位置的文本效果。

图 4-21　上下位置为−20 的文本效果　　　　图 4-22　上下位置为 0 的文本效果

5. 文字效果

图 4-24 至图 4-26 所示的分别是加粗、斜体和下划线文字效果。

图 4-23　上下位置为 20 的文本效果　　　　图 4-24　加粗的文本效果

6. 调整文字排列

在文本编辑器中，还可以使用文本排列工具来改变文本的竖排和横排，从而产生不同的文字效果，分别如图 4-27 和图 4-28 所示。

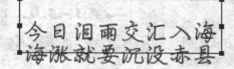

图 4-25　斜体的文本效果

图 4-26　下划线文本效果

图 4-27　文本的横排效果

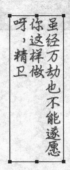

图 4-28　文本的竖排效果

7. 调整文字走向

还可以使用 → 和 ← 两个按钮来改变文字走向，分别如图 4-29 和图 4-30。

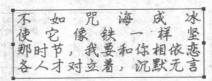

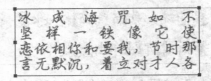

图 4-29　右向文字效果　　　　　　图 4-30　左向文字效果

4.3　文本效果

可以在文本上设置应用填充、描边以及样式等效果，其具体用法将在后面的笔触、填充和样式等章中会详细地谈到。下面仅仅简单地看一下对文本使用笔触、填充和样式的效果。

（1）新建一个文件，然后选择工具箱中的文本工具 **A** 添加文本，如图 4-31 所示。

（2）选中文本并在工具箱的【颜色】一栏选择 ✎ 工具，打开如图 4-32 所示的窗口并选取一种笔触颜色。这样就为文本增加了笔触效果，如图 4-33 所示。同样方式还可再选择 🖐 工具打开填充面板设置相应参数修改文本的填充颜色。

图 4-31　添加文本

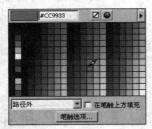

图 4-32　设置文本笔触

图 4-33　设置文本笔触后的文本效果

（3）在属性面板中选择效果后面的 ⊞ 按钮增加效果，如图 4-34 所示，增添了【凹入浮雕】和【发光】两个效果。得到图 4-35 所示的图像。

图 4-34　为文本增加特效

图 4-35　添加特效后的文本

（4）另外，还可以单击【窗口】菜单，选择【样式】打开样式面板，如图 4-36 所示。单击选择一个文本样式（也可选择按钮样式），得到如图 4-37 所示的文本效果。

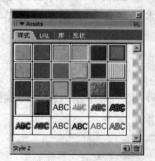

图 4-36　样式面板　　　　　　　　图 4-37　运用样式后的文本效果

4.4　文本和路径

在一般的情况之下，输入的文本总是位于一个矩形的文本框中，很多情况下需要绘出动态的文本。为达到这个效果，可以绘制一条路径，然后将文本附着于路径之上，文本将随着路径的改变而改变。不过此时路径已经失去了笔触、描边、填充等路径属性了。除此之外还可以将文本对象转换为路径对象，然后对其进行一系列操作。下面具体看看文本和路径的操作。

4.4.1　附加文本到路径

在 Fireworks MX 2004 中，可以将文本附加到某个路径上，此时文本会按照路径的方向和形态排列。当文本被附加到路径后仍然可以编辑文本，描边、填充和效果属性都将用于文本，而非路径。不过一旦文本与路径剥离，路径还能恢复它的原有属性。下面看看如何将文本附加到路径的：

（1）新建一个文件，然后选择工具箱中的钢笔工具，在绘图区中绘制出一条路径，如图 4-38 所示。

（2）选择工具箱中的文本工具 **A** 在绘图区单击添加一个文本。然后使用工具箱上的选择工具 按住 Shift 键同时选中路径和文本对象，如图 4-39 所示。

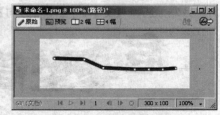

图 4-38　绘制路径

（3）单击【文本】菜单，在下拉菜单中选择【附加到路径】，文本即被附加到路径上，这时文本随着路径的形状而改变其原先的方向和位置，如图 4-40 所示。

图 4-39　选中文本和路径　　　　　　图 4-40　将文本附加到路径上

（4）如果分离文本与路径，可选中文本与路径后，选择【文本】菜单下的【从路径分离】。

分离后，路径将恢复其原有属性。

 如果文本的长度超出了所附加到的路径长度，那么剩下的文本会折返回来重复路径的形状，出现这样的情况可以通过修改文本的字体大小或者修改路径的长度来调整。

4.4.2　改变文本起始位置

选中附加到路径上的文本在属性面板的【文本偏移】文本框中输入需要的偏移量即可改变文本的其实位置，如图 4-41 所示。得到图 4-42 所示图像。

图 4-41　设置文本偏移量

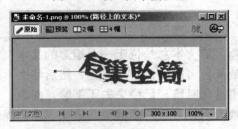

图 4-42　改变文本的起始位置

4.4.3　改变文本方向

文本被附加到路径后，选择【文本】|【方向】，然后从其子菜单中选择需要的方向可以进一步改变文本的方向。【方向】菜单下级菜单中的 4 个选项分别如下：依路径旋转、垂直、垂直倾斜、水平倾斜。图 4-43 至图 4-46 所示分别为 4 种选项的效果。

另外，选择【文本】|【倒转方向】还可将文本翻转，如图 4-47 所示。

图 4-43　依路径旋转的效果

图 4-44　垂直的效果

图 4-45　垂直倾斜的效果

图 4-46　水平倾斜的效果

图 4-47　翻转文本

4.4.4　改变文本对齐方式

通过选择【文本】|【对齐】菜单中适当的选项，可按路径排列调整文本的对齐方式，如图 4-48 所示。

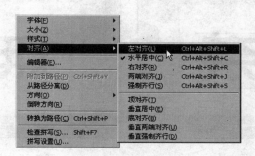

图 4-48　对齐子菜单

图 4-49 至图 4-53 所示的分别是左对齐、水平居中对齐、右对齐、两端对齐和强制对齐的效果。

图 4-49　左对齐的效果　　　　　　　　图 4-50　水平居中的效果

图 4-51　右对齐的效果

图 4-52　两端对齐的效果

图 4-53　强制对齐的效果

4.4.5　文本转化为路径

在 Fireworks 中，不仅可以将文本对象作为一个整体的矢量图形进行处理，让其附加到路径之上，还可以将文本转换为路径对象，这样就可以针对单独的文字进行这种操作来实现意想不到的文字效果。下面就来看看具体的操作步骤：

（1）新建一个文件并在上面添加"无奈"两字，如图 4-54 所示。

（2）选中文本然后选择【文本】|【转换为路径】或者按住快捷键 Ctrl + Shift + P，这时发现文本已经被转换为路径对象了，此时所有的路径对象都被选中了，对象周围显示了 4 个边框点

表示现在文字已经是一个路径组合了，如图 4-55 所示。

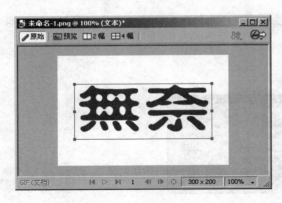

图 4-54　添加文本

图 4-55　文本转换为路径

（3）此时可以选择工具箱上的次选择工具选择一个文本路径进行编辑，调整文本上的控制点而得到特殊的效果，如图 4-56 所示。

（4）对于这样的文本路径对象，还可以在其属性面板中对该路径进行一定的描边和填充设置，关于路径描边和填充将在后面的章节中会详细谈到，这里仅通过次选择工具对上面两个文本路径进行调整。然后分别对两个文本使用了【有毒废物】和【3D 光晕】笔触效果以及适当的填充产生了非常特殊的"文字"效果，如图 4-57 所示。

图 4-56　调整由文本所转换的路径的控制点

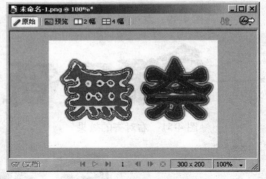

图 4-57　使用不同填充和笔触的路径文字效果

4.5　文本变形

文本的变形和其他对象的变形是类似的。选中文本单击工具箱上缩放工具 [图] 可以缩放和旋转文本，单击倾斜工具 [图] 可以倾斜文本，单击扭曲工具 [图] 可以对文本使用扭曲效果。分别如图 4-58 至图 4-61 所示。

图 4-58　缩放文本

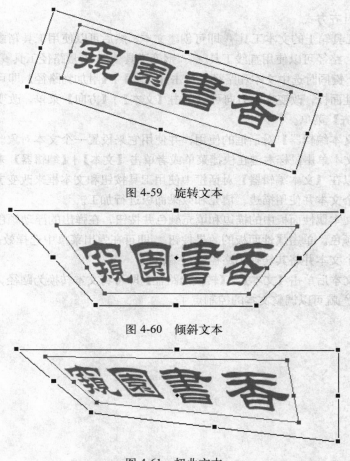

图 4-59　旋转文本

图 4-60　倾斜文本

图 4-61　扭曲文本

4.6　本章小结

　　运用 Fireworks MX 2004 进行网页图像设计时，除了前面第 3 章中讲到的图像操作之外，最重要的就是对于文本的操作了。本章首先讲解了进行网页艺术设计时常用的艺术字体的安装和使用方法，让读者了解在 Fireworks 中如何使用艺术字体来创建特色的文字效果。这些艺术字体可以到专门的字体下载网站下载并安装使用。

　　而字体编辑中经常使用到的就是 Fireworks 的文本编辑器，本章详细讲解了文本编辑器中各个工具的不同功能，并通过具体的文本实例来显示了这些工具的使用效果。本章还通过实例来体现文本附加到路径之上的效果，然后进行了改变文本起始位置、方向、对齐方式等具体操作来熟悉文本和路径相互结合的效果。另外，文本甚至可以直接转化成为路径，本章将一个文本对象转换为路径对象，并通过次选择工具来调整这个路径对象，然后设置这个对象的填充和描边，从而得到特殊的文字效果。最后，对于文本同样可以使用缩放工具、倾斜工具和扭曲工具来处理。

4.7　本章习题

　　（1）创建一个文本并调整其效果。然后绘制一条路径，将文本附加到路径上，并改变文本的始点、方向与对齐方式。

提示：单击工具箱上的文本工具 A 即可创建文本，然后可以使用工具箱或者属性面板设置文本笔触和填充。路径可以使用直线工具 ╱ 、钢笔工具 ♦ 和矢量路径工具 ✎ 等来绘制，绘制好之后按住 Shift 键同时选中文本和路径，单击【文本】|【附加到路径】即可。改变文本的起始点可以使用属性面板，改变文本方向可以单击【文本】|【方向】菜单，改变文本对齐可以单击【文本】|【对齐】菜单。

（2）熟悉【文本编辑器】对话框的使用，并使用它来设置一个文本对象。

提示：选中文本单击鼠标右键在快捷菜单或者单击【文本】|【编辑器】来打开【文本编辑器】对话框，可以在【文本编辑器】对话框中使用工具按钮和文本框来改变文本效果。

（3）创建一个文本并使用描边、填充和效果面板进行加工。

提示：单击文本属性面板中的描边和填充颜色井按钮，在弹出的浮动颜色框中即可选取文本的描边和填充颜色。单击属性面板的效果按钮 ✚ 即可在弹出菜单中选择效果来加工文本。

（4）创建一个文本并将其转换为路径进行编辑。

提示：创建文本后单击【文本】|【转换为路径】即可将文本转换为路径，然后使用工具箱上的次选择工具 ▸ 就可以调整文本的控制点了。

第5章 图像优化及导出

 教学目标

如今，Internet 浏览最大的障碍仍是网络的速度，为此，合理创建网页，使它能够被很快下载，无疑能够吸引更多的用户。为了增强网页的表现力，在网页中使用图像是必不可少的，但图像的使用会加大网页的大小，降低下载速度，为合理解决这种矛盾，对图像进行优化是非常必要的。Fireworks 能够轻松地制作和导出网络上常见的 GIF、JPG 和 PNG 等几种格式的图像。本章中首先要了解这几种格式图像的特点和区别，然后需要去了解怎么样去优化制作好的图像为网页运用服务，最后再看看怎么样用 Fireworks MX 2004 中文版导出一幅图像。

 教学重点与难点

 ➢ JPEG、GIF、PNG
 ➢ 图像优化
 ➢ 优化面板
 ➢ 导出向导

5.1 图像格式概述

目前网页上最经常使用的两类图像格式是 JPEG 和 GIF，它们都采用了高效的压缩算法，因而图像格式显得十分小巧。而 PNG 格式结合了 JPEG 和 GIF 格式的优点，能够真实重现原始图像的信息，是 Fireworks 中默认的图像格式。下面就来重点介绍这 3 种图像格式的各自的特点。

5.1.1 JPEG 图像

JPEG 格式是目前在 Web 上广泛使用的一种高效率的图像格式，可以在 PC、Macintosh 机的多种系统平台上使用。JPEG 的全称是 Joint Photographic Experts Group（直译为联合图片专家组），是由联合图像专家组开发出来的一种图形标准。

JPEG 格式通过减小像素的方法对图像进行数据压缩，因此是一种有损压缩技术。为获得较高的压缩比，在压缩过程中，要尽量保留图像有用信息的同时会丢失一些图像的信息。但相比而言，这种压缩方式得到的图像还是相当精确的，JPEG 压缩过程丢失的信息，一般是针对肉眼很难觉察到的部分，因此不容易分辨。

JPEG 格式支持 24 位真彩色，适合存储那些具有颜色连续过渡区域的图像形式，因此，特别适用于压缩照片。如果在网页中要显示色彩丰富的图像，就可以采用这种格式。但是，JPEG 图像不支持透明背景，所以，如果希望制作背景透明的图像，则只能使用 GIF 格式。

5.1.2 GIF 图像

GIF 是英文全称 Graphics Interchange Format 的缩写，是美国一家著名的在线信息服务机构

CompuServe 于 19 世纪 80 年代，针对当时网络传输带宽的限制开发出的图像格式。GIF 格式采用一种高效的 LZW（Lempel—Ziv—Welch）无损压缩算法，因此不会丢失图像的信息，比较适合存储那些包含大面积单色区域的图像或是压缩颜色较少的矢量图像。

GIF 支持 Windows、Macintosh、UNIX 等系统平台。目前它最多能够支持 256 色图像，不能储存灰度或 CMYK 等类型的图像。另外 GIF 格式是一种能够支持透明效果的图像格式，因此也可以用来制作一个看上去形状不规则的图像，获得别致的艺术效果。

GIF 图像最常见的两种版本是 GIF87a 和 GIF89a，不过只有 GIF89a 的图像才支持透明背景和动画效果。Fireworks MX 2004 中文版可以生成 GIF89a 格式的图像，因而可以利用 GIF 来制作具有透明背景的图像和丰富的动画图像，在后面的章节将会详细谈到。

5.1.3 PNG 图像

PNG 是由 W3C 组织（World Wide Web Consortium）于 1996 年 10 月率先发布的，是 Portable Network Graphic（便携网络图像）的缩写。PNG 结合了 GIF 和 JPEG 格式的优点，可以支持索引色和 RGB 模式。与 JPEG 不同的是它采用一种无损压缩方法，能够真实重现原始图像的信息，同时又支持真彩色，而且图像文件大小同 JPEG 没有太大的差别。

PNG 格式可以支持多种颜色数目，例如 8 位色、16 位色或 24 位色等，甚至还支持 32 位更高质量的颜色。在 8 位色时，PNG 图像文件具有 GIF 格式的全部效果；而在 24 位和 32 位色深时，PNG 图像文件格式提供高压缩比的无损图像压缩功能；在 32 位色时，PNG 图像支持从 1～16 位的图像 Alpha 通道。

5.1.4 其他图像

在 Fireworks 中，除了可以导出以上 3 种图像应用比较广泛的格式外，还可以导出其他软件的常用格式图像，如 TIFF、BMP、PSD 等格式。

TIFF 图像格式是 Tag Image File Format（面板图像文件格式）的缩写。目前 TIFF 是 Macintosh 和 PC 机上使用最广泛的一种位图格式。TIFF 图像格式的出现方便了图形软件之间进行图像数据交换，并同时支持 RGB 色彩模式和 CMYK 色彩模式。

BMP 图像格式是 Windows Bitmap 的缩写，是 Windows 系统下的最普遍的点阵图格式之一。它的特点是包含的图像信息较丰富，支持 RGB 色彩模式，大多数情况下，BMP 图像格式几乎不对数据进行压缩，因此会导致占用磁盘空间过大，但是显示速度很快。BMP 图像格式支持 1～24 位的格式，对其中 4～8 位的图像使用 RLE（Run Length Encoding 运行长度代码）编码的压缩方案，因此不会损失数据。这种格式是微软公司 Paint 的自身格式，可以被多种 Windows 和 OS/2 应用程序所支持。常用于多媒体的图像储存格式。

PSD 图像格式是 Photoshop 的图像文件格式，可以储存成 RGB 或 CMYK 模式，也可以将不同的物件分层储存，便于修改和制作各种特效。

5.2 优化图像

为了增强网页的表现力，在网页中使用图像是必不可少的，但图像的使用会加大网页的大小，降低下载速度。为合理解决这种矛盾，对图像进行优化是非常重要的。所谓优化，就是在减少图像颜色、对图像数据进行压缩和保证图像质量这三者之间权衡利弊的过程。

颜色和像素是网页图像的主要组成结构。图像中的颜色越多，图像包含的内容就越多，相应的图像文件尺寸也就越大，因此，要减小图像文件大小，必须从减少图像颜色和像素两方面入手。为减少图像中包含的颜色，必须合理分配图像中的颜色；为了减少图像文件中像素占用的磁盘空间，可以选择适当的压缩格式对图像进行压缩。仅仅缩小图像文件大小是不够的，还必须最大程度上保证图像的质量不至于损失太多。一般来说，优化工作主要有三个方面，即选择最合适的图像格式、设置需要的格式选项、调整图像中的颜色数目。

　　在 Fireworks MX 2004 中文版中，可以利用【优化】面板调整所有优化控制，另外还可以在输出文件时，使用【导出预览】对话框来优化图像。

5.2.1　选择优化方案

　　利用优化面板设置图像优化的步骤如下：

　　(1) 打开一幅图像，然后选择【窗口】|【优化】打开 Fireworks 的优化面板。

　　(2) 在【优化】面板中根据文件类型选择不同的文件格式。例如，如果图像中重复颜色区域较多的话，则适于使用 GIF 格式，并可相应地使用【抖动】来补偿因颜色减少而造成的图像质量下降，如图 5-1 所示。

　　(3) 将图像颜色设定在一个特定的颜色集中并删除图像中未用的颜色，以此来减少文件中使用的颜色数，从而减小文件的大小。不过颜色数太少会影响图像的质量，因此必须测试一下各种调色板的效果，以便在图像尺寸和质量之间求得一个均衡点。

　　1. 选择内置的优化方案

　　在优化面板顶部的下拉列表中提供了 7 种内置的优化方案，如图 5-2 所示。

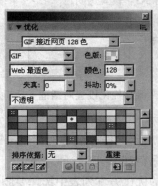　　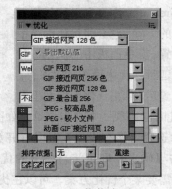

　　　　图 5-1　选择文件格式　　　　　　　图 5-2　优化类型

可从列表中选择系统内置的一些优化类型，其中各个优化类型的意义如下：

➢ GIF 网页 216：将所有的颜色都简单转换为 216 种网页安全色。

➢ GIF 接近网页 256 色：将非网络安全色转换为最接近的网页安全色，使得处理的效果比简单转换更接近图像色彩。

➢ GIF 接近网页 128 色：将非网页安全色转换为最接近的网页安全色，但是仅使用 128 种安全色来进行图像处理。

➢ GIF 最适合 256：这是 GIF 图像特有的优化类型。首先将图像中符合网页安全色的色彩进行匹配，然后在分配剩余的非网页安全色。

➢ JPEG-较高品质：该类型以保持图像质量为主。设置质量为 80、平滑度为 0，此时图像质量较高，但文件尺寸也较大。

> JPEG-较小文件：该类型以保证图像大小为主。设置质量为60、平滑度为2，此时文档尺寸比JPEG-较高品质减少一半，但同时质量也将大幅度下降。

> 动画GIF接近网页128：将文件格式设为GIF动画，并将非网页安全色转换为与其最接近的网页安全色，此时调色板最多包含128种颜色。

另外，如果使用GIF或PNG格式，还应设置图像的透明颜色，Fireworks中提供了"不透明"、"索引色透明"和"Alpha透明度"3种透明模式，如图5-3所示。其中，"不透明"模式中，图像中未定义的地区以底色填充。"Alpha透明度"为通道透明色，透明效果用相间的白色和灰色小方格来表示。"索引色透明"模式则将调色板的某些颜色设置为透明色，图像中所有这些颜色的像素点都被作为透明点导出。

如果使用优化面板左下方的3支吸管工具来改变透明色的设置，它们分别表示添加、删除和选择透明颜色。

2. 自定义优化设置

如果我们不满足于以上7种内置方案，可以利用优化面板中的各种优化选项进行更精确的图像设置。首先在优化面板中的文件格式下拉列表框中选择需要的文件格式，然后设置相应文件格式的具体化选项，再根据需要选择其他的优化设置即可。

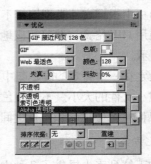

图 5-3　设置透明色

可以在Fireworks中自定义的优化方案保存为内置的方案。它会将优化面板中的各项选项设置、颜色面板中的调色板和帧面板中的帧延时等优化设置加以保存。在完成优化设置后，单击优化面板左上角的 按钮，此时会出现一个弹出菜单，如图5-4所示。

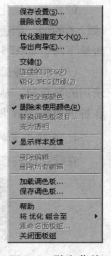

图 5-5　保存优化设置对话框　　图 5-4　弹出菜单

从菜单中选择【保存设置】可以打开如图5-5所示的保存名称对话框，键入自定义的设置名称，单击【确定】即可将自定义的优化方案保存起来。

如果不再需要某个优化方案，可以在优化面板的优化方案列表中选择要删除的方案，然后在上面的弹出菜单中选择【删除设置】即可将方案删除。

5.2.2　优化GIF和PNG图像

当在优化面板中选择了GIF与PNG8格式时，则选择可以在其调色板下拉列表中选择调色板的种类，各调色板含义分别如下：

> 最适合：依据图像中已有的颜色来建立调色板，是一种使用最多的调色板类型，可以使用最少的颜色实现较好的效果。

> Web最适色：也是从图像中包含的颜色中选择颜色组成调色板，是一种更高级的自适应调色板，既兼顾了色彩的丰富性又考虑了浏览器的兼容性。

> Web 216色：是一种标准的216种颜色的网页安全色调色板，通用于Windows与Macintosh平台。由于能在各种8位显示平台的浏览器中保持相当好的一致性，因此是

最保险的网络图像调色板。

➢ 精确：包含图像中使用的精确颜色。只有当图像中的颜色小于 256 时，才可使用该调色板。当图像所包含的颜色数超过 256 时，由于 GIF 图像只支持 256 种颜色，这样 Fireworks 会自动转换成"最适色"模式的调色板。

➢ Macintosh：针对 Macintosh 系统定义的标准 256 色。

➢ Windows：针对 Windows 系统定义的标准 256 色。

➢ 灰度等级：具有 256 个级别的灰度，可以将图像转换成灰度图。

➢ 黑白：仅由黑、白颜色组成的双色调色板，可以将图像导出为只具有黑白两种颜色的图像。

➢ 一致：是一种基于 RGB 像素值的数学调色板，通过对像素点的颜色分布进行数学描述来减小图像保存的颜色信息，从而减小图像的大小。

➢ 自定义：允许用户使用自定义的调色板对图像进行优化。

此外，在优化面板上还可以利用颜色文本框来设置色深，利用"抖动"文本框设置"抖动"。对于 GIF 格式，还可以利用失真文本框设置色损，该数值越大则文件尺寸越小，但是图像质量越差，如图 5-6 所示。

单击优化面板中的色版旁边的颜色井还可以设置反锯齿颜色，它通过将对象颜色与画布颜色混合来使对象看起来更平滑。为防止出现光晕，可使画布颜色与网页背景颜色相一致来为对象增加反锯齿效果，然后将画布设置为透明。

另外，如果在优化 GIF 图像时，在前面图 5-4 所示的弹出菜单中选择"交错"，还可以设置 GIF 图像的交错属性，它的作用是可以在浏览器中实现边下载边显示的效果，这样浏览者可以看到 GIF 动画逐步显示的过程。

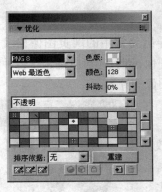 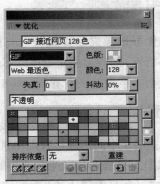

图 5-6　PNG 和 GIF 图像的优化面板

5.2.3　优化 JPEG 图像

JPEG 格式的图像的优化设置面板如图 5-7 所示，可以设置 JPEG 图像的参数。

1. 选择压缩

在 Fireworks 中可以对 JPEG 图像的不同区域选择不同的压缩比率，以便能在保证重点区域质量的前提下减小文件的尺寸。选择压缩的具体步骤如下：

（1）在需要进行优化的图像上使用选取工具绘制一个选区。

（2）单击【修改】菜单，选择【选择 JPEG】|【将所选保存为 JPEG 蒙版】，接着在优化面

版中将输出格式设置为 JPEG。

（3）单击优化面板中的编辑选择性品质 按钮，此时会出现一个【可选 JPEG 设置】对话框，如图 5-8 所示。

（4）选中【启动选择性品质】复选框，可以在其右侧的文本框中键入选择区域所要设定的压缩比率。另外，【覆盖颜色】中的颜色只会在预览时显示，输出时不会显示。【保存文本品质】复选框表示的是所有文本将自动以高级别输出，而忽略具体的选择性压缩数值。【保存按钮品质】复选框表示所有按钮符号将被自动以高级别输出。

（5）设置好【可选 JPEG 设置】之后，单击【确定】即可。

图 5-7　JPEG 图像的优化面板

2. 模糊边界

还可以通过设置优化面板中的【平滑】的值来控制 JPEG 算法对尖锐的颜色边界做模糊处理，从而减小图像的大小。由于这样的边界在 JPEG 算法中不能实现很好的压缩，所以较大的【平滑】值通常会减小导出图像文件的大小。一般情况下将该值设为 3，既可减小文件尺寸也能保证图像的质量。

图 5-8　【可选 JPEG 设置】对话框

在 Fireworks 优化面板的弹出菜单中还有两种 JPEG 优化参数，分别为【连续的 JPEG】和【锐化 JPEG 边缘】，如图 5-4 所示。【连续的 JPEG】表示图像在浏览器中显示效果将随着图像下载进程的递增由模糊渐变为清晰，类似于交错式 GIF；【锐化 JPEG 边缘】则可以更好地保留两种颜色之间的边界，特别适用于输出带文本的文档。

5.3　导出图像

在创建并优化好图像之后，就可以将图像导出为常用的网页图像格式了。另外，由于 Fireworks 的网络特性，所导出的对象可以不仅是图像，而且还可以是包含各种链接和 JavaScript 信息的 HTML 页面。下面就来看看 Fireworks 中图像的导出。

5.3.1　导出预览

Fireworks 里提供了不同的优化方式和原图的效果的窗口。如果要比较图像导出效果与原图的差别，可以使用 2 幅模式。如果希望比较几种格式或优化方式的优劣时则可以选择 4 幅模式。图 5-9 显示了原始的 PNG 与 GIF、JPEG 和 BMP 3 种格式的导出图像的差异，同时窗口中还显示了每一种优化方式或格式的主要参数、图像大小和传输时间等信息，可以帮助我们在不同图像格式之间的选择。

设置好图像的各项优化参数之后，就可以进行图像的导出工作了。选择【文件】|【导出预览】就打开了【导出预览】对话框，如图 5-10 所示。

从图 5-10 可以看出，【导出预览】对话框包含

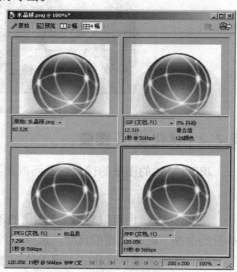

图 5-9　4 幅模式的不同格式图像效果

了两部分，左侧为参数设置部分，右侧为输出预览部分。左侧的参数设置部分包含了【选项】、
【文件】和【动画】3 个选项栏。

图 5-10 【导出预览】窗口

其中，利用【选项】选项栏可设置优化输出的文件格式与参数，如图 5-11 所示。

利用【文件】选项栏可设置输出比例、图像的长和宽、是否锁定纵横比以及是否导出图像
的一个区域以及区域大小，如图 5-12 所示。

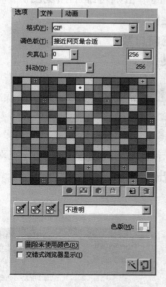

图 5-11 【选项】选项栏

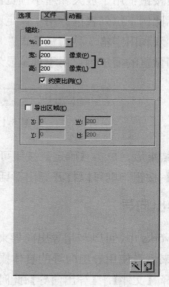

图 5-12 【文件】选项栏

利用【动画】选项栏可以从中设置输出动画时的相应参数，如播放次数，每帧的延长时间
等，如图 5-13 所示。关于它的使用将会在后面第 12 章中详细讲到。

右侧输出预览部分是由预览窗口和工具条组成的。预览窗口左上方的信息是某种优化方式
下图像文件的基本信息，如优化模式、颜色数、文件大小和估计的网络读取时间等。右上方的
下拉列表中包含了前面提到的 7 种预设的优化模式，另外单击旁边的 按钮还可以保存当前的

设置，如图 5-14 所示。

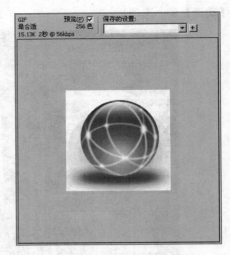

图 5-13 【动画】选项栏   图 5-14   预览窗口

在预览窗口下面有一个工具条，其中包含了一些按钮和文本框，如图 5-15 所示，它们的意义分别如下：

> 指针按钮：用于选择预览窗口。
> 裁剪按钮：用于改变导出区域的大小。
> 缩放按钮：用于放大和缩小预览图，按住 Alt 键单击则可缩小预览图。
> 显示比例下拉列表框：用于设定图像的显示比例。
> 单、双和田字格 3 种预览模式：用于设置预览窗口数。
> 动画预览的播放键：用于预览显示动画的效果。

图 5-15   导出预览工具条

当设置结束后，单击【确定】按钮可结束输出【导出预览】设置并关闭导出对话框。如果单击【导出】按钮，则可以打开导出对话框命名并导出文件了。

5.3.2 导出向导

在 Fireworks 中，可以利用导出向导来导出优化图像，下面就来看看使用导出向导的具体操作步骤：

（1）选择【文件】|【导出向导】此时会出现导出向导对话框。在其中选择【选择导出格式】单选框。如果要将导出的文件大小控制在一定的范围内，那么只需单击【目标导出文件大小】复选框，然后在下面的文本框中设置图像大小即可，如图 5-16 所示。

（2）单击【继续】按钮，这时会出现另外一个对话框，选择导出对象的目标。该对话框中有 4 个单选框，

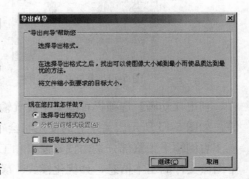

图 5-16   选择导出格式

分别为：网站、一个图像编辑应用程序、一个桌面出版应用程序和 Dreamweaver，可以从中选择一种导出图像的用途。其中，当选择【网站】和【Dreamweaver】时 Fireworks 会将图像导出为 GIF 和 JPEG 格式，而当选择【一个图像编辑应用程序】和【一个桌面出版应用程序】，Fireworks 则会将图像导出为 TIFF 格式的文件。这里选择【网站】单选框，如图 5-17 所示。

（3）单击【继续】按钮后，此时会出现一个【分析结果】对话框，在其中提出了一个适合于用户用途的优化建议方案，如图 5-18 所示。

（4）单击【退出】按钮后，此时又回到了【导出预览】对话框，按照前面讲到的方法在其中设置优化参数，最后单击【导出】按钮就可以将图像导出了。

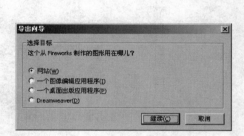

图 5-17　选择导出目标

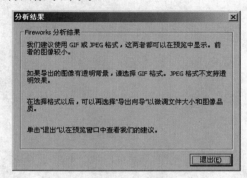

图 5-18　【分析结果】对话框

5.4　本章小结

Fireworks 是制作网页图像的工具，目前网页上的图像主要有 JPEG 和 GIF 两种格式，而 PNG 图像则是 Fireworks 默认图像格式。本章首先论述了三种图像格式各自的特点，然后分别了解 GIF 和 PNG 图像、JPEG 图像的优化方式并熟悉了优化面板的设置，从而能够优化制作的网页图像，减小图像的大小，方便了网页的下载。图像的优化技术是网页图像与其他图像不同之一，本章让读者了解如何在不影响图像显示效果的前提下做到图像的最小化，从而方便图像在网页中的使用。

优化图像后就可以使用 Fireworks 的【导出预览】对话框来预览图像的效果，本章分别介绍了【导出预览】对话框中选项、文件和动画 3 个选项栏的作用，讲解其中各个参数的意义，帮助用户使用它来导出网页图像。对于图像制作的新手来说，还可以使用 Fireworks 的【导出向导】对话框来帮助导出网页图像。

5.5　本章习题

（1）想一想 BMP、JPEG、GIF 和 PNG 图像格式之间各有什么异同点。

提示：BMP 是最普遍的点阵图格式之一，是 Windows 系统下的标准格式；JPEG 是联合图像专家组开发出来的一种图形标准，通过控制文件中的像素数目来减小文件；GIF 是采用一种高效的 Lossless 无损失的压缩算法，通过控制文件中的颜色数目来减小文件，不会丢失图像信息；PNG 是图像格式结合了 GIF 和 JPEG 格式的优点。

（2）熟悉一下优化面板的使用，试着对颜色、色彩、格式、透明度进行设置。

提示：单击【窗口】|【优化】即可打开优化面板，可以选择不同的图像优化格式并设置各自的参数来优化图像。

（3）打开一个文件，利用优化面板为其选择一个最合适的优化类型并设置不同的优化参数，最后通过【导出预览】对话框观察优化效果。

提示：如果图中重复颜色区域较多的话，则适于使用 GIF 格式，并可相应地使用抖动来补偿因颜色减少而造成的图像质量下降；对于 JPEG 格式，可使用平滑来使图像稍微模糊，从而减小图像大小。单击【文件】|【导出预览】即可打开【导出预览】对话框。

（4）利用导出向导将上面已经优化了的文件输出。

提示：单击【文件】|【导出向导】即可打开【导出向导】对话框。可以在其中选择导出的图形目标，得到图像的分析结果，初学者可以用其来辅助导出图像。

第 6 章　颜　　色

教学目标

颜色是图像中最为重要的因素，一幅设计精美的图像打动人的靠的就是视觉效果，因而颜色选用和搭配就显得十分重要了。Fireworks MX 2004 中文版中提供了强大的色彩功能，不仅可以选择多种方式使用颜色对对象使用各种颜色效果，而且可以通过颜色样本面板管理颜色，从而方便了图像设计。本章中，就来了解 Fireworks MX 2004 中文版中颜的使用方式、混色器和颜色样本面板以及颜色的管理。

教学重点与难点

➢ 颜色
➢ 系统调色板
➢ 颜色样本
➢ 颜色面板
➢ 颜色管理

6.1　使用颜色

在 Fireworks MX 2004 中文版中有好几种使用颜色的方式，可以在工具箱和对象属性面板的颜色井中选取所需要的颜色，还可以打开混色器来选取颜色。当然也可以使用优化面板上的颜色对图像中所使用的颜色进行预览、编辑、替换等操作，关于优化面板的使用在第 5 章已经讲过，这里不再重复，下面就来看看如何使用工具箱、属性面板和混色器来为对象使用颜色。

6.1.1　工具箱中使用颜色

工具箱上的颜色部分包含笔触颜色和填充颜色两个部分，分别控制对象的笔触和填充的颜色。另外，工具箱上的颜色部分的下部还包含了 █、█ 和 █ 3 个快捷按钮，分别代表了将颜色重设为默认值、将笔触和填充颜色设置设为无色、交换填充和笔触颜色，如图 6-1 所示。

单击工具箱中的笔触颜色框中的颜色块图标，这时颜色块旁边会出现活动颜色框，并出现了一个类似滴管的颜色选取工具，此时就可以为笔触选择所需的颜色，如图 6-2 所示。

在这个活动颜色框的上部有个矩形的颜色块，其旁边文本框中显示了颜色的十六进值，上图的#000000 就是黑色的十六进度值。右边的 █ 按钮是无色按钮，选择了它可以将笔触颜色

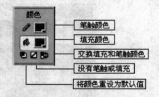

图 6-1　工具箱的颜色部分

设为无色。█ 为系统颜色选取器按钮，单击它可以跳出系统调色板，可以使用这个系统调色版定制自己的颜色模式并且将其放置到 Fireworks 颜色中去，如图 6-3 所示。

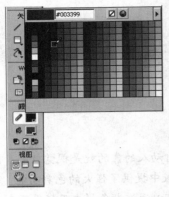

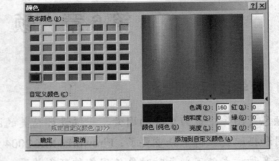

图 6-2 在工具箱上为笔触选取颜色　　　　　图 6-3 系统调色板

活动颜色框的右上角有个三角形的按钮，单击它会弹出颜色样本面板菜单，如图 6-4 所示。它包括有彩色立方体、连续色调、Windows OS、Mac OS 和灰度等级 5 个选项。其中【彩色立方体】表示的是按照不同的亮度将 216 种网页安全颜色样本分为 6 个彩色立方体来显示，它左侧的两列是这些颜色的基本色，接着用一个全是黑的列将基本颜色和彩色立方体分隔开来，如图 6-5 所示。这是 Fireworks MX 2004 中文版中的默认颜色设置。【连续色调】将 216 种网页安全色完全按照颜色的种类来排序，使得颜色看起来是连续变化的。它的左边两列也是基本色，然后用一全为黑色的列将基本色和连续色块分隔开，如图 6-6 所示。【Windows OS】（Windows 系统色）是用于显示适合于 Windows 系统的颜色样本，如图 6-7 所示。

图 6-4 颜色样本面板菜单图

【Mac OS】（Mac 系统色）是用于显示适合于 Macintosh 系统的颜色样本，如图 6-8 所示。【灰度等级】则显示了 256 级灰度颜色的样本，如图 6-9 所示。

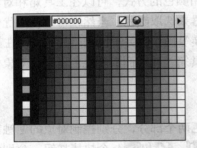

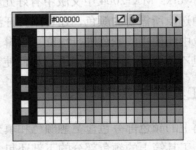

图 6-5 彩色立方体颜色样本　　　　　图 6-6 连续色调颜色样本

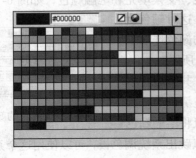

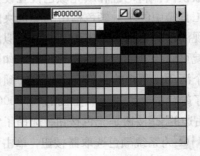

图 6-7 Windows OS 颜色样本　　　　　图 6-8 Mac OS 颜色样本

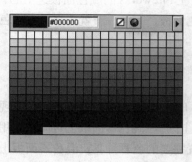

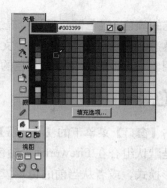

图 6-9　灰度等级颜色样本　　　　图 6-10　在工具箱上为填充选取颜色

在工具箱中单击填充颜色框中的颜色块图标，这时候会出现填充的活动颜色框，它和笔触的活动颜色框类似，但是多了一个 填充选项... 按钮，如图 6-10 所示。其中 填充选项... 按钮是用来控制填充选项的，选择它会出现填充选项浮动框，它的具体用法会在下一章中详细谈到。在这个活动颜色框中就可以为填充选取所需的颜色了，方法和笔触颜色完全一样。

6.1.2　属性面板中使用颜色

还可以通过对象的属性面板对其进行笔触和填充的颜色处理，它们的使用方法和在工具箱上使用颜色基本类似，只是此时的浮动颜色框和使用工具箱时候出现的浮动颜色框稍微有些不同，分别如图 6-11 和图 6-12 所示。

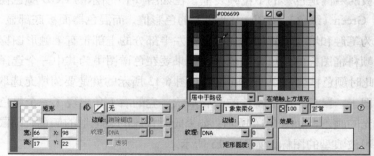

图 6-11　在属性面板上为笔触选取颜色

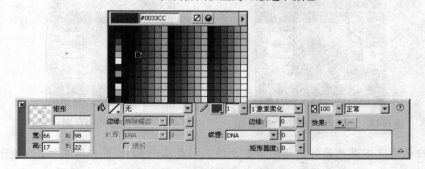

图 6-12　在属性面板上为填充选取颜色

6.1.3　混色器中使用颜色

另外，Fireworks 中还提供了一个混色器，可以利用混色器的笔触颜色框和填充颜色框来修改笔触和填充的颜色。混色器是默认情况之下放置在 Fireworks 的颜色面板之上的,要使用混色器,首先得熟悉 Fireworks MX 2004 中文版的颜色面板。下面一节就先来看看颜色面板的使用并了解如何用它来选取笔触和填充颜色的。

6.2 混色器面板

可以单击【窗口】菜单下的【混合器】来打开 Fireworks 的混色器面板。会发现颜色混色器和颜色样本是默认组合在 Fireworks 的颜色面板之上的。在混色器面板上可以从使用的色彩中选择不同的色彩模式,或者从当前的色彩模式中设置需要的色彩种类。混色器面板上的各项功能如图 6-13 所示。

图 6-13　混色器

在混色器面板的右侧是色彩的下拉列表框,在如图 6-13 所示的 RGB 颜色模式之下显示的是 Red（红色）、Green（绿色）和 Blue（蓝色）的色彩值。而混色器面板底部显示的是色谱图。可以从中用鼠标为笔触和填充设置颜色。混色器左半部分的上部带有笔触形图标的是笔触颜色框,下面的带有颜料桶图标的是填充颜色框。如果要在色谱图中为其中一个选择颜色,只需单击某个颜色框,此时颜色框会出现凹陷的白色,图 6-13 所示的就是要为填充选取颜色。此时将鼠标移动到色谱图上,鼠标会变成特殊的滴管形状,它的右下角出现了一个黑色的方框,表明此时设置的是填充的颜色,如图 6-14 所示。如果此时设置的是笔触的颜色,则鼠标变成的滴管工具的旁边会出现波浪型的图标,如图 6-15 所示。

图 6-14　设置填充颜色时的鼠标　　图 6-15　设置笔触颜色时的鼠标

在默认情况下混色器的色谱图中显示的色彩是基于 RGB 色彩模式的,当处于 RGB 模式时,一共有 3 种色谱图可以选择。它们分别为网页安全色色谱图、全彩色色谱图和灰度等级色谱图,此时可以按住 Shift 键并在色谱图区域中单击鼠标进行切换,分别如图 6-16 至图 6-18 所示。

单击右上角的 按钮这时会跳出图 6-19 所示的弹出菜单,菜单上部有 Fireworks MX 2004

色彩模式选项，关于这些色彩模式将会在后面的第 14 章中详细谈到，这里就不再详谈了。弹出菜单的下部则是关于面板的一些操作，包括重新组合面板、重命名面板等。

图 6-16　网页安全色色谱图

图 6-17　全彩色色谱图

图 6-18　灰度等级色谱图

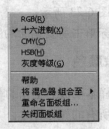

图 6-19　弹出菜单

6.3　颜色样本面板

选择颜色面板上的样本选项栏，这时打开颜色样本面板，如图 6-20 所示。在颜色样本面板中就可以对 Fireworks MX 2004 中的颜色进行管理了。可以进行添加、替换、删除、清除等工作来定制自己的颜色样本从而方便操作。

6.3.1　添加颜色

要增加颜色到颜色样本中可以通过工具箱上的滴管工具 或者颜色井中的取色器工具 来实现，下面看看具体的操作步骤。

图 6-20　颜色样本面板

（1）利用滴管工具 或者取色器 从图像中提取所需要添加的颜色。

（2）单击【窗口】|【样本】打开颜色样本面板，将鼠标移动到颜色样本块的最后，此时鼠标变为了油漆桶形状。

（3）单击鼠标就可以将所取颜色添加到颜色样本之中了，如图 6-21 所示。

6.3.2　替换颜色

如果颜色样本中有一些不需要的颜色，那么可以使用新的颜色样本去替换这些不需要的颜色，具体步骤如下：

（1）利用滴管工具 或者取色器 从图像中提取需要替换的颜色。

（2）单击【窗口】|【样本】打开颜色样本面板，按住 Shift 键将鼠标移动到要替换的颜色上，此时鼠标变为了油漆桶形状。

（3）单击所要替换的颜色样本块，这时新的颜色样本就取代了旧的颜色样本，如图 6-22 所示。

图 6-21　添加颜色

图 6-22　替换颜色

6.3.3 删除颜色

如果不再需要颜色样本中的某些颜色，则可以使用下面的方法将这些颜色删除：

（1）打开颜色样本面板。然后按住 Ctrl 键将鼠标移动到颜色样本面板中，此时鼠标变成了剪刀形状，如图 6-23 所示。

（2）用鼠标单击所要删除的颜色样本块即可删除该颜色样本。

6.3.4 清除颜色

单击颜色样本面板右上角的 ≡ 按钮，在弹出菜单中选择【清除样本】，如图 6-24 所示，可以快速清除所有的颜色样本。

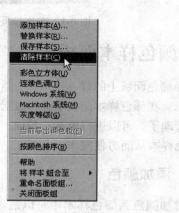

图 6-23　删除颜色　　　　　　　　　图 6-24　弹出菜单

6.3.5 保存颜色

已经定制了自己的颜色样本之后，如果希望将来继续使用这些颜色样本，就需要将这些样本保存起来。此时只需要在图 6-24 所示的弹出菜单中选择【保存样本】，然后选择一个路径并为颜色表文件命名，其中颜色表文件的扩展名为.act。最后单击【保存】即可保存自己的颜色表文件。

6.3.6 排序颜色

长期使用 Fireworks 之后，可以根据自己的偏好不断地添加、删除、替换颜色样本。时间一长，颜色样本面板上的颜色排列就会比较混乱，这样就需要对这些颜色样本进行排序。排序颜色样本其实很简单，只需要在图 6-24 所示的弹出菜单中选择【按颜色排序】，就可以对现有的样本按照颜色进行排序，如图 6-25 所示。

图 6-25　按颜色排序

6.3.7 导入颜色

在 Fireworks 中还可以通过导入外部扩展名为.act 的颜色文件或者 GIF 文件来提取其中的颜色。打开图 6-24 所示的菜单，选择【替换样本】这时会出现【打开】对话框，在其中选择一个颜色表文件即可。这里选择导入一个 GIF 文件的颜色，此时只需在打开对话框只需要选择这个GIF 文件即可，如图 6-26 所示。

图 6-26   打开对话框

接着单击【打开】按钮，这样就可以导入所需要的颜色样本了，此时颜色样本面板上就显示了所导入的这个 GIF 文件中的颜色组合，如图 6-27 所示。

上面在导入颜色样本的时候，当前使用的颜色样本就不存在了。但是有时候不仅需要使用外部导入的颜色样本组合，同时还希望保留当前所使用的颜色样本组合，那么此时我们该怎么办呢？其实这也十分简单，只需要在图 6-24 所示的弹出菜单中选择【添加样本】，这时同样会打开如图 6-26 所示的【打开】对话框，从中选择一个颜色表文件或者 GIF 文件，然后单击【打开】按钮，这样所需的颜色样本就被载入到当前颜色样本组合之中了，此时不仅原来的颜色样本依然存在，外部文件中的颜色组合也同样被添加到了目前的颜色样本之中了，如图 6-28 所示的便是在【彩色立方体】中导入了 GIF 文件颜色所得的新的颜色样本组合。

图 6-27   提取 GIF 文件后的颜色样本

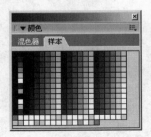

图 6-28   添加 GIF 文件后的颜色样本

6.3.8   选择预设颜色

其实多数情况之下都只需要使用 Fireworks 预设的样本组合。前面已经提到，Fireworks MX 2004 中文版中预设了 5 种常用的样本组合，分别为彩色立方体、连续色调、Windows OS（Windows 系统色）、Mac OS（Mac 系统色）和灰度等级。在如图 6-24 所示的弹出菜单中，可以选择这 5 种预设的颜色组合中的任意一种帮助我们快速选取颜色。这 5 种颜色样本组合在前面的 6.1 节中已经讲到，这里就不再重复了。

6.4   本章小结

颜色是图像设计中最为重要的因素之一，本章主要讲到了关于网页图像中颜色的使用方式、混色器面板和颜色样本面板的使用。首先讲解了如何在工具箱和属性面板中设置对象的描边和填充颜色属性，从而让读者了解 Fireworks 中对于颜色的基本操作。接着详细讲解了混色器面板中各个栏目的功能和作用，更深一步地了解颜色的使用。最后详细讲解了在颜色面板中对于颜色的一些基本操作，例如添加、替换、删除、清除和排序颜色等。读者可以参考本章的内容定制自己的颜色样本面板从而方便网页图像设计中对于颜色的操作，减少设计的时间，增加工作的效率。

6.5 本章习题

（1）在 Fireworks MX 2004 中文版中如何使用颜色。

提示：可以分别使用工具箱、属性面板和混色器面板来使用颜色。

（2）比较一下 Fireworks MX 2004 中文版中 5 个预设的颜色样本组合之间的不同点。

提示：彩色立方体按照不同的亮度将 216 种网页安全颜色样本分为 6 个彩色立方体来显示；连续色调将 216 种网页安全色完全按照颜色的种类来排序；Windows OS 用于显示适合于 Windows 系统的颜色样本；Mac OS 用于显示适合于 Macintosh 系统的颜色样本；灰度等级显示 256 级灰度颜色的样本。

（3）熟悉颜色的添加、删除、替换等操作，并将颜色样本面板组合到其他的面板之上。

提示：单击【窗口】|【样本】打开颜色样本面板，然后可以使用滴管工具 ，、取色器 或者辅助键等来进行颜色的操作；单击颜色样本面板右上角的 在弹出菜单中选择【将样本组合至】，然后在其子菜单中选择一个面板组即可，当然也可以新建一个面板组。

第 7 章 笔 触

教学目标

笔触也可以称为描边，不同的笔触可以让简单的文本和路径变得格外的美观漂亮。在进行艺术设计时，设计者也往往喜欢用不同的画笔来进行创作。Fireworks MX 2004 中文版中专门设计了各种各样的描边效果来满足图像设计的需要。本章中，首先来了解 Fireworks MX 2004 中文版中的 12 类笔触类型，然后看看笔触运用于文本和路径的效果，从而熟悉它的用法。

教学重点与难点

➢ 笔触、笔划
➢ 编辑笔触
➢ 文本和路径的笔触

7.1 笔触类型

在 Fireworks MX 2004 中文版中有 12 类笔触，分别是：基本、喷枪、毛毡笔尖、毛笔、水彩、油画效果、炭笔、虚线、蜡笔、铅笔、随机和非自然。其中虚线笔触是 Fireworks MX 2004 中文版中新增的一种笔触类型。而 12 类不同类型的笔触类型之中又包含有各种不同的笔划类型，它们分别如下所示。

7.1.1 基本笔触

基本笔触包含了 4 个笔划类型，分别为实线、实边圆形、柔化圆形和柔化线段，如图 7-1 所示。

➢ 实线：是没有作过任何处理的线条。
➢ 实边圆形：则对线条的起点、终点和转角做了一定的圆角处理，是线条变得圆滑。
➢ 柔化圆形：在实边圆形的基础上再进行抗锯齿处理，从而产生平滑的笔触效果。
➢ 柔化线段：则使线条边缘具有一定程度的柔化。

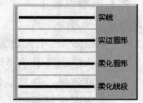
图 7-1 基本笔触中的笔划类型

7.1.2 喷枪笔触

喷枪笔触包含了 2 个笔划类型，分别为基本和纹理，如图 7-2 所示。

➢ 基本：使用单一的颜色，它具有较高的边缘柔化效果。
➢ 纹理：则是在喷射中添加了纹理效果，在默认的情况之下，这种效果使用 80%填充量的纹理效果，此时笔尖大小为 50，边缘柔化为 100。

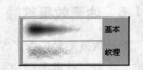
图 7-2 喷枪笔触中的笔划类型

7.1.3 毛毡笔尖笔触

毛毡笔尖笔触包含了 4 个笔划类型，分别为加亮标记、变细、暗色标记和荧光笔，如图 7-3 所示。

➤ 加亮标记：颜色较亮，笔触形状为倾斜的窄矩形。

➤ 变细：笔触比较细，透明度不太高。

➤ 暗色标记：颜色较暗淡，具有圆形的笔触，没有边缘柔化和纹理填充。

➤ 荧光笔：具有很高的透明度，笔触为矩形，具有荧光的效果。

图 7-3 毛毡笔尖笔触中的笔划类型

7.1.4 毛笔笔触

毛笔笔触包含了 5 个笔划类型，分别为基本、湿、竹子、缎带和羽毛笔，如图 7-4 所示。

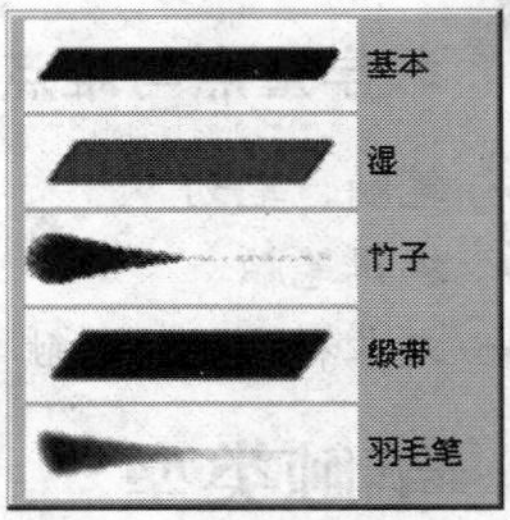

➤ 基本效果：可以体现毛笔笔画中扁头笔的效果，具有弯曲处自动改变宽度的属性，没有纹理和边缘柔化效果。

➤ 湿效果：可以模拟出湿润的毛笔书写的效果，在路径的转折处会出现色彩加浓的效果。

➤ 竹子效果：可以模仿竹管毛笔书写的效果，产生圆形的笔触，笔触宽度不会随路径的弯曲程度而变化，默认情况下使用 50%的纹理效果。

➤ 缎带：可以绘制飘带的效果，不具有边缘和纹理效果。

➤ 羽毛笔：可以模仿羽毛笔书写的效果，不但可以产生边缘柔化同时还会产生色彩浓淡的变化效果。

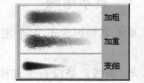

图 7-4 毛笔笔触中的笔划类型

7.1.5 水彩笔触

水彩笔触包含了 4 个笔划类型，分别为加粗、加重和变细，如图 7-5 所示。

➤ 加粗效果：笔画色彩比较淡，具有很高的边缘化效果，默认情况下具有 5%的纹理效果，边缘大小为 70。

图 7-5 水彩笔触中的笔划类型

➤ 加重效果：在默认情况下具有 30%的纹理效果，边缘大小为 50，同时它对笔画压力和速度变化很敏感。

➤ 变细效果：具有相对比较均匀的色彩效果和细腻的笔触，笔画末端颜色会变得越来越淡，可以模拟出细水彩画笔的效果。

7.1.6 油画效果笔触

油画效果笔触包含了 5 个笔划类型，分别为大范围泼溅、毛刷、泼溅、纹理毛刷和绳股，如图 7-6 所示。

➤ 大范围泼溅效果：在路径四周显示出很多喷洒的油点效果，在默认情况下它具有 30%的纹理。

图 7-6 油画效果笔触中的笔划类型

> 毛刷：具有蘸有油彩的毛刷绘制的效果，笔画中间部分具有浓重的色彩，但是边缘却具有毛刷绘画时的混乱纹理效果，在默认情况下具有 20% 的纹理。
> 泼溅效果：也在路径周围显示出斑点，但是斑点的范围要比大范围泼溅的要小，在默认情况下也具有 30% 的纹理。
> 纹理毛刷效果：产生带有纹理特性的毛刷效果，默认情况下具有 50% 的纹理。
> 绳股：是用来模仿蘸有油彩的绳索绘制出来的效果，笔画在路径转折处会加深色彩和变化宽度，在默认情况下边缘大小为 43，不具有纹理。

7.1.7　炭笔笔触

炭笔笔触包含了 4 个笔划类型，分别为乳脂、彩色蜡笔、柔化和纹理，如图 7-7 所示。

> 乳脂：可以表现出一种细腻而且带有颗粒感的效果，会产生一种凝重的感觉，在默认情况下具有 16% 的纹理，边缘值为 2。
> 彩色蜡笔：可以模拟出蜡笔的效果，具有比乳脂更为明显的的颗粒效果，默认情况下具有 24% 的纹理，边缘值为 0。
> 柔化效果：可以模仿出一种柔和的笔触效果，但是它的笔触宽度随着位置不同而不规则变化，默认情况下具有 30% 的纹理，边缘值为 50。

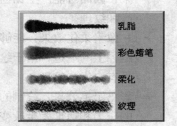

图 7-7　炭笔笔触中的笔划类型

> 纹理效果：可以最为真实地模拟出炭笔地效果，它具有高边缘柔化和高纹理，在默认情况下具有 80% 的纹理，边缘值为 60。

7.1.8　虚线笔触

虚线笔触包含了 6 个笔划类型，分别为三条破折线、加粗破折线、双破折线、基本破折线、实边破折线和点状线，如图 7-8 所示。

> 三条破折线效果：由三条破折线来产生虚线效果，默认情况下边缘值为 50，不具有纹理。.
> 加粗破折线效果：由加粗的破折线来产生虚线，默认情况下边缘值为 50，不具有纹理。
> 双破折线效果：由双破折线来产生虚线，默认情况下边缘值为 50，不具有纹理。
> 基本破折线效果：由基本的破折线来产生虚线，默认情况下边缘值为 50，不具有纹理。

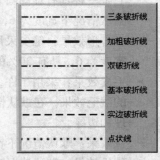

图 7-8　虚线笔触中的笔划类型

> 实边破折线效果：由实边的破折线来产生虚线，默认情况下不具有和纹理。
> 点状线效果：由点来产生虚线，默认情况下边缘值为 50，不具有纹理。

7.1.9　蜡笔笔触

图 7-9　蜡笔笔触中的笔划类型

蜡笔笔触包含了 3 个笔划类型，分别为倾斜、加粗和基本，如图 7-9 所示。

- ➢ 倾斜效果：产生非常明显的断裂效果，可以模仿几根蜡笔叠加的效果，线条两端均参差不齐，默认情况下具有 65% 的纹理，不具有边缘。
- ➢ 加粗效果：笔画比较粗，可以模仿细腻的蜡笔效果，默认情况下具有 20% 的纹理，不具有边缘。
- ➢ 基本效果：用于模仿普通的蜡笔效果，默认情况下具有 65% 的纹理，不具有边缘。

7.1.10 铅笔笔触

铅笔笔触包含了 4 个笔划类型，分别为 1 像素、1 像素柔化、彩色铅笔和石墨，如图 7-10 所示。

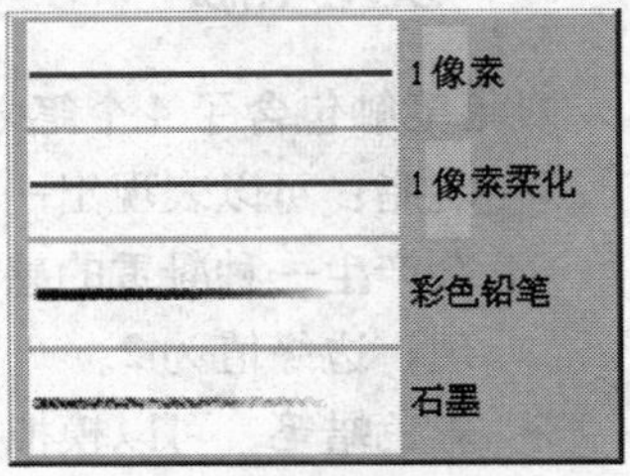

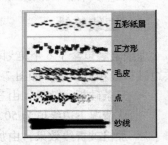

图 7-10 铅笔笔触中的笔划类型

- ➢ 1 像素效果：通常用于绘制硬线条，产生边缘锐利效果，因而可能产生锯齿和毛边，默认情况下不具有边缘和纹理。
- ➢ 1 像素柔化效果：能够对路径进行抗锯齿处理，消除路径上的毛边，用于绘制柔和的线条，默认情况下不具有边缘和纹理。
- ➢ 彩色铅笔效果：绘制的笔画较宽，笔画会随着绘制时的压力和速度发生改变，在默认情况下宽度为 4，边缘为 1 但是不具有纹理。
- ➢ 石墨效果：产生颗粒的纹理效果，笔画也会随着绘制时的压力和速度发生改变，在默认情况下宽度也为 4，具有 80% 的纹理但是不具有边缘。

7.1.11 随机笔触

随机笔触包含了 5 个笔划类型，分别为五彩纸屑、正方形、毛皮、点和纱线，如图 7-11 所示。

- ➢ 五彩纸屑效果：产生许多排列不规则的纸屑状的图案，它是一种具有扁椭圆笔触的散乱彩点的笔触效果，在默认情况下宽度为 6，边缘为 25 但是不具有纹理。
- ➢ 正方形效果：笔尖采用了正方形形状，在默认情况下宽度为 6，具有 20% 的纹理但是不具有边缘。
- ➢ 毛皮效果：采用了许多细长的色彩点来产生一种动物的绒毛效果，在默认情况下，宽度为 6 但是不具有纹理和边缘。

图 7-11 随机笔触中的笔划类型

- ➢ 点效果：默认情况下宽度为 6，边缘为 20 但是不具有纹理。
- ➢ 纱线效果：默认情况下宽度为 6，但是不具有纹理和边缘。

7.1.12 非自然笔触

非自然笔触包含了 9 个笔划类型，分别为 3D、3D 光晕、变色效果、有毒废物、油漆泼溅、流体泼溅、牙膏、粘性异己颜料和轮廓，如图 7-12 所示。

- ➢ 3D 效果：用于产生立体的三维视觉效果，让笔画具有很强的质感，在默认情况边缘为 12，不具有纹理。

➤ 3D 光晕效果：使笔触产生三维的发光效果，在默认情况下边缘为 100 但不具有纹理。

➤ 变色效果：根据所选择的笔触颜色制作出渐变的效果，在默认情况下具有 31%的纹理但是不具有边缘。

➤ 有毒废物：能够产生出污染的效果，色彩非常绚丽，效果很强烈，在默认情况下边缘为 100 但是不具有纹理。

➤ 油漆泼溅：可以创建出类似油漆泼洒的效果，在默认情况下边缘为 100 但是不具有纹理。

➤ 流体泼溅：可以产生一种闪亮的液体泼溅所产生的美丽的反光一样的效果，在默认情况下边缘也为 100 但是不具有纹理。

➤ 牙膏：可以产生多种色彩牙膏挤出产生的效果，在默认情况下边缘为 50 也不具有纹理。

➤ 粘性异己颜料：产生粘稠的颜料作画的效果，在默认情况下边缘为 30 也不具有纹理。

➤ 轮廓：可以创建空心的发光轮廓效果，在默认情况下边缘为 100 也不具有纹理。

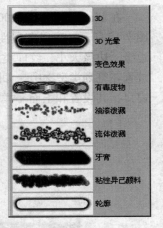

图 7-12 非自然笔触中的
笔划类型

7.2 使用笔触

在 Fireworks MX 2004 中文版中可以分别在工具箱、属性检查器和混色器的笔触颜色框中使用笔触，可以从这三者之中的任何一个中更改绘制工具或所选对象的笔触颜色，其实它和颜色选用类似。

7.2.1 工具箱中使用笔触

用鼠标单击工具箱中笔触图标右边的倒三角，这时就能够浮现出笔触颜色的浮动框，如图 7-13 所示。

在这个笔触颜色框的上部可以选择笔触的颜色，这个第 6 章中已经讲到过。而浮动颜色框的下部则会出现笔触放置到路径上的下拉列表。在默认情况下，笔触位于路径的中心，也可以改变笔触的位置，将笔触放置到路径的内部或者外部，创建一些特别的效果。另外，在它的旁边还有一个【在笔触上方填充】的复选框。而颜色面板的最下部分有一个 笔触选项... 按钮，单击它则会出现笔触选项浮动面板，可以从中选择笔触类型，设置笔触效果等，如图 7-14 所示。

图 7-13 利用工具箱进行笔触

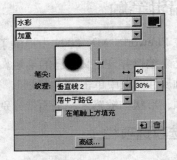

图 7-14 笔触选项浮动面板

7.2.2 属性面板中使用笔触

在 Fireworks MX 2004 中文版中最经常的使用笔触的方法还是在属性面板中使用笔触，如图 7-15 所示。可以在属性面板中设置笔触的一些基本选项如笔触颜色、笔触大小、笔划类型、边缘、边缘大小、纹理类型、纹理透明度等，这些属性在该面板中已经存在。只是其笔触选项放置在笔划类型之中，如图 7-16 所示。单击笔触选项菜单同样会出现图 7-14 所示的笔触属性窗口，其设置和上面一样，这里就不再赘述了。

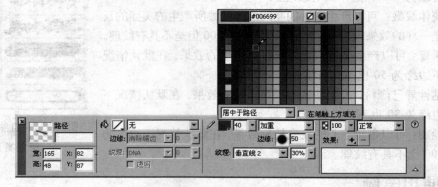

图 7-15　属性面板中选择笔触颜色

另外，还可以利用混色器的笔触颜色框可以修改笔触的颜色。这个在前面的混色器面板的使用中也已经讲到了，这里就不再重复。

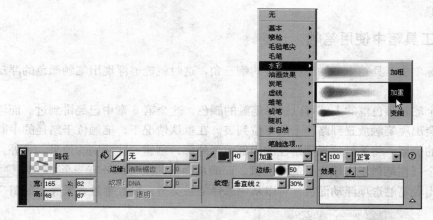

图 7-16　属性面板中选择笔触类型

7.3　编辑笔触

虽然在 Fireworks MX 2004 中提供了几十种笔触，但是也不可能完全满足设计的需要，这就需要自己来编辑并自定义自己的笔触。这里就要使用到编辑笔触对话框，打开它很简单，只需要在笔触属性面板中单击 高级... 按钮，这时就会出现了编辑笔触对话框，它有 3 个选项栏，分别为选项、形状和敏感度。下面就分别来看看各个选项栏中的设置。

7.3.1 选项选项栏

选项选项栏是用来设置笔触的基本属性的，用来控制笔触的视觉效果，如图 7-17 所示。

选项选项栏中的各个选项的属性分别如下：

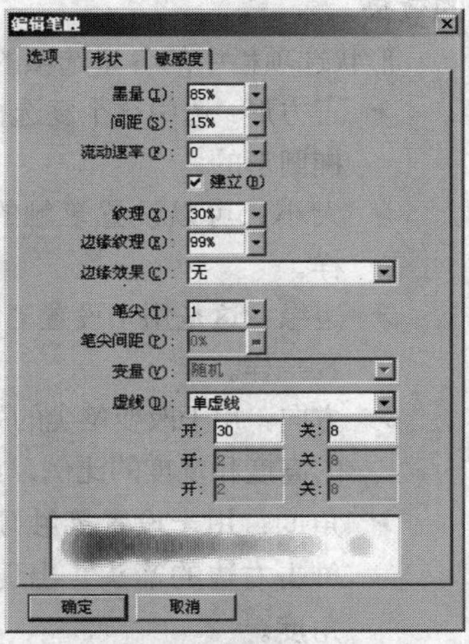

- ➢ 墨量：笔画的用墨量。用于控制笔画的浓淡效果，也就是笔画的透明程度。
- ➢ 间距：笔画是由一系列笔画笔触以印记的方式组合构成的。控制这些印记之间的间距能够产生不同的笔画效果。间距值决定了笔画印记之间的距离，在Fireworks MX 2004 之前的版本要想绘制虚线都是使用这个属性的。
- ➢ 流动速率：用于控制笔画中墨水的分散速度。
- ➢ 建立：选中该复选框，则笔画重叠的时候，在重叠处会出现较深的区域；如果没有选择该项，则重叠处颜色不会改变。
- ➢ 纹理：它和笔触选项面板上的属性一样，用于控制纹理在笔画中对透明效果的影响。当纹理为 0%时就没有为笔画设置纹理，当纹理为 100%时则纹理完全显示出来。

图 7-17　选项选项栏

- ➢ 边缘纹理：和纹理类似，但是是用来控制笔画边缘部分的纹理填充量的。
- ➢ 边缘效果：在下拉菜单里面分别设置了无、白色霓虹、喷湿、平滑霓虹、波浪凹凸和无中心点的白色霓虹几种效果。一般只有当边缘柔和度比较小时才能看到边缘效果。
- ➢ 笔尖：画笔一般只有一个笔尖，但是在这个选项栏中可以为画笔设置多个笔尖。
- ➢ 笔尖间距：如果画笔有多个笔尖则可以设置笔尖之间的间距大小。
- ➢ 变量：可以为各个笔尖设置不同的效果，它的下拉列表里面提供了 5 种不同的笔画变化效果，分别为随机、一致、色彩互补、色相和阴影。其中，随机选项表示的是为每一条笔画点路径设置一个随机的色彩；一致是对所有的笔画点路径都使用统一的笔画色彩；色彩互补是使用互补色彩来设置笔画点路径的色彩，如果有两条笔画点路径，则一条为笔画为混色器中的色彩，另一条为此色彩的互补色彩。如果有多个笔画点路径，则其他的笔画点路径就使用与附属色彩色调等间距的色彩；色相是将各个笔尖的色彩按照色相递减 5%设置，是笔画点路径具有规律变化的色彩；阴影则对笔画添加阴影效果。
- ➢ 虚线：这是 Fireworks MX 2004 中新增的一个选项，在其下拉列表中分别有无、单虚线、双虚线和三虚线 4 个选项。可以分别控制虚线的设置。当选择单虚线的时候，下面 3 行的虚线的开关复选框就有一行可以设置，同理选双虚线时候两行，选三虚线的时候可以设置 3 行。

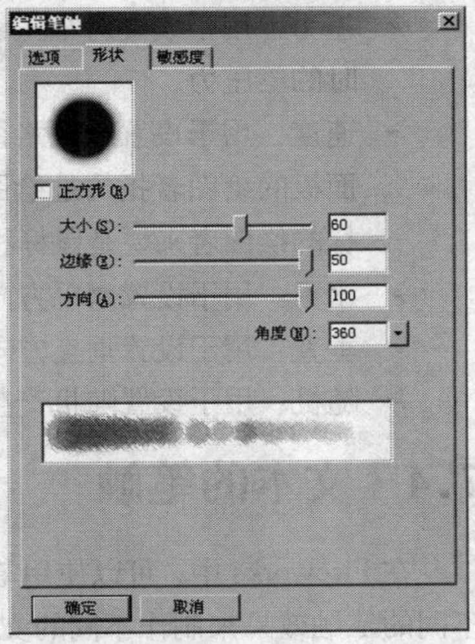

7.3.2　形状选项栏

形状选项栏是用来设置笔触的形状的，如图 7-18 所示。在它的左上角有一个笔触预览栏，下方有一个笔触效果预览栏，可以从中观察到笔画

图 7-18　形状选项栏

的效果。

形状选项栏中的各个选项的属性分别如下：

➢ 正方形：选中这个复选框，可以将笔触形状设置为正方形，否则笔触的笔尖是圆形或者椭圆形的。

➢ 大小：可以设置笔触的宽度，其范围为 1～100，这个和属性面板中的大小设置一样。

➢ 边缘：这是用于设置笔触边缘的柔化程度，其范围为 0～100，和属性面板中的边缘设置一样。

➢ 方向：用于改变笔尖的外观，其范围也是 0～100。如果笔尖是正方形的，可以改变笔尖的高度和宽度的比例；如果笔尖是圆形的，则可以改变圆形笔尖的椭圆程度。

➢ 角度：用于设置笔触倾斜的程度。可以在表框中直接输入数值来确定角度，也可以单击右边的箭头，出现了一个圆形滑块，可以从中拖动鼠标转动滑块，选择需要的角度。

7.3.3 敏感度选项栏

敏感度选项栏是用来设置笔画对绘制时各种作用的敏感程度，也就是指当路径的绘制压力、速度和方向发生改变时，笔画所呈现出来的不同的笔画尺寸、角度、色彩浓度以及不透明等效果，如图 7-19 所示。

敏感度选项栏中的各个选项的属性分别如下：

➢ 笔触属性：可以从中设置敏感度的笔触属性，在其下拉列表中有大小、角度、油墨总量、离散、色相、亮度和饱和度等 7 个笔触属性。选择它们可以分别设置笔触的大小、角度、油墨量、离散程度和色相、亮度以及饱和度等属性。

➢ 压力：用于设置对笔压敏感的画板上用输入工具绘图时的笔压力。

➢ 速度：用于设置绘制路径时候的速度，对于使用压感面板的绘图者指的是绘图笔移动的速度，对于使用鼠标的绘图者来说是鼠标移动的速度。

图 7-19 敏感度选项栏

➢ 水平：用于设置水平方向上绘制路径的属性。

➢ 垂直：用于设置垂直方向上绘制路径的属性。

➢ 随机：用于设置随机产生的笔触的相应属性。

7.4 文本的笔触

在 Fireworks 中，可以使用笔触效果来对文本进行操作，创建带有边界的文字，还可以选择不同的笔触效果来制作不同的文字效果，下面就来看看对文本使用笔触后的效果。

首先新建一个文件，接着选择工具箱上的文本工具，在属性面板中设置文本属性，设置字体类型为【方正水柱繁体】，大小为 60，填充颜色为#FFCCFF，将笔触颜色选择为#000000，效果选择为【强力消除锯齿】，如图 7-20 所示。最终得到图 7-21 所示的图像。

图 7-20　设置文本属性

接着，选择笔触颜色右下脚的倒三角，在活动颜色框中选择 笔触选项... 按钮，这样会跳出【笔触选项】浮动窗口。可以从中对其进行各式各样的笔触效果操作。图 7-23 仅列出每一笔触类别中的一种效果。

另外，还可以使用 Fireworks 制作"中空"文字，其实只需要将字体的填充颜色设置为透明就可以了，得到如图 7-22 所示的中空文字特效。

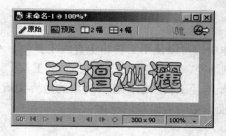

图 7-21　有笔触的文本效果

图 7-22　中空文字

基本|柔化圆形

喷枪|纹理

毛笔|湿

炭笔|纹理

蜡笔|倾斜

虚线|加粗破折线

毛毡笔尖|加亮标记

油画效果|泼溅

图 7-23　文本的各种笔触效果

铅笔|彩色铅笔

水彩|加重

自由|毛皮

非自然|3D 光晕

图 7-23（续）

7.5 路径的笔触

在 Fireworks MX 2004 中文版中的矢量图操作中，可以使用工具箱上直线工具、钢笔工具、矢量路径工具、重绘路径工具来绘制路径，另外矩形工具、椭圆工具、多边形工具和 L 形工具、圆角矩形工具等封闭路径工具所绘制图形对象的边界实质上也是封闭的路径，同样可以对它们进行笔触处理。下面就来看看路径的笔触效果。

7.5.1 笔触效果

对路径使用笔触同样可以使用工具箱、属性面板或者混色器面板。关于它们的使用在前面的章节中已经详细讲过了，这里就不再重复了。下面就来看看各种类别的笔触效果，如图 7-24 所示。

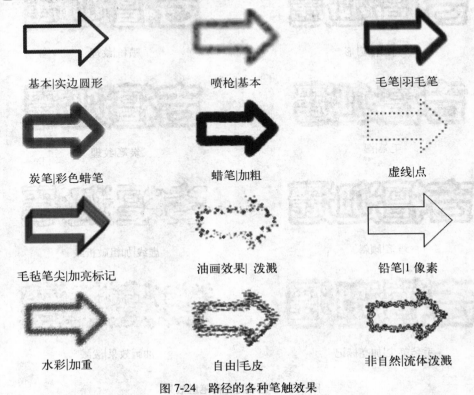

基本|实边圆形　　　喷枪|基本　　　毛笔|羽毛笔

炭笔|彩色蜡笔　　　蜡笔|加粗　　　虚线|点

毛毡笔尖|加亮标记　　　油画效果| 泼溅　　　铅笔|1 像素

水彩|加重　　　自由|毛皮　　　非自然|流体泼溅

图 7-24　路径的各种笔触效果

7.5.2　添加纹理

为笔触添加纹理能够大大扩展笔触的效果。纹理修改的是笔触的亮度而不是色相，它赋予了笔触一种不太呆板、相对较为生动的外观。可以为任何笔触中添加纹理，不过纹理效果在用于宽笔触时效果更明显。

在 Fireworks MX 2004 中文版中一共提供了 49 种可供选择的纹理效果，分别为 DNA、丝褶、五彩纸屑、交叉阴影线 1、交叉阴影线 2、交叉阴影线 3、划痕、垂直线 1、垂直线 2、垂直线 3、塑料、威化饼干格、密方格呢纹、对角线 1、对角线 2、旋绕、木纹、水平线 1、水平线 2、水平线 3、水平线 4、沙纹、浮油、烟雾效果、疏方格呢纹、砂纸、粒状、粗麻布、纤维、缟玛瑙、网格线 1、网格线 2、网格线 3、网格线 4、网格线 5、网格线 6、网格线 7、网纹、羊皮纸、脉纹、草、薄绸、金属、钢琴键、阴影线 1、阴影线 2、阴影线 3、阴影线 4 和阴影线 5 等。如果要为笔触添加纹理，只需要在属性面板中选择好笔触类别和笔触效果之后，在属性面板的"纹理"下拉框中选择一种纹理效果就可以了，如图 7-25 所示。另外，还可以在后面的纹理大小框中为其设置纹理强度。

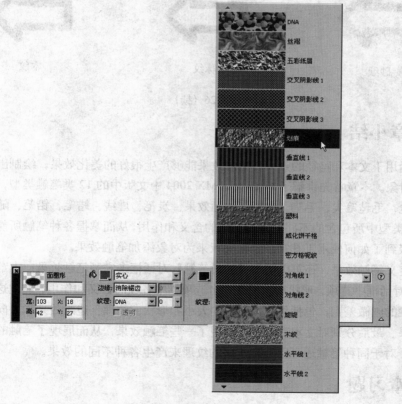

图 7-25　选择纹理

图 7-26 中所示的分别是使用各种不同纹理后的笔触效果。

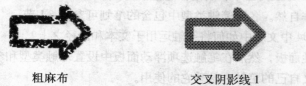

粗麻布　　　　　　　　　交叉阴影线 1　　　　　　　密方格呢纹

图 7-26　不同纹理的笔触效果

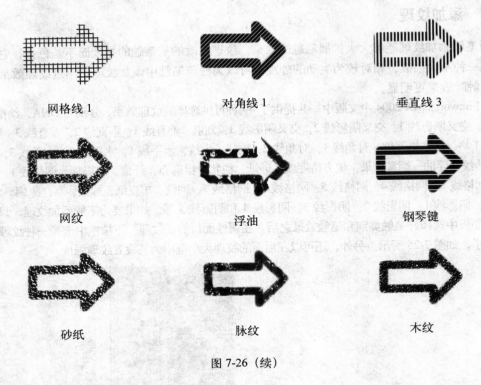

图 7-26（续）

7.6　本章小结

笔触是运用于文本和路径的效果，笔触效果能够产生很好的美化效果，绘制出绚丽多彩的文本和路径对象。本章首先讲解了 Fireworks MX 2004 中文版中的 12 类笔触类型，并分别了解了基本、喷枪、毛毡笔尖、毛笔、水彩、油画效果、炭笔、虚线、蜡笔、铅笔、随机和非自然这 12 类笔触类型中所包含的不同的笔划类型的含义和作用，从而掌握各种笔触所能达到的图像效果。接着谈到了如何使用工具箱和属性面板来为对象添加笔触效果。

为了自己定义笔触效果，还可以使用【编辑笔触】对话框来定制笔触效果。本章详细讲解了【编辑笔触】对话框中选项、形状和敏感度 3 个选项栏中各项的含义和作用，通过这 3 个选项栏控制每个笔触的细微差别，包括用墨量、笔尖大小和形状、纹理、边缘效果和方向，从而创作出丰富的效果。最后分别对文本和路径的使用了一些笔触效果，从而展现了笔触的强大功能和作用。另外，对于同种笔触还可以选择不同的纹理来产生各种不同的效果。

7.7　本章习题

（1）在 Fireworks 中有多少种笔触类型，各种笔触类型中又分别有哪些笔划？

提示：一共有 12 类笔触类型，分别为基本、喷枪、毛毡笔尖、毛笔、水彩、油画效果、炭笔、虚线、蜡笔、铅笔、随机和非自然。各种笔触类型中包含的笔划可参看 6.1 节。

（2）思考在 Fireworks MX 2004 中文版中如何将笔触运用于文本和路径之上？

提示：可以使用工具箱和属性面板，然后在笔触选项浮动面板中设置笔触类型和参数。

（3）使用笔触编辑对话框定义自己的笔触，熟悉它的使用。

提示：可以在工具箱的"笔触颜色"框中单击 笔触选项... 按钮，也可以在属性面板的【笔触选项】弹出菜单中单击 笔触选项... 按钮，然后单击 高级... 即可打开【编辑笔触】对话框。在选项、形状和敏感度 3 个选项栏中设置笔触的参数即可自定义笔触。

（4）为笔触选择纹理效果，看看各种纹理的不同点。

提示：在路径或者文本对象的属性面板的纹理栏中选择一种纹理效果即可，还可以在纹理效果栏右侧纹理大小栏中设置笔触的纹理大小。

第 8 章 填 充

 教学目标

与使用笔触的方式一样，在 Fireworks MX 2004 中文版中也可以利用工具箱、属性面板和混色器面板来对矩形对象、圆角矩形对象、椭圆对象、多边形对象和其他封闭路径对象进行填充设置。填充包括实心填充、网页抖动填充、图案填充以及渐变填充几类，本章中就来看看这些填充方式的使用及其所得的不同效果。

 教学重点与难点

➢ 实心填充
➢ 网页抖动填充
➢ 图案填充
➢ 渐变填充

8.1 填充类型

在 Fireworks MX 2004 中文版中有实心填充、网页抖动填充、渐变填充和图案填充等 4 类填充类型，可以在属性面板的填充设置中选择这些填充类型，如图 8-1 所示。

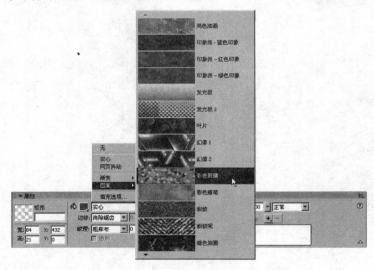

图 8-1 选择填充类型

其中，渐变填充包括了线性、放射状、矩形、圆锥形、轮廓、缎纹、星状放射、折叠、椭圆形、条状、波纹和波浪等 12 种方式。其中轮廓填充是 Fireworks MX 2004 中新增的一类渐变填充方式。而图案填充中附带了 46 种填充图案，包括亮色油画、印象派－蓝色印象、印象派－红色印象、印象派－绿色印象、发光板、叶片等。关于这些填充图案，读者可以参看后面的内

容，这里就不一一赘述了。另外，选择图案填充菜单最后一项"定位"，
还可以打开定位窗口，通过使用外部的位图文件作为图案填充方式。

8.1.1 实心填充

实心填充表示用实色来填充对象，这是最常用的一种填充类型。
不过实心填充包含的信息比较少，只具有填充颜色、边缘和纹理等几
项，如图 8-2 所示的效果。

图 8-2 实心填充

8.1.2 网页抖动填充

网页抖动填充是将两种网页安全色混合，形成一种新的网页安全色。在进行网页图像设
计时，由于受到用户屏幕显示和浏览器色彩的限制，通常情况下只使用网页安全色的 216 色
彩。但是这在许多情况下无法满足设计的需要，这样就使用了网页抖动技术来讲两种网页安
全色彩用 2×2 的方式组合，从而生成新的色彩。使用网页抖动方式可以形成 216×216 一共
46656 种色彩，并且包括了一般透明的色彩，这样就能创建网页中所需要的各种图像了。单击
填充对象属性面板中的填充属性框，在弹出的菜单中选择【网页抖动】，就可以设置网页抖
动填充了，此时单击颜色并会出现网页抖动设置浮动面板，可以从中设置颜色组合，如图 8-3
所示。这里通过使用两种网页安全色，从而产生了一种新的颜色效果，它的填充效果如图 8-4
所示。

8.1.3 图案填充

图案填充是将小的图片填充到填充区域中去的。使用它们可以模拟一些真实的材质效果，
如木板、波纹等。在图案填充菜单中一共有 46 种图案可供选择，另外用户还可以从"其他"选
项来定位其他图片作为填充图案，如图 8-5 所示。

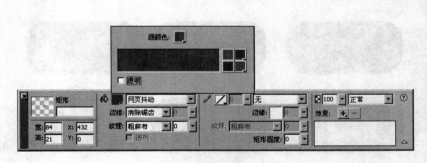

图 8-3 网页抖动填充的设置

图 8-4 网页抖动填充

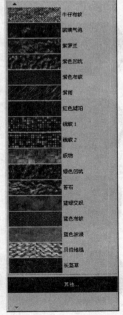

图 8-5 图案填充类型

图 8-6 所示的分别是这些图案填充所得的效果，可以得到各式各样的效果。

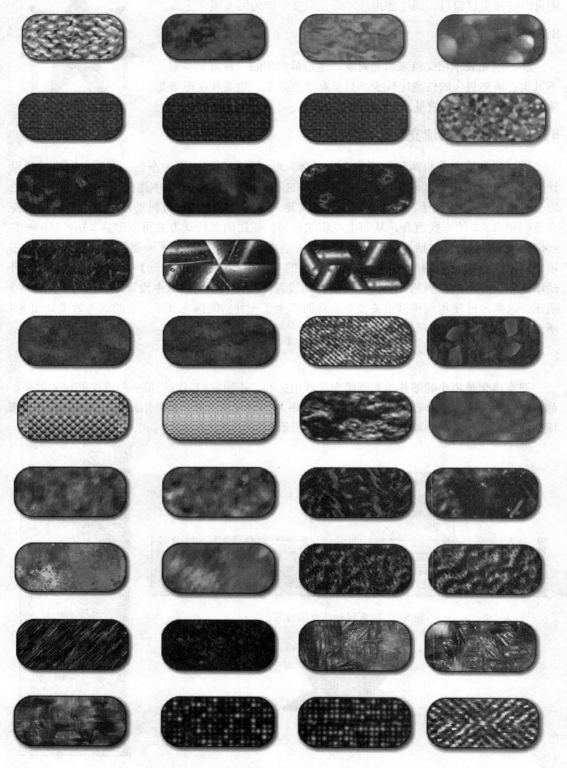

图 8-6 图案填充效果

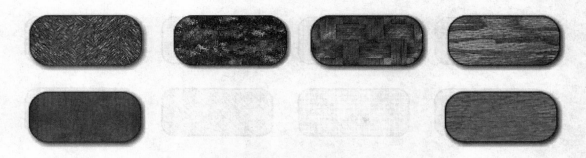

图 8-6（续）

8.1.4　渐变填充

在 Fireworks MX 2004 中文版中，有 12 种渐变填充分别为线性、放射状、矩形、圆锥形、轮廓、缎纹、星状放射、折叠、椭圆形、条状、波纹和波浪等 12 种方式，如图 8-7 所示。关于它们的具体用法将在 8.4 节中详细谈到，这里就不赘述了。

8.2　填充纹理

在前面的第 7 章中已经了解到，在 Fireworks MX 2004 中文版中一共有 49 种纹理，如为 DNA、丝褶、五彩纸屑、交叉阴影线 1、交叉阴影线 2、交叉阴影线 3、划痕等。纹理是黑白的，纹理图样可以一直保持不变的尺寸大小，不随图形的变化而改变，这一点和图案是不同的。无论是实心、网页抖动、图案或是渐变填充都可以实现纹理效果的设置。

图 8-8 所示的就是实心填充的 49 种纹理效果，可以从中比较出它们的异同点。

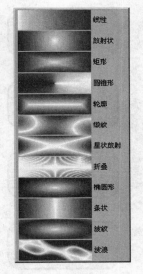

图 8-7　渐变填充类型

图 8-8　填充纹理

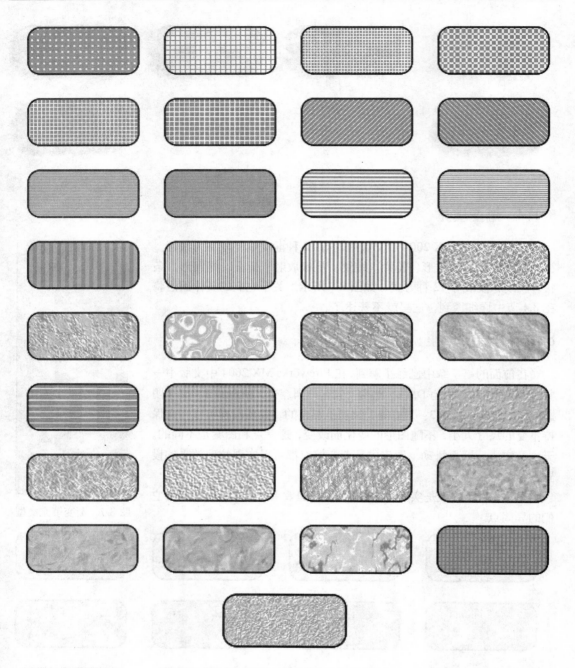

图 8-8（续）

　　另外，选择不同的纹理百分比所产生的效果也是不同的，图 8-9 所示的就是对实心填充的圆角矩形使用 25%、50%、75%和 100%的"阴影线 1"纹理的效果。

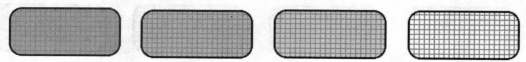

图 8-9　不同纹理百分比的效果

8.3　填充边缘

　　在填充对象的属性面板中有一个边缘选项，在该选项的下拉列表中有 3 种不同的边缘效果，分别为实边、消除锯齿和羽化。而且如果选择了羽化项，还可以在羽化值框中设置边缘羽化的大小。可以在这个下拉列表中为填充对象选择不同的边缘效果，如图 8-10 所示。

图 8-10　选择填充边缘

　　图 8-11 所示的分别是对五角星形填充对象的边缘使用实边、消除锯齿和羽化的不同效果。

图 8-11　不同边缘的效果

8.4　渐变填充

8.4.1　渐变填充类型

　　在填充对象属性面板的填充菜单中的图案填充之上、网页抖动填充之下便是渐变填充方式。前面已经讲到，渐变填充包括了 12 种方式，如图 8-7 所示。渐变填充是通过两种以上的颜色混合产生的，使用渐变填充可以得到非常独特的填充效果。在 Fireworks 中，各种不同的渐变填充类型都会有一个控制手柄，可以通过设置这个控制手柄来获得不同的渐变填充效果，从而产生丰富多彩的图像效果。

　　图 8-12 所示的分别是对面圈形对象分别使用 12 种渐变填充类型所得的效果。

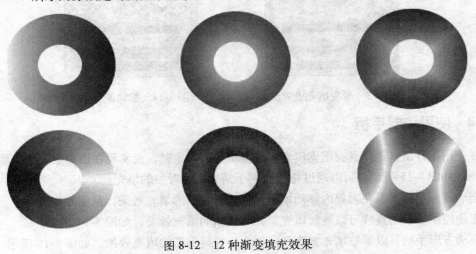

图 8-12　12 种渐变填充效果

图 8-12 （续）

8.4.2　编辑渐变填充

　　编辑当前渐变填充的方法是：先单击任意填充颜色框，然后使用渐变填充设置浮动面板。在这个面板中显示的是当前的渐变填充设置信息，如图 8-13 所示。如果要添加颜色，单击渐变色阶下面的区域，此时就会出现新的颜色滑块；如果要修改渐变颜色，只需单击某一颜色滑块并从弹出的颜色样本浮动面板中选择一种新的颜色；如果想要添加不透明样本，则可以单击渐变色阶上方的区域，此时会出现新的不透明样本滑块；如果要设置或更改不透明样本的透明度，只需单击不透明样本滑块，然后在弹出的浮动面板中设置不透明度的数值；如果要删除渐变中的颜色或不透明样本，只需在这个滑块上按住鼠标左键不放将其从面板中拖走；如果想要调整填充颜色之间的过渡，只需向左或向右拖动将颜色样本就可以了。编辑完渐变后，按回车键或在渐变填充设置面板外单击即可，如图 8-14 所示。

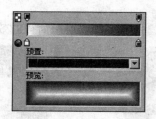

图 8-13　渐变填充设置面板

图 8-14　编辑渐变填充

8.4.3　使用控制手柄

　　在使用指针工具选择具有图案填充或渐变填充的对象时，会发现在该对象上会出现一个控制手柄，如图 8-15 所示。可以通过拖动控制手柄来调整对象的填充。

　　拖动圆形手柄可以在对象内移动填充，从而得到新的填充效果，如图 8-16 所示。

　　拖动控制手柄的直线可以旋转填充，并得到新的填充效果，如图 8-17 所示。

　　拖动方形手柄可以调整填充宽度和倾斜度，并得到新的填充效果，如图 8-18 所示。

图 8-15　控制手柄　　　　　　　图 8-16　拖动圆形手柄并得到新的填充

图 8-17　拖动直线并得到新的填充

图 8-18　拖动方形手柄并得到新的填充

8.5　本章小结

　　在 Fireworks MX 2004 中，可以使用属性面板、【填充选项】对话框、【渐变】对话框以及位图纹理和图案集合来为矩形、椭圆、多边形和其他封闭路径添加效果，同样可以使用填充来为文本和路径添加效果。矢量对象和文本创建各种填充。另外可以使用颜料桶或渐变工具根据当前填充设置填充像素选区。

　　本章首先分别讲解了实心填充、网页抖动填充、渐变填充和图案填充等 4 类填充类型并运用实例展示了各自的填充效果。接着又对实例使用了填充纹理和边缘设置，不仅展示了填充类型的多样性，还表现出了同一填充的不同纹理和边缘设置所能达到的多种效果。最后重点讲解了渐变填充的用法，了解了如何在 Fireworks 中编辑渐变填充并讲解图案填充和渐变填充中所出现的填充的控制手柄的使用方法。

8.6 本章习题

（1）想一想 Fireworks MX 2004 中一共有多少种填充类型？

提示：有实心填充、网页抖动填充、渐变填充和图案填充等 4 类填充类型，其中渐变填充中又包括了线性、放射状、矩形、圆锥形、轮廓、缎纹、星状放射、折叠、椭圆形、条状、波纹和波浪等 12 种类型，而图案填充中则包括了 46 中填充类型。

（2）利用圆角矩形工具和填充来制作一个按钮。

提示：单击【编辑】|【插入】|【新建按钮】打开按钮编辑器，然后使用工具箱上的圆角举行工具绘制一个圆角矩形并使用属性面板设置填充类型，接着在圆角矩形上添加文本并设置其属性。将按钮的释放状态的图像复制到滑过状态中去做适当修改就可以制作按钮的滑过状态，同理制作按钮的按下和按下时滑过两个状态，这样就可以创建一个按钮了。

（3）使用线性填充绘制一条"彩虹"的图像。

提示：单击工具箱面圈形工具 ◎ 绘制一个面圈形，选中面圈形按快捷键 Ctrl＋Shift＋G 取消组合后单击刀子工具 ✎ 对其切割，获得弓形的效果，然后在属性面板中选择填充选项，在弹出的填充选项浮动框中选择线性填充，并选用预设线性填充效果中的光谱效果即可。然后使用鼠标调整控制手柄，得到"彩虹"效果。

（4）想一想在 Fireworks MX 2004 中我们能够对哪些对象进行填充？

提示：可以对直线、矩形、椭圆、多边形和其他封闭路径等矢量对象和文本进行填充。

（5）对某一对象使用不同的渐变填充，看看它们的效果并熟悉控制手柄的使用。

提示：拖动圆形手柄可以在对象内移动填充；拖动控制手柄的直线可以旋转填充；拖动方形手柄可以调整填充宽度和倾斜度。

第 9 章 滤 镜

教学目标

滤镜是 Fireworks MX 2004 中文版制作图像特效的主要工具，利用滤镜可对几乎所有的对象进行效果的处理，包括文本、路径和图像等。Fireworks MX 2004 中文版中有 7 类滤镜效果，分别为调整颜色、模糊、杂点、锐化、其他、Eye Candy4000 LE、Alien Skin Splat LE，这些滤镜的强大功能大大方便了我们处理图像，本章中就来熟悉它们的使用方式。

教学重点与难点

➢ 调整颜色滤镜
➢ 模糊滤镜、锐化滤镜
➢ 杂点滤镜、其他滤镜
➢ Eye Candy4000 LE 滤镜
➢ Alien Skin Splat LE 滤镜
➢ 使用 Photoshop 滤镜

9.1 关于滤镜

如果读者熟悉 Adobe 公司的 Photoshop，那么肯定对于滤镜不会陌生。Photoshop 滤镜是由第三方软件销售公司创建的程序，通过使用这些滤镜能够创作出形象丰富、千变万化的图像效果出来，因而滤镜是 PhotoShop 中功能最丰富、效果最奇特的工具之一。而 Fireworks 也具有这样的功能，Fireworks MX 2004 中文版的滤镜都处在【滤镜】菜单和属性面板的效果菜单之中，分别如图 9-1 和图 9-2 所示。

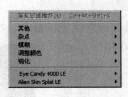　　　　　

图 9-1 【滤镜】菜单　　　　图 9-2 属性面板中的效果菜单

从上面的菜单中可以看出，Fireworks MX 2004 中文版的滤镜包括调整颜色、模糊、杂点、锐化、其他、Eye Candy4000 LE、Alien Skin Splat LE 等 7 种。而且滤镜可以作为效果与"斜角和浮雕"、"阴影和光晕"一起放置在对象属性面板的效果菜单中，从而来对对象进行艺术处理。这里的"杂点"滤镜是 Fireworks 新版本中新增的一个滤镜。

9.2 调整颜色滤镜

调整颜色滤镜工具主要是对图像的颜色进行调整和改变，这在图像制作过程中很常见，下面来讲解该滤镜的各种制作效果。打开【调整颜色】的下拉菜单，可以看到亮度/对比度、反转、曲线、自动色阶、色相/饱和度和色阶这 6 个子菜单，如图 9-3 所示。

下面分别来利用这些颜色调整滤镜效果进行图的处理。图 9-4 给出的是原始图片。

图 9-3 【调整颜色】滤镜的下拉菜单　　　　　图 9-4 原始图像

9.2.1 亮度/对比度

利用亮度/对比度滤镜可以调整图像的亮度和对比度，从而调节图像的明暗对比效果。选择该子菜单后，会弹出如图 9-5 所示的对话框，可以使用滑块拖动或者直接输入数值分别设置亮度和对比度的大小，图 9-6 是设置完毕后的图像效果。

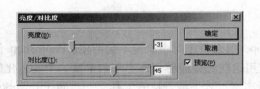

图 9-5 亮度/对比度对话框　　　　图 9-6 使用亮度/对比度滤镜后的图像

9.2.2 反转

反转滤镜可以得到图像的负片，就好像通过照片去得到它的底片。它是通过算法将图像中像素的颜色变为补色，即将 RGB 值的二进制中的 0 和 1 互换，得到的效果如同相片的底片，如图 9-7 所示。

9.2.3 曲线

曲线滤镜的功能是用来调整图像的色调范围的。选择这个滤镜后会弹出一个曲线对话框，如图 9-8 所示。

在其中的 45°直线上单击，此时会出现可以移动的控制点，使用鼠标拖拽就可以改变图像的颜色属性了，操作如图 9-9 所示。

图 9-7 使用反转滤镜后的图像

在对话框中，【通道】下菜单中有 RGB、红色、绿色和蓝色 4 个选择项；3 个滴管工具从左到右可以从图像中依次采取阴影颜色、中间色调颜色和高亮颜色；【预览】复选框如果选中，可以随时预览操作产生的效果。通过拖拽直线来完成图像的颜色调整，效果如图 9-10 所示。

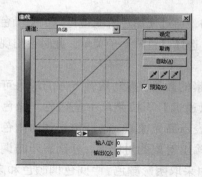 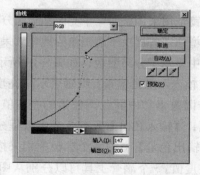

图 9-8　曲线对话框　　　　　　　图 9-9　增加控制点并托拽曲线

9.2.4　自动色阶

使用自动色阶，它可以轻而易举地实现对对象的色阶调整。关于色阶的使用在后面会讲到，此处先看一下使用自动色阶的效果，如图 9-11 所示。另外，曲线和色阶对话框中有一个【自动】按钮可以绘制出这个效果。

图 9-10　使用曲线滤镜后的图像　　　图 9-11　使用自动色阶滤镜后的图像

9.2.5　色相/饱和度

图像的色相、饱和度和亮度可以利用色相/饱和度滤镜来进行调整。关于色相、饱和度和亮度的概念将会在第 14 章中详细讲解，这里着重学习滤镜操作和效果。选择【色相/饱和度】子菜单，此时会出现色相/饱和度对话框，如图 9-12 所示。

在色相/饱和度对话框上可以拖动小滑块或者直接输入数值来分别设置图像的色相、饱和度和亮度的值，如果选中【预览】复选框还能够边调整边预览图像效果。调整后可得到图 9-13 所示的图像效果，与原图比较用户可以看出它的效果。

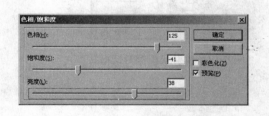 

图 9-12　色相/饱和度对话框　　　　图 9-13　使用色相/饱和度滤镜后的图像

9.2.6 色阶

色阶滤镜是用来调整图像中亮区和暗区分布的，通过使用色阶滤镜可以调整颜色的层次，这样就可以增强那些层次不清图像的视觉效果了。选择【色阶】子菜单，此时会出现一个色阶对话框，其中显示了分布参数，如图 9-14 所示。

其中横轴表示颜色亮度，纵轴表示该亮度像素的数目，拖动横轴下方的滑块可以控制高光像素、暗调像素和中间色调像素的亮度值；【通道】下拉菜单中是红色、绿色和蓝色 3 个通道选项；【输入色阶】旁有 3 个参数框分别表示高光像素、暗调像素和中间色调像素的亮度值；【输出色阶】旁的两个参数框用来控制输出对象的对比度，分别表示暗调像素和高光像素的亮度值；3 个滴管工具可以分别从图像中采取阴影颜色、中间色调颜色和高亮颜色；选中【预览】复选框则可以随时看到调整的效果。经过参数设定后，得到图 9-15 所示的图像效果。

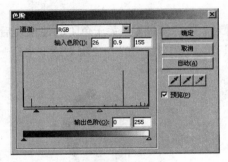

图 9-14　色阶对话框　　　　　　图 9-15　使用色阶滤镜后的图像

9.3　模糊滤镜

模糊滤镜可使图像产生柔化、模糊的效果，它在处理图像边界和制作模糊效果很常用。模糊滤镜菜单下有 6 个子菜单，分别为放射状模糊、模糊、缩放模糊、运动模糊、进一步模糊和高斯模糊，如图 9-16 所示。其中运动模糊、放射状模糊和缩放模糊是 Fireworks MX 2004 中文版中的新增功能。下面分别看看这些滤镜的效果。

9.3.1　放射状模糊

选择【放射状模糊】子菜单，会跳出放射状模糊对话框，可以通过设置放射状模糊的数量和品质，如图 9-17 所示，最终得到如图 9-18 所示图像的效果。

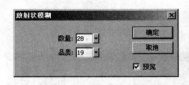

图 9-16　"模糊"滤镜的下拉菜单　　　图 9-17　放射状模糊对话框

9.3.2　模糊

使用模糊滤镜可以使得选中的对象变得模糊，如图 9-19 所示。

图 9-18　使用放射状模糊滤镜后的图像　　　图 9-19　使用模糊滤镜后的图像

9.3.3　缩放模糊

　　单击缩放模糊，会弹出缩放模糊对话框，通过设置缩放模糊的数量和品质，如图 9-20 所示，得到如图 9-21 所示的图像。

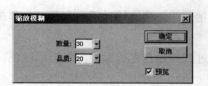

图 9-20　缩放模糊对话框　　　　　图 9-21　使用缩放模糊滤镜后的图像

9.3.4　运动模糊

　　单击运动模糊，会弹出运动模糊对话框，其中可以通过设置运动模糊的角度和距离来控制模糊效果，如图 9-22 所示。最终得到图 9-23 所示的运动模糊后的效果图。

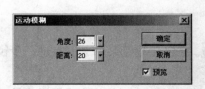

图 9-22　运动模糊对话框　　　　图 9-23　使用运动模糊滤镜后的图像

9.3.5　进一步模糊

　　使用进一步模糊滤镜会使得选中的对象进一步模糊，它和模糊滤镜类似，如图 9-24

所示。

9.3.6 高斯模糊

单击高斯模糊时会弹出高斯模糊对话框，可以通过设置模糊半径，如图 9-25 所示。得到如图 9-26 所示的图像。

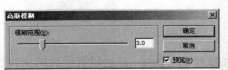

图 9-24　使用进一步模糊　　　　图 9-25　高斯模糊对话框　　　　图 9-26　使用高斯模糊滤
　　　　　滤镜后的图像　　　　　　　　　　　　　　　　　　　　　　　镜后的图像

9.4　杂点滤镜

杂点滤镜是 Fireworks MX 2004 中文版中新增加的一个滤镜功能，在菜单中单击它，弹出如图 9-27 所示的新增杂点对话框。

在对话框中，可以设置杂点数量，还可以通过选择颜色复选框为渲染增添颜色，得到如图 9-28 所示的图像效果。

图 9-27　新增杂点对话框　　　　　图 9-28　使用杂点滤镜后的图像

9.5　锐化滤镜

锐化滤镜和模糊滤镜是两个功能相对的滤镜。在锐化滤镜菜单之下有进一步锐化、钝化蒙板和锐化 3 个子菜单，如图 9-29 所示。

三者之中只有钝化蒙板滤镜单击后会出现对话框，可以在对话框中设置锐化量、像素半径和阈值，如图 9-30 所示。其中，锐化量是用来控制锐化效果的强度，它的有效值范围为 1～500；像素半径用来设置锐化区域中的像素，有效值范围为 0.1～250；阈值用来设置对哪些对比度之上的像素进行锐化，有效值范围为 0～255。使用钝化蒙板对图 9-4 所示的原始

> 进一步锐化
> 钝化蒙版...
> 锐化

图 9-29　【锐化】滤镜的
　　　　　下拉菜单

图像进行锐化处理，最终得到如图 9-31 所示的图像。

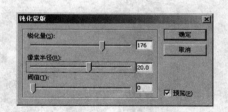

图 9-30 钝化蒙板对话框

图 9-31 使用钝化蒙板滤镜后的图像

9.6 其他滤镜

在【其他】滤镜菜单之下有【查找边缘】和【转换为 Alpha】两个子菜单，如图 9-32 所示。下面分别介绍它们的用法。

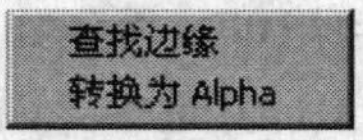

9.6.1 转换为 Alpha

图 9-32 【其他】
滤镜的下拉菜单

这个滤镜能够将彩色图像转换为渐变透明蒙板的 Alpha 灰度图像，从而产生出渐变透明的效果，下面就通过具体的实例来说明它的使用。

（1）打开一幅背景图片，在其上添加一个文本，并对文本使用投影效果，如图 9-33 所示。

（2）需要将文本与背景图片融合在一起。选择这个文本对象，单击【滤镜】菜单下的【其他】|【转换为 Alpha】，这时弹出如图 9-34 所示的对话框，询问是否将文本转换为位图，选择【确定】，这样文本就被转变为位图了。

图 9-33 添加文本并设置投影效果

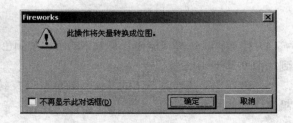

图 9-34 弹出对话框

（3）此时，文本就和背景图片融合起来了，文本对象也被转换为 Alpha 对象了，图片上的文字就不像先前看起来那样突兀，而是非常自然的效果了，如图 9-35 所示。许多图片的水印效果就是通过这种方法制作出来的。

9.6.2 查找边缘

【查找边缘】滤镜可以将图像中的颜色边缘转换为彩色线条，而填充部分转换为黑色。利用【色相/饱和度】、【查找边缘】和【反转】效果在 Fireworks 中可以用以制作出类似铅笔素描效果，下面来看看具体的制作步骤：

（1）首先打开一幅要进行处理的图片，如图 9-36 所示。

图 9-35　文本转换为 Alpha 后的图像　　　　　　图 9-36　打开图像

（2）选中图像，然后选择【滤镜】菜单下的【调整颜色】|【色相/饱和度】，将饱和度值调到 100，得到如图 9-37 所示的效果。

（3）选中上面所得的对象，接着选择【滤镜】菜单下的【其他】|【查找边缘】，得到如图 9-38 所示的效果。

图 9-37　调整饱和度后的图像　　　　　　图 9-38　使用查找边缘滤镜后的图像

（4）接着再次选择【滤镜】菜单下的【调整颜色】|【色相/饱和度】，将饱和度调到 −100，得到如图 9-39 所示图像。

（5）最后选择滤镜菜单下的【调整颜色】|【反转】，这样就可以得到类似铅笔素描的图像效果了，如图 9-40 所示。

图 9-39　再次调整饱和度后的图像　　　　　　图 9-40　铅笔画素描效果

9.7　Eye Candy 4000 LE 滤镜

除了上面的滤镜效果，Fireworks MX 2004 还同样附赠了 Eye Candy 4000 LE 滤镜，在安装 Fireworks 的时候能够自动安装到机器上，Eye Candy 滤镜是一款常见的 Photoshop 外挂滤镜，它是 Alien Skin 软件公司的产品，内置在 Fireworks MX 2004 中文版中的 Eye Candy 4000 LE 滤镜有 3 种效果，分别为 Bevel Boss（边缘特效）、Marble（大理石纹理）和 Motion Trail（运动轨迹），下面就来分别看看它们的用法。

9.7.1　Bevel Boss

【Bevel Boss】滤镜提供了各种图形的边缘效果，可以利用它来制作出具有立体效果的按钮或者球体来。选择【滤镜】菜单下的【Eye Candy 4000 LE】|【Bevel Boss】，此时会弹出如图 9-41 所示对话框。

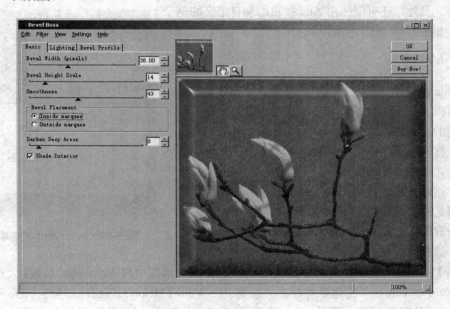

图 9-41　Bevel Boss 滤镜对话框

这个对话框有 3 个选项栏，分别为 Basic（基本）、Lighting（光照）和 Bevel Profile（剖面轮廓）。其中，Basic 选项栏用于设置【Bevel Boss】效果的各种基本属性；Lighting 选项栏用于设置光照效果；Bevel Profile 选项栏用于设置使用效果后对象边缘的剖面形状。

在 Basic 选项栏中，Bevel Width、Bevel Height Scale、Smoothness、Bevel Placement 和 Darken Deep Areas 等几个选项分别用于设置边缘倾斜程度、倾斜面高度、边缘平滑程度、边缘效果的位置和高暗区域的面积大小，如图 9-42 所示。

在 Lighting 选项栏中，左上角有一个带有高亮点的球体，可以用鼠标在球体上拖动就可以选定高亮点的位置。Direction、Inclination、Highlight Brightness、Highlight Size、Highlight Color 和 Shadow Color 分别用于设置光照方向、光照的倾斜度、高亮部分的明亮程度、高亮部分的大小、高亮部分的颜色和高暗部分的颜色，如图 9-43 所示。

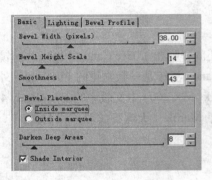

图 9-42 Basic 选项栏

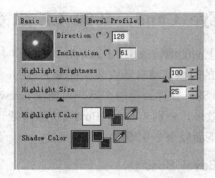

图 9-43 Lighting 选项栏

在 Bevel Profile 选项栏中，可以直接套用一些常用的剖面形状，也可以拖动节点来改变剖面的修饰。单击鼠标左键可以在曲线上增加节点，选中节点并将其拖动到曲线框以外释放即可删除节点。另外，还可以使用 Add 按钮添加自定义的剖面形状，如图 9-44 所示。

9.7.2 Marble

Marble 滤镜产生一种类似于大理石的纹理效果的，使用它可以为图像添加花纹背景，下面通过具体的实例来看看它的使用方法。

（1）打开一幅图像，用魔术棒工具  单击图像中的蓝色部分，如图 9-45 所示。

（2）这时发现树枝中间的蓝色部分没有选择上，可以选择【选择】菜单下的【选择相似】，这样就选中了图片中所有的蓝色部分，如图 9-46 所示。

（3）选择【滤镜】菜单下的【Eye Candy 4000 LE】

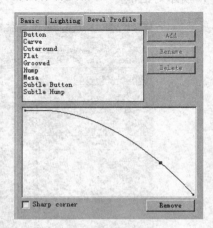

图 9-44 Bevel Profile 选项栏

|【Marble】，此时会跳出 Marble 滤镜对话框。在该对话框中将 Vein Size（纹理大小）设为 90.99，Vein Coverage（纹理平均分布）设为 71，Vein Thickness（纹理厚度）设为 71，Vein Roughness（纹理粗糙度）设为 57。然后将 Bedrock Color（非纹理区颜色）设为白色，将 Vein Color（纹理颜色）设为天蓝色。同时在右边的预览框中就可以看见效果了，如图 9-47 所示。觉得效果满意后，单击【OK】按钮即可。

图 9-45 使用魔术棒工具选取背景颜色

图 9-46 选取相似色后的图像

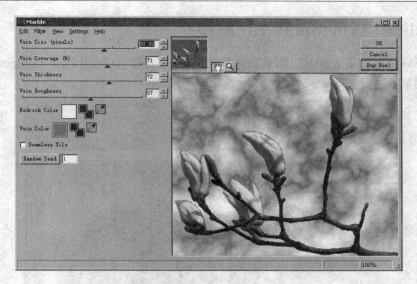

图 9-47　Marble 滤镜对话框

9.7.3　Motion Trail

Motion Trail 滤镜用来模拟物体运动的轨迹的，就像彗星后面出现的慧尾一样，它能够使得图像表现出运动的效果来。下面就通过具体的实例来说说它的用法。

（1）首先打开一个具有透明背景的文件，如图 9-48 所示。

（2）选中这个图片，选择【滤镜】菜单下的【Eye Candy 4000 LE】|【Motion Trail】，跳出 Motion Trail

图 9-48　打开图像

滤境对话框，可以在其中设置其参数值，同时可以在预览框中预览它的效果，如图 9-49 所示。调整好后单击【OK】即可为图像添加运动效果了。

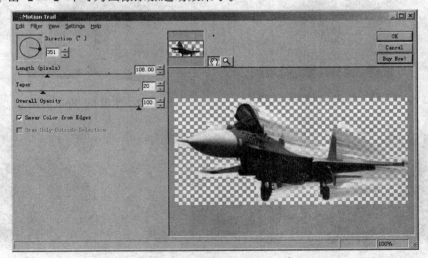

图 9-49　Motion Trail 滤镜对话框

9.8 Alien Skin Splat LE 滤镜

Alien Skin Splat LE 滤镜可以用来设置图像的边缘。选择它后会出现一个 Edges 子菜单。单击 Edges 菜单就进入了 Edges 对话框，如图 9-50 所示。

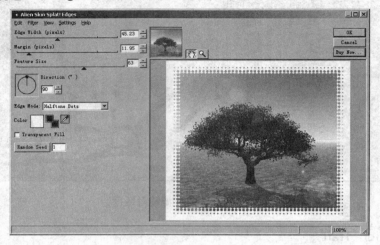

图 9-50　Edges 滤镜对话框

其中，Edge Width、Margin 和 Feature Size 分别设置边缘的宽度、空白、形态大小。Direction 用于设置边缘形态的方向，可以用鼠标拖动控制柄来选择边缘形态的角度，也可以直接在文本框中输入数值。Edge Mode 下拉列表用于选择边缘填充形态的方式。Color 用于设置边缘的颜色。如果在 Transparent Fill 前的选择框打上对勾，就将以透明色来设置边缘颜色。按下 Random Seed 按钮还会产生一个随机数，这个随机数可以用来控制边缘的随机效果。在 Settings 菜单下有 5 种不同的滤镜效果，分别为 Dot Edge、Ink Spill、Pixelated、Small Tears 和 Thick Lines，如图 9-51 至图 9-55 所示的就分别是使用这 5 种滤镜效果所得的图像。

图 9-51　使用 Dot Edge 的图像

图 9-52　使用 Ink Spill 的图像

图 9-53　使用 Pixelated 的图像

图 9-54　使用 Small Tears 的图像

图 9-55　使用 Thick Lines 的图像

9.9 使用 Photoshop 滤镜

Fireworks 还可以兼容 Adobe 公司 Photoshop 的滤镜效果，使用它们从而就可以制作出丰富多彩的图像效果了。下面就来看看如何在 Fireworks 中使用 Photoshop 滤镜。

（1）在 Fireworks 中选择【编辑】|【首选参数】，此时会弹出【首选参数】对话框，它有 5 个选项栏，分别为常规、编辑、启动并编辑、文件夹和导入，如图 9-56 所示。

（2）在【首选参数】对话框中选择【文件夹】选项栏，如图 9-57 所示。

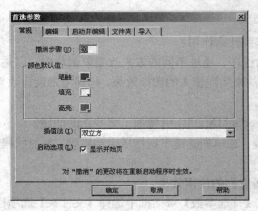 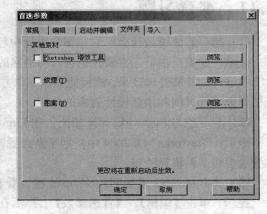

图 9-56 【首选参数】对话框   图 9-57 【文件夹】选项栏

（3）单击【Photoshop 增效工具】复选框右侧的 浏览... 按钮，此时会出现一个【选择 Photoshop 插件文件夹】对话框，从中选择 Photoshop 插件所在的 Plug – ins 文件夹，当对话框左下角出现 选择 "Plug-Ins" 按钮时单击它来选择这个文件夹，如图 9-58 所示。

（4）这样又回到【文件夹】选项栏，会发现【Photoshop 增效工具】左侧的复选框被选中，其下方出现了 Photoshop 插件文件夹的路径，然后单击【确定即可】。接着关闭并重新启动 Fireworks MX 2004 中文版。单击【滤镜】菜单，此时 Fireworks 的滤镜菜单下已经出现了 Photoshop 的滤镜，如图 9-59 所示。就可以使用这些滤镜效果来进行图像的处理了。

图 9-58 【选择 Photoshop 插件文件夹】对话框   图 9-59 新的【滤镜】菜单

9.10 本章小结

滤镜是进行图像处理中十分重要的助手，利用第三方开发的滤镜可以使得图像的处理变得非常轻松与简单，从而达到了对图像进行抽象、艺术化的特殊处理效果。在 Fireworks 中还可以使用属性面板将【滤镜】菜单中的所有内置滤镜和插件作为动态效果来应用。作为动态效果应用的滤镜可以确保用户能够随时从对象中编辑或删除。

　　本章首先介绍了 Fireworks MX 2004 中文版中的滤镜菜单，然后分别运用不同的实例讲解了调整颜色、模糊、杂点、锐化、其他、Eye Candy4000 LE、Alien Skin Splat LE 等 7 种滤镜的功能使用效果，最后介绍了如何在 Fireworks 中使用 Photoshop 的滤镜效果。通过本章的实例讲解希望读者可以掌握各个滤镜的使用方法，从而能够运用自己的艺术才能创作出丰富生动的图像效果。

9.11　本章习题

　　（1）想一想滤镜是什么？它在图像设计中起到什么作用？

　　提示：滤境是由第三方软件销售公司创建的程序，通过不同的方式改变象素数据，以达到对图像进行的特殊处理效果。滤镜能够以简单方法来实现惊人的图像效果，起到增强设计效果、简化图像设计时间和增强设计效率的作用。

　　（2）想一想与 Fireworks MX 相比，在 Fireworks MX 2004 中增加了哪些新的滤镜。

　　提示：Fireworks MX 2004 中新增了杂点滤镜，在模糊滤镜下新增了运动模糊、放射状模糊和缩放模糊 3 种模糊滤镜。

　　（3）为 Fireworks 添加 Photoshop 滤镜，看看它们的使用效果。

　　提示：单击【编辑】│【首选参数】，然后在【首选参数】对话框中选择【文件夹】选项栏，在其中可以添加 Photoshop 滤镜。

第 10 章 效 果

 教学目标

在 Fireworks MX 2004 中文版中，效果是放置在属性面板的效果菜单中的。利用这些效果，可对几乎所有的对象进行效果的处理，无论它是文本、路径还是图像。效果菜单中还结合了滤镜效果，如其他、杂点、模糊、调整颜色、锐化、Eye Candy4000 LE、Alien Skin Splat LE 等，这些滤镜效果在前面的第 9 章中已经讲到，本章来看看前面没有谈到的非滤镜的几个效果如斜角、浮雕、阴影和光晕等的使用。

 教学重点与难点

➢ 效果菜单
➢ 斜角和浮雕
➢ 阴影和光晕

10.1 效果菜单

在 Fireworks MX 2004 中文版中，效果菜单是作为弹出菜单放置在属性面板的右侧的，单击属性面板右侧的添加效果按钮，这时就会弹出效果菜单。这个效果菜单分为 4 部分：第一部分为【无】，表示不使用效果；第二部分是【选项】部分，它的下拉菜单中有【另存为样式】、【全部开启】、【全部关闭】和【查找插件】等几个选项，用于效果的控制；第三部分包括了其他、斜角和浮雕、杂点、模糊、调整颜色、锐化、阴影和光晕几个效果，其中其他、杂点、模糊、调整颜色、锐化是滤镜的效果，前面已经谈到；第四部分则是 Eye Candy4000 LE、Alien Skin Splat LE 两个滤镜的效果，这个前面也已经讲过，如图 10-1 所示。

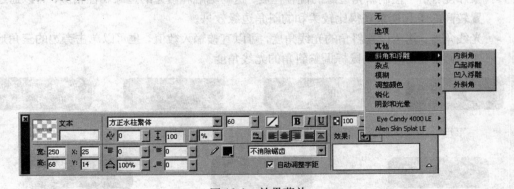

图 10-1　效果菜单

网页许多有独特的按钮、图像等都是运用了 Fireworks 效果进行加工处理的。这里比较特殊的是其他、杂点、模糊、调整颜色、锐化、Eye Candy4000 LE、Alien Skin Splat LE 既是滤镜又是效果，不过作为效果时可以通过属性面板的删除效果按钮来将效果删除，而作为滤镜则具有了不可恢复性，由于第 9 章已经对这些滤镜做了详细的分析，关于它们的使用本章中就不再详细讨论了。下面就来看看【斜角和浮雕】下拉菜单下的【内斜角】、【凸起浮雕】、【凹入浮雕】、【外斜角】和【阴影和光晕】下拉菜单中的【内侧发光】、【内侧阴影】、【发光】、【投影】等几个效果的使用。

10.2 内斜角和外斜角

斜角效果是对对象边缘使用斜角，让对象产生立体的效果，斜角效果包括内斜角效果和外斜角效果两种。它们的区别在于斜角的方向不同，内斜角的斜角方向是在内侧，外斜角的斜角方向则是在外侧。内斜角效果使用对象本身颜色进行斜角着色，外斜角比内斜角的参数设置面板中多了一个颜色井，可以使用选取的颜色来对斜角的外部边缘进行着色。

在制作按钮的过程中经常会使用到内斜角效果和外斜角效果这两种效果。还可以通过设置内斜角效果和外斜角效果的参数设置面板上的参数来产生不同的显示效果，它们的参数设置面板分别如图 10-2 和图 10-3 所示。

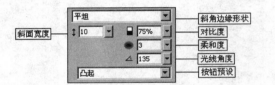
图 10-2　内斜角的参数设置面板

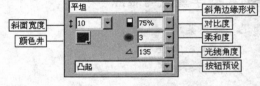
图 10-3　外斜角的参数设置面板

内斜角效果和外斜角效果的参数设置面板中的各个属性设置的意义分别如下：

➢ 斜角边缘形状：在它的下拉列表中有平坦、平滑、斜坡、第 1 帧、第 2 帧、环状和皱纹等 7 个选项。图 10-4 所显示的就是使用这 7 个选项的不同效果。

➢ 斜面宽度：用于设置内斜角或者外斜角的斜面宽度的，以像素为单位。

➢ 对比度：控制阴影部分颜色和照亮部分颜色的相对亮度。

➢ 颜色井：只有外斜角的参数设置面板中有该项。单击颜色井可以出现浮动颜色框，可以使用滴管工具从中选择外斜角外部边缘的颜色。

➢ 柔和度：用于控制斜角边缘的锐利程度，这与笔触和填充的边缘属性相似，可以通过设置较高的柔和度来获得比较柔和的斜角边缘效果。

➢ 光线角度：用于设置斜角的光线角度，可以直接输入数值，也可以单击旁边的三角形按钮在圆形滑标上拖动鼠标调整斜角的光线角度。

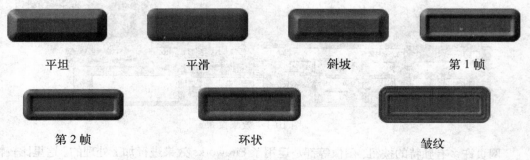

平坦	平滑	斜坡	第 1 帧

第 2 帧	环状	皱纹

图 10-4　不同斜角边缘形状的效果

➢ 按钮预设：在它的下拉列表中则有凸起、高亮显示的、凹入和反转 4 个选项，它们分别对应着按钮的释放、滑过、按下和按下时滑过 4 个状态。制作好按钮的状态后只需要再分别选择按钮预设下拉列表中的 4 个不同选项就能够轻松地制作出按钮的 4 个状态了。下面的图 10-5 所示的便是利用内斜角效果按钮预设的下拉列表制作按钮的 4 个状态。

图 10-5　按钮的 4 个状态

10.3　凸起浮雕和凹入浮雕

浮动效果使得对象能够产生凹凸的效果，它是以画布或者背景图案的色彩对对象进行填充，从而让对象和背景能够紧密结合在一起，产生显著的三维效果。

与内斜角和外斜角效果一样，浮雕效果也有凸起浮雕和凹入浮雕两种相反的效果。凸起浮雕使得对象产生凸起的效果，而凹入浮雕使得对象产生凹陷的效果，但是它们的参数设置面板却是相同的，如图 10-6 所示。

它们参数设置面板中的各项参数的意义分别如下：

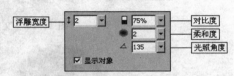

> 浮雕宽度：浮雕边缘的厚度，它是用来控制对象凸起或者凹陷的程度。可以单击旁边的倒三角形按钮通过拖动滑标来设置，也可以直接在文本框中键入数值进行设置。

图 10-6　凸起浮雕和凹入浮雕的参数设置面板

> 对比度：和内斜角、外斜角的一样，控制阴影部分颜色和照亮部分颜色的相对亮度。
> 柔和度：控制浮雕边缘的柔化程度，数值越高边缘越模糊。
> 光线角度：用于设置浮雕的光线角度，可以直接输入数值，也可以单击旁边的三角形按钮在圆形滑标上拖动鼠标调整浮雕的光线角度。
> 显示对象：选中该复选框时，文本对象的笔触和填充效果以及浮雕效果都会显示，不选中该复选框则文本对象的笔触和填充效果不会显示，而只显示浮雕效果。

图 10-7 和图 10-8 所示的分别是文本和面圈形的凸起浮雕和凹入浮雕效果。

发光和内侧发光效果同样也是一对相反的效果。发光效果就是在对象的边缘外部加上了一层光晕，使得对象产生了如同霓虹灯一样的效果；内侧发光效果则是在对象边缘内部加上一层光晕。它们的参数设置面板也是相同的，如图 10-9 所示。

图 10-7　文本的凸起浮雕和凹入浮雕效果

图 10-8　面圈形的凸起浮雕和凹入浮雕效果 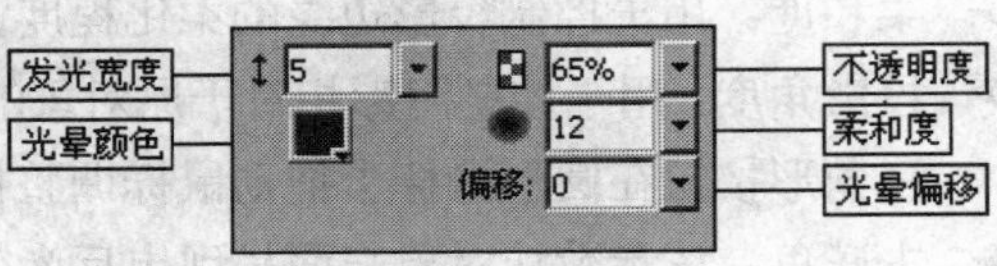　　　　图 10-9　发光和内侧发光的参数设置面板

它们参数设置面板中的各项参数的意义分别如下：

➢ 发光宽度：指的是发光部分的宽度。该参数越高则对象的边缘就具有越宽的发光范围，它以像素为单位，数值在 0 到 35 之间。

➢ 不透明度：用于发光部分的不透明属性，其范围在 0% 到 100% 之间。

➢ 光晕颜色：用于设置发光效果的颜色属性，可以单击它然后在浮动的颜色框中用滴管工具选取所需要的光晕颜色。

➢ 柔和度：用于控制发光边缘的柔化程度，其值在 0 到 30 之间，数值越高边缘越模糊。

➢ 光晕偏移：控制发光效果和对象之间的距离，其值也在 0 到 30 之间。在默认情况下，光晕偏移为 0，也就是发光效果是紧贴着对象的。如果设置一定的光晕偏移，还可以产生光环效果。

图 10-10 和图 10-11 所示的分别是文本和面圈形的发光和内侧发光效果。

图 10-10　文本的发光和内侧发光效果

图 10-11　面圈形的发光和内侧发光效果

10.4　投影和内侧阴影

投影和内侧阴影效果的参数设置面板也是相同的，如图 10-12 所示。可以通过使用这两个效果来为对象添加外部或者内部的阴影增强立体效果。

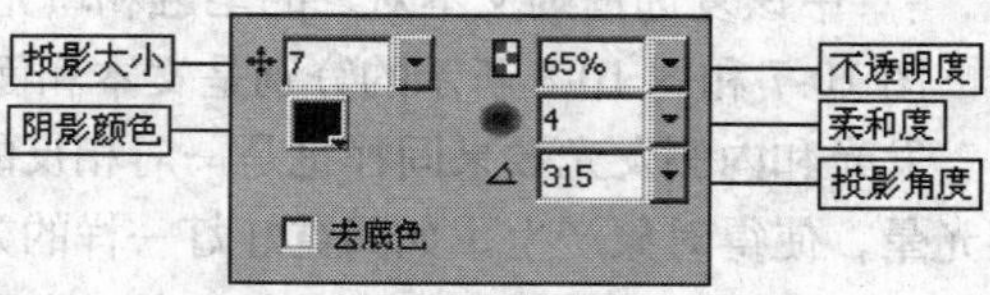

它们参数设置面板中的各项参数的意义分别如下：

➢ 投影大小：该参数用于设置投影的宽度大小。该参数越大则投影就越长，对象的立体效果越明显。

图 10-12　投影和内侧阴影的参数设置面板

➢ 不透明度：用于投影的不透明属性，其范围在 0% 到 100% 之间。

➢ 投影颜色：用于设置投影的颜色，默认情况下是黑色。

➢ 柔和度：用于控制投影边缘的柔化程度，其值在 0 到 30 之间，数值越高边缘越模糊。

➢ 投影角度：用于控制阴影相对于原对象的角度，可以直接输入数值，也可以单击旁边的三角形按钮在圆形滑标上拖动鼠标调整投影的角度。

➢ 去底色：该参数让对象表面呈现出反光效果，去除对象的底色。

图 10-13 和图 10-14 所示的分别是文本和面圈形的投影和内侧阴影效果。

图 10-13 文本的投影和内侧阴影效果

图 10-14 面圈形的投影和内侧阴影效果

10.5   本章小结

本章中首先了解了效果使用的方法，也就是运用对象的属性面板上的效果菜单，然后依次讲解了内斜角和外斜角、凸起浮雕和凹入浮雕、投影和内侧阴影几种效果的使用效果。这些效果中都拥有各自的参数设置面板，设置参数面板中的各个参数就能够取得各种不同的对象效果。另外 Fireworks 还将滤镜作为效果整合在了效果菜单之中，可以使用这些滤镜为对象添加各种效果，从而丰富图像的制作和设计。

10.6   本章习题

（1）想一想在 Fireworks MX 2004 中文版中如何使用效果？

提示：单击对象属性面板右侧的添加效果按钮▣，在弹出的效果菜单中就可以添加效果。

（2）思考一下如何运用效果来制作一个按钮。

提示：新建一个文件，单击【编辑】|【插入】|【新建按钮】即可插入打开【按钮】对话框，使用工具箱上的圆角矩形工具即可绘制按钮的 4 个状态。接着使用内斜角或者外斜角工具参数设置面板上的按钮预设来为圆角矩形添加效果即可绘制按钮的 4 种不同状态。

第 11 章　样　式

教学目标

在 Fireworks MX 2004 中文版中提供了许多的样式，利用它们可以很快制作出美观的按钮、文本和图像。实际上，这些样式是一系列预设的填充、笔触、特效的组合。样式的使用相对比较简单，只需要打开样式面板并选中对象，然后选择样式面板的样式就可以为对象添加样式了。本章中就来熟悉样式的使用、编辑、导入和导出等操作。

教学重点与难点

➢ 样式面板
➢ 编辑样式
➢ 导入和导出样式

11.1　样式面板

在使用和管理样式之前首先要打开样式面板。单击 Fireworks MX 2004 中文版的【窗口】菜单，在其下拉菜单中再选择【样式】，这样就可以打开样式面板了，默认情况下它是和 URL 面板、库面板以及新增的形状面板整合在资源面板之中的。另外还可以按 Shift＋F11 快捷键打开样式面板，如图 11-1 所示。

样式面板的中部显示的是不同样式的效果。右下部有新增样式▣和删除样式▥两个按钮，使用它们可以在样式面板中添加和删除样式。另外，单击样式面板左上角的▤按钮，还可以打开如图 11-2 所示的弹出菜单，使用它可以新建、编辑、删除、导入、导出和重设样式等。另外选择【大图标】菜单还可以以大图标的效果显示这些样式。

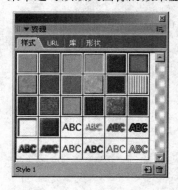

图 11-1　样式面板

图 11-2　弹出菜单

11.2　使用样式

在画布中选定对象，然后在样式面板中选择所要应用的样式就可以使用样式了，这时对象的属性面板中就会显示出笔触、填充、发光、阴影的效果。这也说明样式实际上是一种预设的组合效果。图 11-3 和图 11-4 所示的分别是对文本和斜面矩形使用样式的效果。

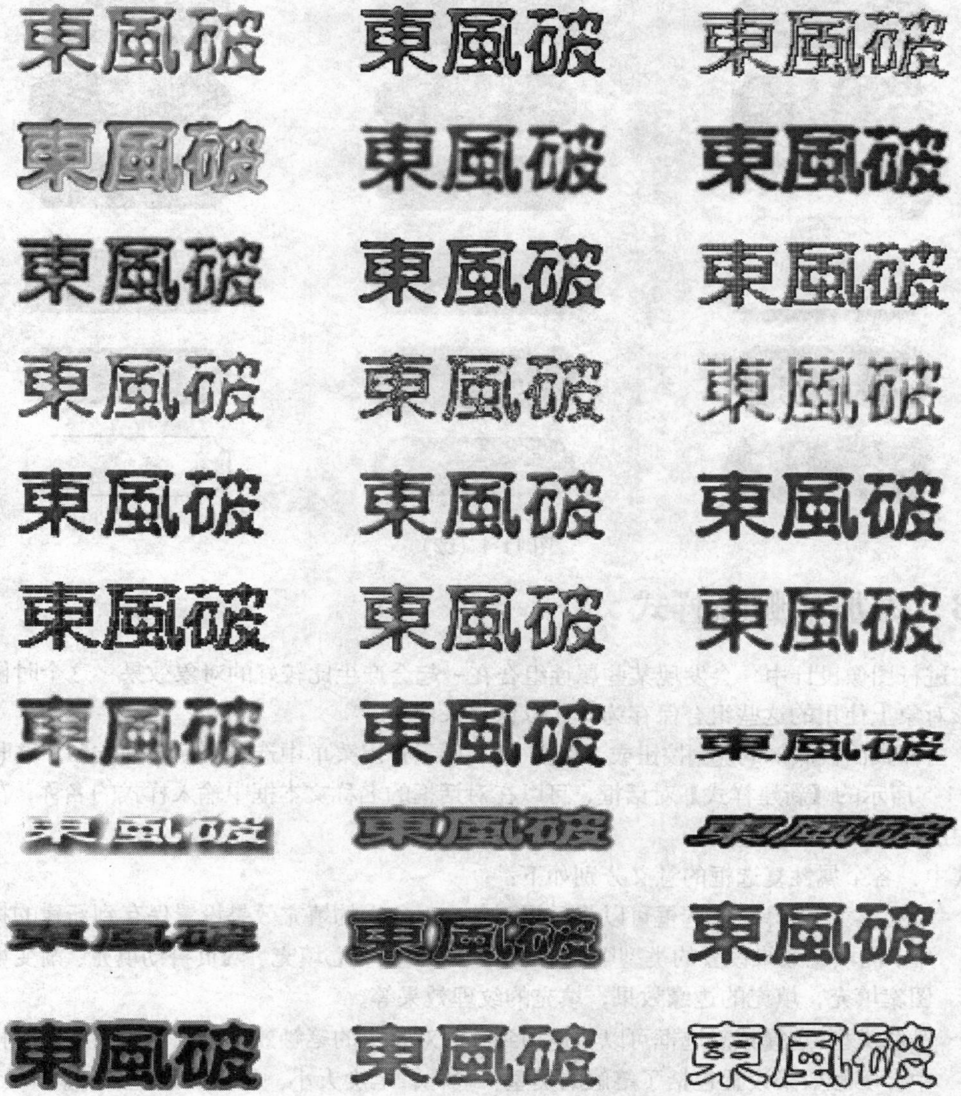

图 11-3　对文本使用样式

图 11-4　对斜面矩形使用样式

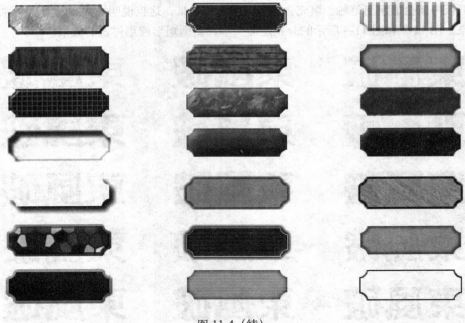

图 11-4（续）

11.3 添加和删除样式

在进行图像设计中，会发现某些属性组合在一起会产生比较好的对象效果，这个时候便可以将该对象上使用的这些组合保存为样式以供将来使用。

单击样式面板底部的 ⊞ 按钮或者在图 11-2 所示弹出菜单中选择【新建样式】，这时候出现图 11-5 所示的【新建样式】对话框，可以在对话框的名称文本框中输入样式的名称，在属性中选中所要的属性的复选框。

其中，各个属性复选框的意义分别如下：

➤ 填充类型：选择该复选框可以将运用到某一对象上的填充效果设置保存到新建的样式之中。而填充效果设置的类型则包括了填充种类如实心填充、网页抖动填充、渐变填充和图案填充，填充的边缘效果，填充的纹理效果等。

➤ 笔触类型：选择该复选框可以将运用到某一对象上的笔触效果设置保存到新建的样式之中。笔触效果设置包括了笔触的类型、名称、笔尖大小、纹理和纹理量等。

➤ 填充颜色：选择该复选框可以将运用到某一对象上的填充颜色设置保存到新建的样式之中。填充颜色设置主要指的是实色填充的颜色，而其他类型的填充颜色设置是在填充类型中设置的。

➤ 笔触颜色：选择该复选框可以将运用到某一对象上的笔触颜色设置保存到新建的样式之中。

➤ 效果：选择该复选框可以将运用到某一对象上的效果设置保存到新建的样式之中。效果设置包括了效果的类型如浮雕、投影、锐化和模糊等，效果的参数设置，效果的组合，效果的使用顺序等。

➤ 文本字体：选择该复选框可以将运用到某一对象上的文本字体设置保存到新建的样式之中。文本字体设置指的是字体的种类如宋体、黑体和楷体等。

➤ 文本大小：选择该复选框可以将运用到某一对象上的文本大小设置保存到新建的样式之

中。文本大小设置主要指的是文本的字号如 5 号、10 号等。

➢ 文本样式：选择该复选框可以将运用到某一对象上的文本样式设置保存到新建的样式之中。文本样式设置指的是字体的类型如粗体、斜体和下划线等。

➢ 其他文字：选择该复选框可以将运用到某一对象上的其他一些设置保存到新建的样式之中。

 文本对象中的对齐方式、文字间距、效果设置等信息是无法在样式中保存的。而且多数情况下可以依据现有的样式来创建新的样式。

如果已经为新增样式命好了名称并设置好了新增样式的属性，就可以单击【确定】按钮，这样新的样式就被添加到样式面板中了，将鼠标移动到该样式之上此时在样式面板的状态栏中就会显示样式的名称了，如图 11-6 所示。

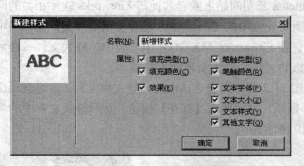

图 11-5　新建样式对话框

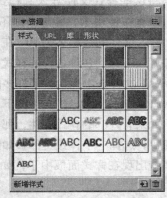

图 11-6　新的样式被添加到样式面板

另外，如果要删除某个样式，那么只需要在样式面板中选择该样式，然后单击样式面板右下角的删除样式按钮 🗑 即可。当然，同样可以在图 11-2 所示弹出菜单中选择【删除样式】来将该样式删除。

11.4　编辑样式

对样式进行编辑主要是修改它的一些属性效果，如填充类型、笔触类型、填充颜色和笔触颜色等，这个在前面的 11.3 小节中已经分别详细谈到过。同添加和删除样式一样，也有两种方式编辑已有的样式。双击样式面板中需要编辑的样式，或者在图 11-2 所示弹出菜单中选择【编辑】，出现图 11-7 所示的编辑样式对话框，在这个编辑样式的对话框中设置样式的属性然后单击【确定】按钮就实现了对该样式的编辑。

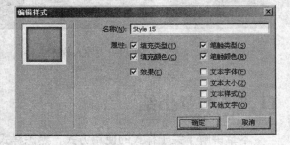

图 11-7　编辑样式对话框

11.5　导出和导入样式

如果要导出一个样式，只要选中这个样式，选择图 11-2 所示弹出菜单中的【导出样式】然

后在【另存为】对话框中为导出的样式命
名就可以了，如图 11-8 所示。

虽然 Fireworks MX 2004 中文版中
提供了 30 个样式供我们使用，但是我们
有可能还是觉得不够用。当然可以按照
前面的方法自己编辑各种各样的样式来
供自己将来使用，但是这样一个个编辑
未免非常麻烦。其实有个好办法就是使
用别人已经编辑好的样式文件，样式文
件中会包含许多编辑好的样式类型，只
需要将这些样式文件导入到样式面板中

图 11-8　导出样式

就可以直接使用了，能够节约不少劳动时间并得到很好的效果。

样式文件的后缀名为.stl，在 Macromedia 公司网站上或者其他与 Fireworks 软件相关的网站
上都可以下载到各种各样的样式，本书附带光盘中的【Fireworks 精彩实用插件集】文件夹中的
【Styles】文件夹中也包含了许多的样式。在 Fireworks MX 2004 中文版中，样式文件一般放在
【First Run】|【Styles】文件夹下，也可以将外部的样式文件放置在其中。

如果有外部的样式文件，那么选择图 11-2 所示弹出菜单中的【导入样式】，这时会跳出打
开窗口。选择一个样式文件，如图 11-9 所示，然后单击【打开】按钮，这时样式文件中的样式
类型就出现在样式面板中了，如图 11-10 所示。

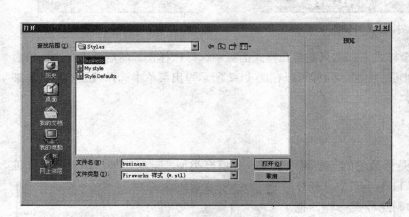

图 11-9　导入样式文件

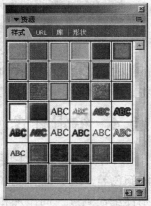

图 11-10　文件中的样式被
导入样式面板

11.6　本章小结

本章讲解了关于样式的使用方式，熟悉样式面板中的一些基本操作。样式实际上是预设的
填充、笔触、特效的组合，除了使用 Fireworks 中提供的样式之外，也可以定制自己的样式来运
用于对象。

本章首先了解了样式面板及其弹出菜单，接着熟悉对文本和斜面矩形使用 Fireworks 预设样
式的效果，最后掌握样式的管理，包括添加、删除、编辑等操作，从而帮助定制自己的样式面

板方便操作。

11.7 本章习题

(1) 想一想样式实际上是由什么组成的？样式有什么样的功能和作用？

提示：样式实际上是一系列预设的填充、笔触、特效的组合。它可以让用户方便地使用预设的方式进行对象的处理和操作，从而减少图像处理的时间，方便图像的操作。另外，可以让用户将制作好的各种效果保存起来供以后使用。

(2) 新建一个样式，并对它进行编辑。最后将其删除。

提示：可以使用样式面板的弹出菜单来进行样式的管理工作

(3) 将本书光盘中的样式文件中的样式导入到样式面板中。

提示：在样式面板的弹出菜单中选择【导入样式】，在【打开】对话框中选择一个样式文件后单击【打开】按钮即可添加样式。

第 12 章　创建动画

 教学目标

　　过多的静止网页很容易给浏览者造成呆板、乏味的印象，动画的适当运用可以给网站带来不少情趣，这将大大增强网页的吸引力，有助于增强宣传效果。在 Fireworks MX 2004 中文版中，用户可以十分方便地创建 GIF 动画，特别是网页的 Banner。本章将从对 GIF 动画的概念的介绍入手，然后阐明 Fireworks 中制作 GIF 动画的原理，最后通过对实例的讲解来说明如何制作 GIF 动画。

 教学重点与难点

> ➢ GIF 动画
> ➢ 帧面板
> ➢ 洋葱皮工具
> ➢ 优化和导出动画

12.1　关于 GIF 动画

　　GIF 的出现为 Internet 注入了一股新鲜的活力，它是 Internet 上最为流行的图像格式，这是同 GIF 文件的特点密不可分的。通过对前面第 5 章的学习，我们已经对 GIF 图像格式的知识有了基本的掌握，但是 GIF 文件具有一个突出的特点，那就是它可以用来制作动画。动画 GIF 实际上是一系列静止的图像连续播放所形成的效果。用 GIF 制作动画主要有以下几个步骤：首先，要在图像处理软件中制作好 GIF 动画中的每一幅单帧画面，然后再把这些静止的画面连在一起并定好帧与帧之间的时间间隔，最后再保存成 GIF 格式，这样一个个栩栩如生的动画场景就展现在眼前了。

　　制作 GIF 文件的软件很多，常见的有 Animagic GIF、GIF Construction Set、GIF Movie Gear、Ulead GIF Animator 等。Fireworks MX 2004 中文版在制作 GIF 动画上也具有着强大的功能，下面就具体来看看如何使用它来制作 GIF 动画。

12.2　制作步骤

　　像上面所提到的，动画 GIF 动画效果的实现是通过一系列静止的图像的连续显示来完成的。可以用不同的方法在 Fireworks MX 2004 中文版中创建 GIF 动画，最简单的办法就是将每幅图像放置到不同的帧中去，通过改变各帧的设置来制作动画。一般而言，在 Fireworks MX 2004 中文版中创建 GIF 动画主要包括如下几个步骤：

　　（1）创建一个新的文档，并设置 GIF 动画的大小。

　　（2）打开帧面板增加多帧（Frame），在各帧中绘制或者导入图像。用户也可以使用 Animate 或者 Tween Instance 命令创建过渡动画，Fireworks 会自动增加帧。

　　（3）为不同的帧设置帧延时（Frame Delay）。

（4）优化和输出文档为 GIF 动画格式。

另外，在动画中除了运动对象以外，通常还会包括一些背景对象。用户可以将这些对象单独放置在某个图层中，然后将该层设为共享图层。

12.3　帧面板

Fireworks 中 GIF 动画的制作主要使用帧面板和层面板。下面就来了解一下帧面板的使用，从而对于 GIF 动画制作原理有个初步的了解。

（1）在 Fireworks 中打开一幅 GIF 动画文件，如图 12-1 所示。如果 Fireworks 此时还没有打开帧面板，只需单击【窗口】|【帧】即可打开帧面板。另外还可以通过使用快捷键 Shift＋F2 打开这个面板。

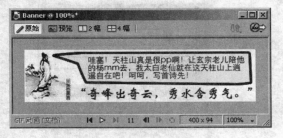

图 12-1　打开 GIF 动画文件

（2）此时会发现帧面板分为左右两栏，左边栏中是帧的名称，右边栏中是帧延时的大小，双击它们可以从中分别修改帧的名称和帧延时的长短。左下角有控制帧显示的洋葱皮工具 和控制帧循环的 GIF 动画循环工具 ，而帧面板右下角则有分散到帧工具 、新建/复制帧工具 和删除帧工具 3 个工具，如图 12-2 所示。

（3）单击帧面板右上角的 图标此时会弹出一个菜单，该菜单中包括了【添加帧】、【重制帧】和【删除帧】等关于帧的操作，另外它也包括一些如【将帧组合至】、【重命名面板组】等关于帧面板的操作，如图 12-3 所示。

图 12-2　帧面板

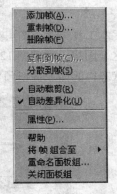

图 12-3　弹出菜单

12.4　层面板

由于 GIF 动画表现的是一个连续事件的发生过程，很多帧都有共同的内容，可以将其复制到动画中的每一帧中来实现这样的效果，但在这种情况下，如果需要对这个对象进行修改，那么就不得不修改所有帧中的对象，这样修改动画将显得相当的麻烦。共享图层为解决这个问题提供了极大的方便。下面就来了解一下层面板并看看 GIF 动画制作中共享图层的应用。

（1）首先在 Fireworks 中打开一个文件，单击【窗口】菜单，选择【层】选项，这时就打开了层面板。它上部的 图标用来设置对象的透明度， 图标用来控制图层的显示，右下角有新建/复制层工具 、添加蒙板工具 、新建位图对象工具 和删除所选工具 4 个工具。层面板中的最顶层还有一个【网页层】，它是一个特殊的层，它包含了用于给导出的 Fireworks 文档指定交互性的网页对象，如切片和热点。它始终作为共享层出现，它的右边有一个共享层标志 ，如图 12-4 所示。

（2）单击层面板上的新建/复制层工具 新建一个图层。然后双击该图层，为图层命名为 libai，并选中层名称文本框下的【共享交叠帧】复选框，这样就可以将该层设置为共享层了，如图 12-5 所示。

图 12-4　层面板

图 12-5　共享图层

（3）这时会弹出如图 12-6 所示的提示对话框，单击【确定】即可共享图层到所有帧。

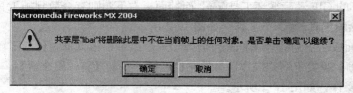

图 12-6　弹出对话框

（4）单击文本工具为这个图层添加文字【李白】，并选择适当的文字效果，这样就在 GIF 动画中共享了这个图层，得到图 12-7 所示的图像。

（5）单击状态栏的播放按钮预览动画，就会发现背景图层出现在所有的帧之中。

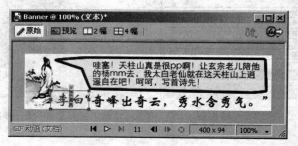

图 12-7　共享图层后的图像

12.5　帧的操作

在熟悉了 Fireworks 的帧面板和层面板之后，下面就来看看对于帧的一些操作如新建帧、重制帧、删除帧等，从而了解 GIF 动画制作的基础。

12.5.1　新建帧

单击帧面板左下角的新建/复制帧按钮 ，就可以新建一帧，也可以选择【编辑】菜单中

的【插入】|【帧】来新建一帧。如果要控制新增加帧的位置，可以单击帧窗口的 图标，在图 12-3 所示的弹出菜单中选择【添加帧】，此时会出现添加帧对话框，可以在其中设置添加帧的数目和新添加帧的位置，如图 12-8 所示。

12.5.2　重制帧

如果要复制某一帧，只需要选择这个帧，并按住鼠标不放将其拖动到新建或复制帧工具 上即可。如果要控制复制帧的位置，则可以单击帧窗口的 图标，在图 12-3 所示的弹出菜单中选择【重制帧】选项，这时候会出现重制帧的对话框，如图 12-9 所示，可以在其中设置复制帧的数目和复制帧的位置，这和控制添加帧的位置类似。

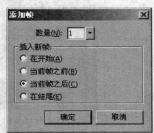

图 12-8　添加帧对话框

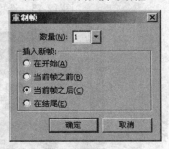

12.5.3　删除帧

如果要删除某一帧，只需要选择所要删除的帧，然后单击帧面板的删除帧工具 即可。

也可以选择所要删除的帧，按住鼠标不放，将帧拖动到删除帧工具 之上将其删除。另外，与添加和重制帧类似，也可以通过单击帧面板右上角的 图标，在弹出菜单中选择【删除帧】选项将该帧删除。

图 12-9　重制帧对话框

12.5.4　移动帧和对象

制作 GIF 动画的过程之中，如果有一些帧的安放不当，就需要对帧的顺序进行调整。在 Fireworks 中，只需要选择所要调整的帧，按住鼠标左键不放，直接在帧面板中将其拖到帧列表的合适位置就可以了，如图 12-10 所示。

另外，还可以将某一帧中的对象转移到另一帧之中。首先在该帧中选中这个对象，此时就会发现在该图像的帧面板中对象所在的帧的帧延时右边会出现一个蓝色小方块，如图 12-11 所示。只需要将这个小方块拖到帧列表中另一帧中就可以将选中的对象拖到这一帧中去了，如图 12-12 所示。

图 12-10　移动帧　　　　图 12-11　蓝色方块　　　　图 12-12　移动对象

12.5.5　分散到帧

如果在某一帧中绘制了多个对象，那么还可以将它们分散到不同的帧当中去。下面就来看看如何实现这个操作。

（1）新建一个文件，导入 3 幅不同的图像，并同时选中这 3 个对象，如图 12-13 所示。

（2）在帧面板上，单击分散到帧按钮 ，这时发现 3 个对象分别被分散到了第 1 至第 3 帧之中了，分别如图 12-14 至图 12-16 所示。

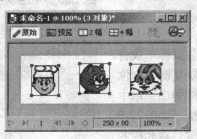

图 12-13　选中 3 个对象

图 12-14　第 1 帧图像

图 12-15　第 2 帧图像

图 12-16　第 3 帧图像

12.5.6　洋葱皮工具

在编辑当前帧的时候，面对的是一个孤立的帧。为了便于对前后的帧进行比较，了解各帧内容之间的差异，以便确定各帧中的内容在播放时候能够产生流畅的动画效果，这里就可以使用洋葱皮工具 ，这样就可以很方便的看到前一帧或者后一帧的内容，便于制作动画时图像位置的确定。

单击帧面板左下脚的洋葱皮工具 ，这时会弹出如图 12-17 所示的菜单。

在上面的洋葱皮工具的弹出菜单中有几个选项，它们的名称和作用如下：

图 12-17　弹出菜单

➢ 无洋葱皮：不使用洋葱皮，此时只显示当前帧的内容。

➢ 显示下一帧：在显示当前帧内容的同时，还能以半透明的状态显示该帧的下一帧的内容，如图 12-18 所示。

➢ 之前和之后：显示当前帧内容的同时，还能以半透明状态显示与该帧相邻的两帧的内容，如图 12-19 所示。

图 12-18　【显示下一帧】的效果

图 12-19　【之前和之后】的效果

➤ 显示所有帧：除了显示当前帧内容之外，还能以半透明的状态显示 GIF 动画图像中所有其他帧的内容。

➤ 自定义：如果选择此项，会弹出洋葱皮对话框，如图 12-20 所示，可以在其中自定义显示前后帧的数目和不透明度。

➤ 多帧编辑：能同时编辑所有的对象。如果没有选择此项，则只能够编辑当前帧，即使使用了洋葱皮显示出了其他帧的内容，也不能够对它们进行编辑。

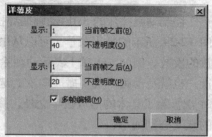

图 12-20 【洋葱皮】对话框

12.5.7 设置帧延时

帧延时是用来控制帧的显示时间的。它以百分之一秒为基本单位的，例如某一帧的帧延时为 30，那么表示的是该帧的显示时间为 0.3 秒；如果为 300，就表示显示时间为 3 秒。设置某一帧的帧延时的具体步骤如下：

（1）在 Fireworks 中打开或者制作一个 GIF 动画文件，并打开这个文件的帧面板。接着在帧面板上选中要设置帧延时的某一帧。

（2）双击该帧右边的帧延时栏目，这时候会在该帧的下方出现一个浮动对话框，可以在其中输入帧延时的时间，如 30/100 秒，如图 12-21 所示。另外，还可以单击帧面板右上角的 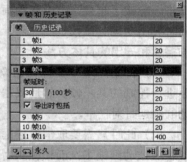 按钮，在弹出菜单中选择【属性】来设置帧延时。

（3）设置好帧延时的时候之后，按回车键或者单击帧面板其他区域即可。

另外，还可以按住 Shift 键，用鼠标单击开始和结束帧，

图 12-21 设置帧延时

可以选中多个连续的帧然后用鼠标双击帧延时栏在浮动对话框中将多个帧的帧延时设置为相同的值，如图 12-22 所示。如果按下 Ctrl 键，用鼠标单击不连续的多个帧，然后用鼠标双击帧延时栏，则可在浮动对话框中为不连续的多帧设置相同的帧延时，如图 12-23 所示。

图 12-22 设置相同的连续多帧的帧延时　　　图 12-23 设置相同的不连续多帧的帧延时

12.5.8 设置播放次数

控制动画播放的 GIF 动画循环按钮  在帧面板的左下角，当单击这个按钮的时候会弹出图 12-24 所示的弹出菜单。可以从中来设置动画的播放次数。菜单中部的数字表示的是循环播放的次数。例如，选择 1 表示动画除了播放一次之外，还要循环播放一次，也就是动画一共要播放 2 次；选择 5 表示播放 6 次；选择 20 则为21 次。除了具体的播放数字之外，另外两个选项【无循环】和【永久】的意义分别如下：

> 无循环：表示不循环播放动画，也就是说动画只在网页载入时播放一次。

> 永久：表示动画不断地循环播放，也就是说动画在网页载入后就一直不停地播放。

图 12-24　弹出菜单

12.5.9 帧的播放和导出

在制作过程中可能包括了许多的帧，但是有时可能不想将一些帧它们导出，那么还可以使用帧面板来控制动画中某一帧或多帧的显示或者隐藏，如果将帧隐藏了起来，那么在动画播放时该帧就不会显示，同时导出动画时该帧也不会被导出。下面就来看看控制帧的播放和导出的具体方法：

（1）首先打开一幅 GIF 图像，在它的帧面板中选择需要进行控制的某一帧。然后双击帧的帧延时栏，会出现浮动的帧延时对话框。

（2）此时只需要取消对话框中的【导出时包括】就可以隐藏该动画帧了，而该帧的右侧的帧延时部分会出现一个红色叉号，如图 12-25 所示。

图 12-25　取消帧的播放和导出

与前面设置帧延时的操作类似，同样可以通过按住 Shift 键和 Ctrl 键同时取消多个连续和不连续帧的显示。

12.6 优化和导出动画

编辑好 GIF 动画之后，下一步的工作就是要对动画进行优化以达到最佳的显示效果，然后最终将其导出为 GIF 动画格式为网站建设服务了。

12.6.1 优化动画

GIF 动画的优化与第 5 章提到的对其他图像的优化方法一样，可以利用优化面板和导出预览两种方法来进行图像优化。下面分别对这两种方法加以介绍：

1. 利用优化面板

单击【窗口】|【优化】打开优化面板，在优化面板的导出文件类型中选择【GIF 动画】选项，然后可以通过设置色版、颜色、抖动和不透明度等选项来达到对显示效果的优化，如图 12-26 所示。

2. 利用导出预览

单击【文件】|【导出预览】选项，打开【导出预览】对话框，同样可以对动画进行相应的优化设置，如图 12-27 所示。

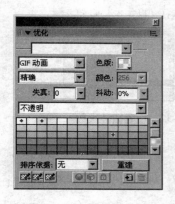

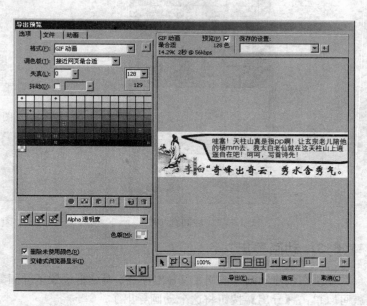

图 12-26 优化面板　　　　　　　　　　　图 12-27 导出预览对话框

12.6.2 导出设置

优化好图像之后，就要将动画导出了。不过在导出 GIF 动画之前，还可以选择【导出预览】对话框的【动画】选项栏来进行动画的设置，如图 12-28 所示。

可以在这个【动画】选项栏中设置帧的处理方式。首先选择需要处理的某一帧，然后单击处置方式按钮，此时会弹出一个设置帧的处理方式的菜单，如图 12-29 所示。

这个弹出菜单中各个选项的含义分别如下：

➤ 未指定：没有指定处置方式，由 Fireworks 为每一帧自动选择一种处置方式，用于创建最小可能的 GIF 动画。

➤ 无：在下一帧显示之前，不对帧进行处置。帧以叠加方式出现，下一帧叠加在当前帧之上。通常用于在较大的背景之上叠加显示较小的对象，以获得从小变大的效果。

➤ 恢复到背景：删去当前帧的图像，恢复背景面积颜色或者图案。适合在一个透明的背景中移动对象。

➤ 恢复为上一个：将当前帧的内容显示在前一帧的背景图像上。适合在一个图片类型的背景上移动对象。

帧项目左边的　　按钮用于控制帧的显示输出的。在这个选项栏上方的帧延时中，可以设置帧的显示时间，如图 12-30 所示。此外，在该选项栏中，还可以知道动画播放一次所需要的时间，这个时间会被显示在选项栏中帧项目的右下角，如图 12-31 所示。

另外，单击该选项栏左下角的　　图标，可将循环次数设为 1 次，也可以在　　按钮旁的下拉框中选择下拉列表中的次数，当然还可以直接输入数值，如图 12-32 所示。

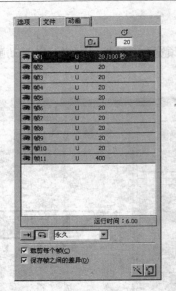

图 12-28　动画选项栏

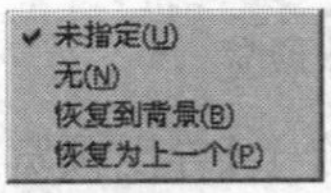

图 12-29　弹出菜单

图 12-30　设置帧延时

图 12-31　显示运行时间

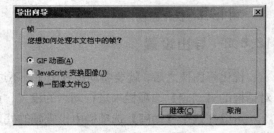

图 12-32　设置循环次数

12.6.3　动画导出

　　如果在创建动画时使用了【导出预览】对话框设置了动画参数，那么当取得最佳效果之后，就可以单击【导出】按钮将这个动画导出了。

　　但是有时候使用的是【文件】菜单下的【导出向导】来导出 GIF 动画的，那么在出现【导出预览】对话框之前还会出现一个选择导出格式对话框，Fireworks 能够识别当前的 GIF 动画格式，如果需要将编辑的动画导出为 GIF 动画格式就使用默认的选项即可，如图 12-33 所示。

　　选择【继续】就可出现【导出预览】对话框，在其中进行动画导出设置之后，然后选择【导出】

图 12-33　选择导出格式对话框

按钮，这时就会出现【导出】对话框，如图 12-34 所示，在这个对话框中为选择保存图像的路径并命名文件，这样制作的 GIF 动画文件就被成功导出了。

图 12-34　【导出】对话框

另外，在【导出】对话框中的保存类型列表中选择 Macromedia Flash SWF，甚至还可以导出为 Flash 动画，由此可见 Macromedia 公司产品之间的兼容性了。

12.7 本章小结

本章中详细讲解了 GIF 动画的制作要点以及帧面板的使用方法，从而帮助读者掌握如何在 Fireworks 中创建 GIF 动画。本章首先了解的是 GIF 动画的功能和作用以及制作 GIF 动画的步骤，接着谈到了与 GIF 动画息息相关的帧面板和层面板的使用方法，最后通过实例讲解了关于帧的基本操作过程从而最终熟悉了如何在 Fireworks 创建并导出 GIF 动画。

通过本章的学习，读者应当了解 GIF 动画的概念及其作用，熟悉帧面板和层面板的具体操作方法，最后通过使用它们以及【导出预览】来制作 GIF 动画。GIF 动画主要运用于网站的宣传 LOGO 和 Banner 上，关于它们的具体制作在后面的章节中会具体讲到。

12.8 本章习题

（1）GIF 动画是如何实现的？想一想帧在创建 GIF 动画时发挥了什么作用。

提示：首先制作好 GIF 动画中的每一幅单帧画面，然后把这些静止的画面连在一起，再设定帧与帧之间的时间间隔，最后就可以导出成 GIF。每一帧对应了一个固定的图像，而不同时刻的图像通过不同的帧将其组合起来，这样就构成了动画。

（2）在一个 GIF 动画中新建一个图层并共享这个图层。

提示：打开层面板单击右下角的新建/复制层工具 ，然后双击该图层为其命名，并选择层名称文本框下的【共享交叠帧】复选框即可。

（3）洋葱皮工具能为动画制作带来哪些好处？

提示：单击帧面板的洋葱皮工具 打开洋葱皮工具菜单。使用它可以在编辑当前帧的时候看到前后帧的内容，从而方便制作动画时的图像定位。

（4）想想有哪些方法设置循环次数？

提示：可以单击帧面板的左下角的控制动画播放的 GIF 动画循环按钮 设置，也可以在【导出预览】对话框的【动画】选项栏左下角的动画循环文本框中设置。

（5）打开一幅动画，使用不同的优化方法将其优化并导出。

提示：可以分别使用优化面板和【导出预览】分别优化。

（6）绘制一个 GIF 动画，然后将其导出为一个 Flash 文件。

提示：可以在【导出】对话框中的保存类型列表中选择 Macromedia Flash SWF，还可以单击工作区域左上角的 图标，在弹出菜单中选择【Macromedia Flash】|【导出 SWF】。

第 13 章　图像制作实例

教学目标

前面已经学习了关于 Fireworks MX 2004 中文版的许多基本操作，对它已经有了一定的了解，本章中通过 QQ 企鹅、电话卡、南开校徽、齿轮、雨中燕园、燃烧字和小鸡葡萄图和飞舞的蝴蝶等几个具体的实例来进一步熟悉 Fireworks MX 2004 中文版的操作，并能够熟练使用它来设计图像，创作出优秀的图像效果来。

教学重点与难点

➤ 模糊、羽化、淡化、控制点
➤ 渐变色填充、线性填充
➤ Fireworks 扩展
➤ 涂抹工具

13.1　QQ 企鹅

本小节中使用 Fireworks MX 2004 中文版来绘制一幅 QQ 企鹅的图像，这里主要熟悉一下工具箱上一些工具的使用，看看怎样通过它们来绘制简单的卡通效果。

（1）新建一个大小为 300×300 的图像，然后使用工具箱上的椭圆工具 🔘 绘制一个大小为 139×115 的椭圆，设置填充色为黑色，如图 13-1 所示。

（2）同理绘制另外一个椭圆设置大小为 164×149，这样大致得到了企鹅的头部和肚子，如图 13-2 所示。

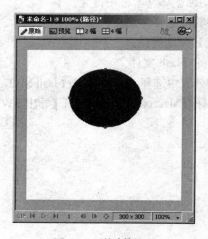

图 13-1　绘制椭圆

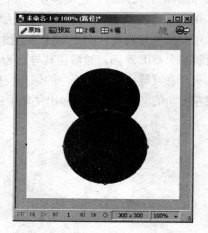

图 13-2　绘制第二个椭圆

（3）接着就要绘制企鹅的两个小翅膀了。首先绘制一个大小为 121×50 的椭圆，然后使用工具箱上的次选择工具 对椭圆的几个节点进行调整，使得椭圆变成"翅膀"的样子，如图 13-3 所示。

（4）选中变形的椭圆，单击工具箱上的缩放工具 旋转椭圆，并将其放置到图像适当的位置，如图 13-4 所示。

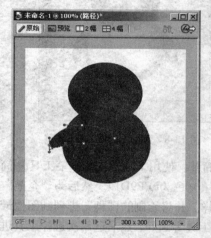

图 13-3　使用次选择工具变形椭圆

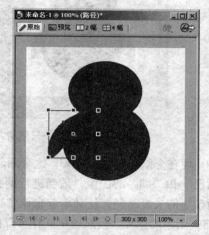

图 13-4　旋转变形后的对象并将其放置到适当位置

（5）选中变形后的椭圆，按 Ctrl＋C 键复制，然后按 Ctrl＋V 键粘贴，选择复制所得的椭圆，右击鼠标，在弹出的快捷菜单中选择【变形】|【水平翻转】水平翻转图像，然后将翻转所得的图像移动到适当位置，如图 13-5 所示。

（6）按住 Ctrl＋A 键选中前面画好的所有对象然后按 Ctrl＋G 键将对象组合。下面再来绘制"企鹅"的眼睛。其实分别绘制两个椭圆设置不同大小和填充色即可，其大小分别为 26×38 和 10×16，填充色分别为白色和黑色，如图 13-6 所示。

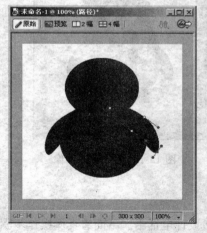

图 13-5　水平翻转对象并移动到适当位置

图 13-6　绘制两个椭圆并设置不同填充色

（7）同理绘制"企鹅"另外一只眼睛，但是效果要显得不同，让其像是眯着眼睛笑一样。这里只需要将中间的椭圆换成一条曲线就可以了，如图 13-7 所示。

（8）接着绘制企鹅的白色肚子了。这个同样比较简单，绘制一个椭圆，然后用次选择工具对椭圆的节点进行调整，使得产生图 13-8 所示的效果。

图 13-7　绘制另外一只眼睛

图 13-8　绘制椭圆并进行调整

　　（9）现在企鹅还缺嘴巴和脚，这个画起来比较简单。使用工具箱上的钢笔工具 简单勾勒出"嘴巴"和"脚"的图像，适当进行调整，设置填充色为#EF9D17。然后为"企鹅"的脚上画上两条短的矢量路径，让其看起来像"脚趾"一样。并将绘制的"脚"排列到图像最后，得到图 13-9 所示的图像。当然这里同样可以使用椭圆工具等画好，然后运用次选择工具进行调整得到这个效果。

　　（10）最后为了美化图像，还可以给企鹅画上"围巾"和"蝴蝶结头饰"，它们的画法和上边的基本类似，都是通过使用钢笔工具或者次选择工具对椭圆等进行调整得到的。这里就不再详细叙述，读者可以自己看源文件体会一下，如图 13-10 所示。

图 13-9　绘制嘴巴和脚

图 13-10　QQ 企鹅图像

13.2　电话卡

　　本小节中来看看使用 Fireworks MX 2004 中文版设计电话卡。下面看具体操作步骤：

　　（1）新建一个大小为 400×300 的图像，单击工具箱上的圆角矩形工具 绘制一个大小为360×240 的圆角矩形，设置其填充类型为放射状填充。第一个色块为白色，第二个色块为#CCCCFF，得到图 13-11 所示的图像。

　　（2）为了增强图像效果，选中该圆角矩形，在其属性面板中单击 在弹出菜单中选择【阴影和光晕】|【投影】为其添加阴影，得到图 13-12 所示的图像效果。

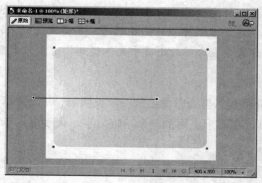

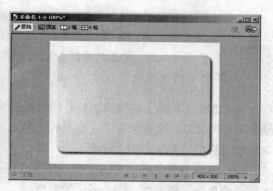

图 13-11 绘制圆角矩形   图 13-12 为圆角矩形添加阴影

（3）现在需要导入一幅图像作为电话卡的背景图。单击【文件】菜单，在下拉菜单中选择【导入】导入一幅图像，如图 13-13 所示。

（4）由于导入的图像不够大，这样做的"电话卡"的效果不会很好，所以需要对该图像进行大小调整。选中这幅图像，单击工具箱上的缩放工具 对该图像进行大小调整，然后将其放置到适当位置，如图 13-14 所示。

图 13-13 导入一幅图像   图 13-14 调整图像大小并放置到适当位置

（5）选中调整大小后的图像然后单击【命令】菜单，在下拉菜单中选择【创意】|【图像渐隐】，这时候弹出图 13-15 所示的图像渐隐对话框，选择一种淡化方式，然后单击【确定】得到图 13-16 所示的图像效果，还可以淡化控制杆来调整淡化效果。

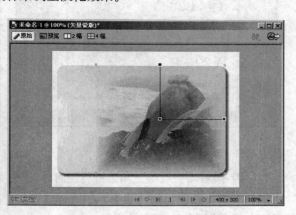

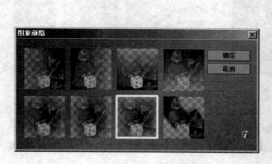

图 13-15 图像渐隐对话框   图 13-16 淡化导入的图像后所得图像

这里的【图像渐隐】命令实际上是一个由外部开发的Fireworks扩展插件,它是由Joseph Lowery 开发的,目前版本是 1.0 版,使用这个扩展可以对选中的对象实施淡化效果,关于 Fireworks 扩展的原理和使用管理方式会在后面的小节中具体谈到,这里只需要了解它的使用即可。

(6) 选择工具箱上的椭圆工具并同时按住 Shift 键,再为图像绘制一个正圆形,并设置填充颜色为#0066CC。接着单击工具箱上的文字工具,在圆形上添加一个"皖"字,代表电话卡的发行单位标识,如图 13-17 所示。

(7) 同理为图像添加其他文字,并适当为一些文字添加发光效果,发光的颜色为白色,文字颜色为黑色,得到图 13-18 所示的图像。

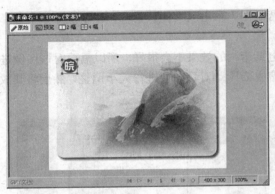

图 13-17　绘制圆形并添加文字

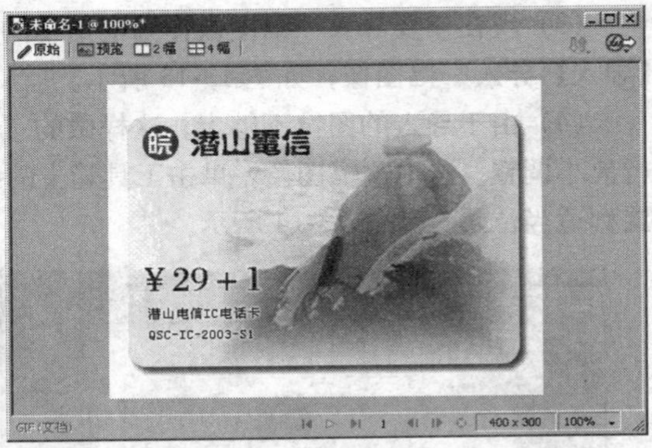

图 13-18　添加文字并为文字添加发光效果

(8) 单击工具箱上的多边形工具，在多边形工具的属性面板中设置边数为 3,绘制一个三角形,如图 13-19 所示。

(9) 单击工具箱上的次选择工具，对三角形的定点进行调整,使得顶角的度数比较大,如图 13-20 所示。

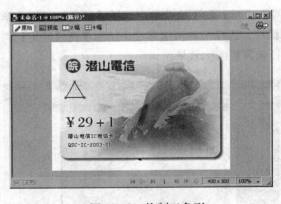

图 13-19　绘制三角形

图 13-20　用次选择工具调整三角形

(10) 接着需要对该三角形进行逆时针旋转,绘出电话卡的插入金属片效果。选中该对象单击鼠标右键,在弹出的快捷菜单中选择【变形】|【旋转 90°逆时针】即可将对象逆时针旋转90°,得到图 13-21 所示的图像。

（11）接着设置三角形填充色为#CCCC33。然后使用工具箱上的矩形工具绘制一个矩形，设置同样的填充颜色，得到图 13-22 所示的图像。

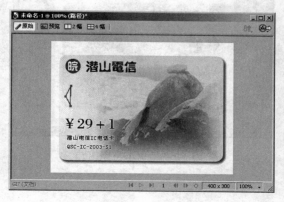

图 13-21 将三角形逆时针旋转 90°　　　　　　图 13-22 绘制矩形

（12）由于电话卡的存储片上都有花纹图案。这里也需要表现出这个效果。由于在 Fireworks MX 2004 中文版中增添了一个连接线工具 🔧，这里就使用它来制作存储片上的花纹效果。单击工具箱上的连接线工具，在矩形内部绘制一条连接线，如图 13-23 所示。

（13）由于连接线现在折角处是直角，所以需要调整连接线折角的弧度，其实这里很简单。只需要单击工具箱的选定工具，然后选择折角处的控制点，按住鼠标左键不放就可以改变连接线的折角了，如图 13-24 所示。

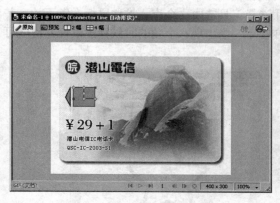
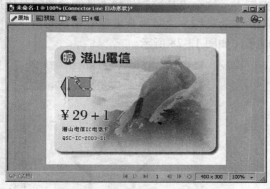

图 13-23 绘制连接线　　　　　　　　　图 13-24 调整连接线折角

（14）前面已经改变了连接线的折角，需要在绘制几个同样的连接线就可以了。这里只需要选择原来的连接线，按 Ctrl＋C 键然后 Ctrl＋V 键复制粘贴即可。然后选中复制所得的连接线，单击鼠标右键，在弹出的快捷菜单中选择【变形】|【水平翻转】即可将连接线水平翻转，得到图 13-25 所示的图像。

（15）同时选中两条连接线，按 Ctrl＋G 键将二者组合起来。然后按 Ctrl＋C 键和 Ctrl＋V 键复制粘贴。选中复制所得的对象，单击鼠标右键在弹出的快捷菜单中选择【变形】|【垂直翻转】即可将对象垂直翻转，然后将翻转所得的对象移动到适当的位置，最终得到图 13-26 所示的电话卡图像。

图 13-25　水平翻转连接线

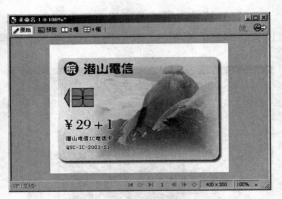

图 13-26　电话卡图像

13.3　南开校徽

本小节中来设计南开大学的校徽，思路是校徽中心放置"南开"两个字来代表学校的名字，文字的四周是个八角的星状图像，星状图外切一个圆形。圆形外围有个"NANKAI UNIVERSITY"和"TIANJIN"等文字。这些文字又是处在另外一个圆环之内的，下面就来看看校徽的具体制作步骤。

（1）新建一个大小为 400×400 的图像，首先绘制八角形。单击工具箱上的星状工具☆绘制一个五角形，并将填充设为无，笔触颜色为#865DA2，笔触类型为【毛毡笔尖】中的【暗色标记】，并设置笔触大小为 8，得到图 13-27 所示的图像。

（2）在设计的校徽中星状图形有八个角，可以在五角星中找到点 5，也就是左下角的那个控制点。这个点是控制星状工具的角数的，使用选择工具选中这个点，按住鼠标右键不放，并旋转拖动鼠标，这时候会发现五角星的角开始变化了。当出现八个角的时候释放鼠标左键就可以了，如图 13-28 所示。

图 13-27　绘制五角星形

图 13-28　改变星形的角数

在 Fireworks MX 2004 中文版中增添了许多功能，其中这些新工具如星形绘制工具的控制点是一个特别的东西，需要逐步了解。由于不同的对象控制点具有不能的功能，这里就不详细叙述，下一小节的齿轮中会详细了解 Fireworks MX 2004 中文版中对象的控制点，看看它们有些什么样的功能和作用。

（3）虽然星形变成了八个角，但是还是觉得凹入的角度过于尖锐，需要将凹入的角度变大，这时候使用类似的方式，选择控制角度的控制点，按住鼠标右键向外拖动即可将凹入角度值调大，如图 13-29 所示。

（4）释放鼠标，就得到了图 13-30 所示的八角内部边框了，下一步的工作便是在图像内部添加"南开"两个文字并对文字进行调整了。

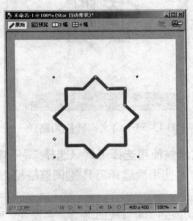

图 13-29　调整凹入角度　　　　　　　图 13-30　校徽的八角内部边框

（5）现在单击工具箱上的文本工具  添加"南开"两个文字，设置字体类型为【文鼎繁淡古】，颜色和内部边框颜色近似即可，如图 13-31 所示。

（6）选择工具箱上的缩放工具 对文本实行变形和缩放，调整文本的大小和长宽比，使得文本能够和边框匹配，如图 13-32 所示。

图 13-31　添加文本　　　　　　　　图 13-32　对文本进行调整

（7）如果还想对"南"字进行一定的调整，使得"南"字的横能够两端向上挑起来，只需将文本转换为路径就可以了。选中文本，右击鼠标选择快捷菜单的【转换成路径】即可，这时候会发现原来的文本变成两组对象的组合了，如图 13-33 所示。

（8）文本现在已经不存在了，原来的文本现在变成两个路径的组合。由于只需要改动"南"字，所以需要将组合取消。选中上面的组合，右击鼠标在弹出的快捷菜单中选择【取消组合】即可取消组合，得到图 13-34 所示的图像。

图 13-33　将文本转换为路径　　　　　　　　图 13-34　取消组合

（9）这时候使用选择工具只选择"南"字路径，切换到 400%视图，适当的使用钢笔工具 ，增加控制点，使用次选择工具 调整路径，使得"南"字路径上面的一横的两端上挑起来，如图 13-35 所示。

（10）切换到 100%视图之下，会发现"南"字横线两端已经上挑了，实现了需要的效果。接着使用工具箱上的椭圆工具同时按住 Shift 键绘制大小分别为 216×216、276×276 和 333×333 的 3 个正圆，并且放置到适当位置，如图 13-36 所示。

图 13-35　修改路径　　　　　　　　　图 13-36　绘制 3 个正圆

（11）上面 3 个正圆中间的那个正圆是为了附加文字所用的。由于要附加"NANKAI UNIVERSITY"和"TIANJIN"两组文字，所以中间的圆形路径也要被切割成为上下两段，这样不同文字附加不同路径。选中中间的路径单击工具箱上的刀子工具对路径进行切割，如图 13-37 所示。

（12）切下路径对称的两段，然后使用选择工具选择这两段路径并将它们删除，最后剩下如图 13-38 所示的路径。

（13）现在为图像添加文本，首先添加"NANKAI UNIVERSITY"，然后按住 Shift 键同时选中上面的路径，如图 13-39 所示。

（14）单击【文本】菜单，选择下拉的【附加到路径】，这样文本就被附加到了路径之上了，如图 13-40 所示。

图 13-37　切割路径

图 13-38　删除路径后的图像

图 13-39　添加文本并同时选中路径

图 13-40　文本附加到路径

　　（15）这时会发现文本在路径上面，而想让文本处在路径的中心位置，只需要选中文本，单击鼠标右键，在快捷菜单中选择【编辑器】打开文本编辑器，然后在其中调整文本的上下位置即可。读者如果不清楚，还可以参看前面第 4 章中的介绍，如图 13-41 所示。

图 13-41　调整文本上下位置

　　（16）调整好位置之后，单击【确定】即可，这时候会发现"NANKAI UNIVERSITY"文本已经处在路径的中心位置了，如图 13-42 所示。

　　（17）同样方式添加"TIANJIN"文本并选择下面的路径，然后选择【文本】|【附加到路径】，但是发现文本附加方向反了，如图 13-43 所示。

　　（18）这时只要选中上面的文本对象，然后单击【文本】|【倒转方向】即可将文本倒置过来，如图 13-44 所示。

　　（19）然后使用同样的方法，调整文本的上下位置，适当地在校徽上添加两个修饰的圆形图案，最终就得到图 13-45 所示的校徽图了。

图 13-42 调整文本位置后的图像

图 13-43 再次附加文本到路径

图 13-44 倒置文本后的效果

图 13-45 南开校徽

13.4 齿轮

　　相信大家都见到过齿轮，在网页设计中有时也需要用到类似于齿轮的那种图像效果。在各种图像软件中有其各自的制作方法。以前在 Fireworks 中制作齿轮效果十分麻烦，需要进行多种路径的组合、打孔等操作，比较复杂。然而在 Fireworks MX 2004 中文版中提供了形状面板，它里面目前共有 9 个形状组：圆柱体、文字泡泡、时钟、标签、框、立方体、管道、透视和齿轮，如图 13-46 所示。

　　在 Fireworks MX 2004 中文版中如果要绘制一个齿轮，只需将齿轮形状组拖到画布上就可以的了，如图 13-47 所示。然后可以适当调整控制点和填充来绘制不同的齿轮效果。

　　这里在对齿轮进行调整时需要了解齿轮几个控制点的不同功能，其实无论是圆环工具、星形绘制工具、正多边形绘制工具的操作有异曲同工之处，它们之间具有许多共同点。这里仅对图 13-48 所示的齿轮控制点做个简单介绍。结合前面星形绘图工具的使用，相信读者能够很好运用 Fireworks MX 2004 中文版的这项新功能。

➤ 1 号控制点：用来调整齿轮的数目多少，用鼠标向上拖动增加齿轮数目，向下拖动减少齿轮数目，最少的齿轮数是 4 个，和前面用到的星形工具完全类似。

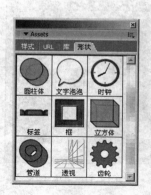

图 13-46 形状面板

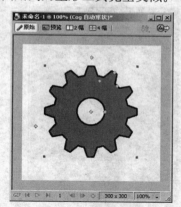

图 13-47 将齿轮形状组拖到画布上

➤ 2 号控制点、3 号控制点：用来调整齿轮的中心孔洞空间的大小，单击 2 号点就实现了闭合齿轮的效果，即没有了中间的孔洞，调整 3 号点即可实现孔洞空间大小的调整。

➤ 4 号控制点：用来调整齿轮的高度，向齿轮的外部方向拖动是增加齿轮高度，向内部拖动是减小齿轮高度。

➤ 5 号控制点：用来调整齿轮的形状，向外拖动是增大齿轮的长度，向内部拖动是减小齿轮的长度。

➤ 6 号控制点：和 5 控制号点的功能其实是相当的，也可以说两个调整点的原理恰恰是相反的，只是它是处在齿轮的锯齿的内部，与 5 号控制点产生的效果不一样。

➤ 7 号控制点：和 4 号控制点的功能相反，也是用来调整齿轮的形状的，向外拖动是减小齿轮的长度，向内部拖动是增大齿轮的长度。

下面就来对图 13-47 所示的齿轮图像增加一些效果，绘制齿轮图像。

（1）选择 1 号控制点，向上拖动调整齿轮数目为 17 个，如图 13-49 所示。

（2）在属性面板中设置面板中将填充设置为线性填充，并在线性填充颜色框中增添一个颜色块。将第一个颜色块值设为#999999，第二个颜色块值设为#FFFFFF，第三个颜色块值设为#000000。笔触颜色设为无。接着修改花布颜色为#996666，增强图像效果。调整线性填充控制杆，得到图 13-50 所示图像。

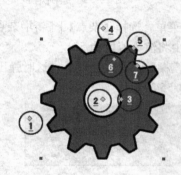

图 13-48 齿轮形状组的控制点

图 13-49 改变齿轮数目

（3） 接着在属性面板的特效菜单中为齿轮添加内斜角和投影两个特效，得到图 13-51 所示的图像效果。

图 13-50　修改齿轮属性

图 13-51　齿轮图像

13.5　雨中燕园

本小节中使用杂点和运动模糊特效来对一幅照片进行处理，使它产生雨中的效果。下面就来看看具体制作的过程。并通过该小节的学习了解 Fireworks 扩展的功能和管理并熟悉 Fireworks 几个扩展的效果。

（1） 用 Fireworks MX 2004 中文版打开一幅图像，如图 13-52 所示。

（2） 单击工具箱上的矩形工具绘制一个大小和图像近似的矩形，并覆盖住图像，设置填充色为黑色，笔触为无，如图 13-53 所示。

图 13-52　打开一幅图像

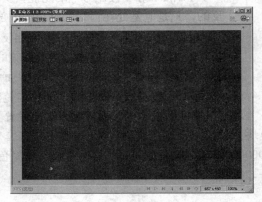
图 13-53　绘制矩形

（3） 选中矩形在其属性面板中单击 ➕ ，弹出特效菜单，选择【杂点】|【新增杂点】，这时候弹出图 13-54 所示的【新增杂点】对话框，并在其中将渲染值设为 55。

（4） 单击【确定】按钮。同理选择特效菜单的【模糊】|【运动模糊】，这时弹出【运动模糊】对话框，并设置角度为 120，距离为 10，如图 13-55 所示。

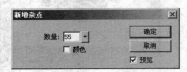
图 13-54　【新增杂点】对话框

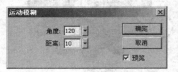
图 13-55　【运动模糊】对话框

（5）单击【确定】按钮，便对矩形的填充使用了类似下雨的效果，如图 13-56 所示。

（6）我们是要对图像使用"下雨"效果，而不是矩形。现在只是对矩形使用了效果。要想对图像使用效果，只需要调整矩形的透明度就可以了，这样下面图层下的图片就显示出来了。选择矩形在其属性面板中设置不透明度值为 40 即可，这样就得到了图 13-57 所示的雨中效果。

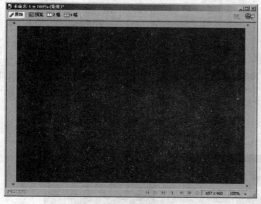

图 13-56　使用了特效后的矩形

图 13-57　雨中效果

（7）如果还想为照片添加漂亮的"像框"，这在 Fireworks MX 2004 中文版制作这个效果是非常容易的。由于刚才设置的矩形不透明度较低，为了制作像框时效果较好，使用导出的图像，不在原来基础上编辑。导出刚才的图像为 BMP 文件并命名为"雨中燕园"，然后再用 Fireworks 打开，并选中该图像。单击【命令】菜单，选择【创意】|【添加图片框】，这时候弹出图 13-58 所示的弹出对话框，可以在其中设置边框类型和边框大小。

（8）单击【确定】按钮，这时候会发现已经给图像添加了"像框"了，如图 13-59 所示。

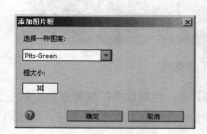

图 13-58　"添加图片框"对话框

图 13-59　添加了像框后的图像

13.6　Fireworks 扩展

13.6.1　扩展管理

上面【添加图片框】的命令和前面的【图像渐隐】一样，也是一个外部扩展插件。可以使用 Macromedia 的扩展管理来管理这些扩展插件。

（1）单击【命令】|【管理扩展功能】会弹出扩展管理器窗口，如图 13-60 所示，这里面列

出了 Fireworks MX 2004 中文版的所有插件。

（2）单击插件前面的复选框就可以取消或者选择该插件的使用。如果选中某个扩展，下面还显示了扩展的路径以及介绍了扩展的功能。还可以去 Macromedia 的官方网站去下载扩展，单击扩展管理器【文件】菜单下的【转到 Macromedia Exchange】就来到了 Macromedia 的 Fireworks 扩展交换的网页，如图 13-61 所示。在这里可以下载到别人开发的 Fireworks 扩展，不过目前扩展不多，但是可以在网上搜索其他的网站找到别人开发的扩展，帮助简化图像操作。

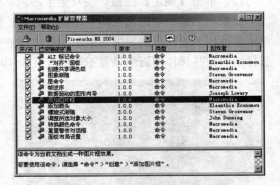

图 13-60　Macromedia 扩展管理器

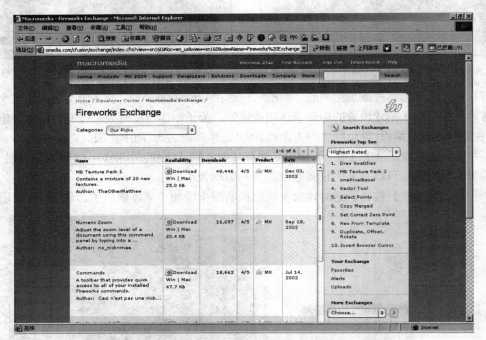

图 13-61　Fireworks 扩展下载页面

（3）从上面的网页下载一个扩展放置到某个文件夹下面，然后单击扩展管理器上的安装扩展按钮，这时候弹出选择安装插件目录的对话框，在其中选择下载的扩展即可，如图 13-62 所示。

（4）选择扩展之后再选择【安装】按钮，这时候会弹出安装协议窗口，如图 13-63 所示。如果接受协议，则选择 接受(A) 按钮。

（5）接受协议后会弹出一个窗口询问放置 PDF 文件的路径，这个文件是扩展开发者的 PDF 帮助文件，帮助了解该扩展的使用。可以找个目录存放该文件，将来帮助了解该扩展的使用，如图 13-64 所示。

（6）单击 选取(S) 按钮就可以将这个 PDF 文件保存了，这时插件也已经被安装，跳出提示安装成功的对话框，如图 13-65 所示。

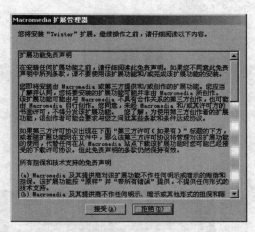

图 13-62　找到扩展所在目录并安装　　　　　图 13-63　安装协议窗口

　　（7）选择【确定】，这时回到扩展管理器窗口，会发现新的扩展已经被安装了，如图 13-66 所示。扩展管理器中中部显示了插件的名称、类型和作者，下面一个窗口显示了扩展的功能以及扩展的路径，这时回到 Fireworks 单击【命令】菜单会发现下面多了一个命令菜单，如图 13-67 所示。

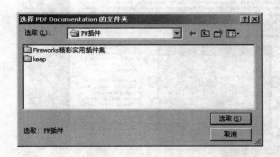

图 13-64　选择存放 PDF 文件的文件夹　　　　　图 13-65　扩展安装成功的提示对话框

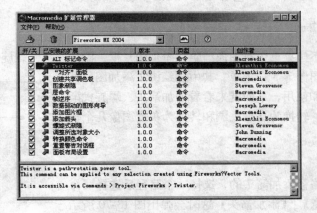

图 13-66　新扩展出现在扩展管理器中

　　（8）这个扩展是改变路径效果的，选中一个路径，然后选择扩展，这时便会弹出图 13-68 所示的 Twister 扩展对话框，可以设置扭曲的值。关于扩展的具体用法，可以打开刚才保存的 PDF 文件即可，如图 13-69 所示。

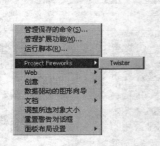

图 13-67 命令菜单中出现了新的命令

图 13-68 Twister 对话框

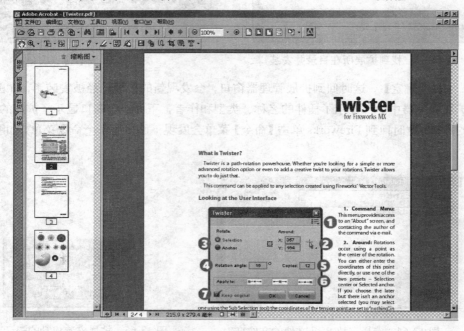

图 13-69 Twister 扩展的帮助文件

13.6.2 其他扩展

在创意菜单的下拉菜单中有图像渐隐、添加图片框、添加箭头、螺旋式渐隐、转换为乌金色调和转换为灰度图像等 5 个菜单。其中已经讲了添加图片框和图像渐隐的功能和使用，下面就来看看增加箭头、螺旋式渐隐、转换为灰度值、转换为乌金色调和转换为灰度图像几个扩展的功能吧。

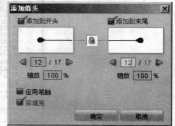

图 13-70 添加箭头对话框

1. 添加箭头

添加箭头是为路径添加箭头的，选择一个路径后选择【命令】菜单下的【创意】|【添加箭头】这时会弹出图 13-70 所示的对话框，可以在其中设置箭头的方向和尺寸等得到不同的效果，如图 13-71 所示。

2. 螺旋式渐隐

螺旋式渐隐用于对对象使用扭曲和淡化作用，使用它可以创作出非常触目的效果。它的功能非常强大，可以使用它创作出相似但是不同大小、透明度、位置的对象来。首先新建一个文件并绘制一个面圈形，如图 13-72 所示。

选中圆环，然后选择【命令】菜单下的【创意】|【螺旋式渐隐】这时候跳出【螺旋式渐隐】对话框，可以分别设置步骤、间距、旋转度和不透明度的值，左下角就能预览到效果，如图 13-73 所示。

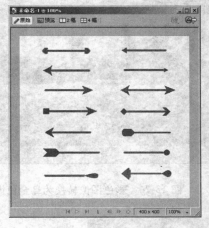
图 13-71 不同效果的箭头

图 13-72 绘制面圈形

设置完了之后，选择【应用】按钮即可。回到 Fireworks 工作区，得到图 13-74 所示的图像效果。

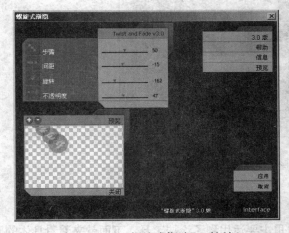
图 13-73 【螺旋式渐隐】对话框

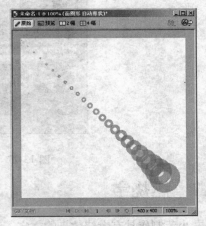
图 13-74 使用螺旋式渐隐后的图像

3. 转换为乌金色调

【转换为乌金色调】能够把图像转换为乌金色，也能起到非常惊人的效果，首先打开一幅图片，如图 13-75 所示。

选中这个图像，然后选择【命令】菜单下的【创意】|【转换为乌金色调】，这时候图像就变成乌金色调了，如图 13-76 所示。

4. 转换为灰度图像

【转换为灰度图像】对于制作黑白照片是非常有用的。打开图 13-75 所示的图像，选中这个

图像然后选择【命令】菜单下的【创意】|【转换为灰度图像】，这时候图像就变成灰度图像了，如图 13-77 所示。

图 13-75　打开图像　　　　　　　　　　图 13-76　彩色图像转换为乌金色调图像

图 13-77　彩色图像转换为灰度图像

13.7　燃烧字

本小节制作具有燃烧效果的文字，这里主要运用到了涂抹工具，下面就来看看具体的制作过程。

（1）新建一个大小为 400×230 的文件，然后单击工具箱上的文本工具添加一个文本"燃烧字"，如图 13-78 所示。

（2）在属性面板中设置字体填充色为#FF9933，然后单击属性面板文本笔触颜色块旁边的倒三角图标，弹出如图 13-79 所示的浮动颜色框。

（3）单击颜色框上的 笔触选项... 按钮，在弹出来的笔触选项浮动框中设置笔触的类型为基本，笔划类型为实线，笔尖大小为 4，如图 13-80 所示。

（4）设置好文本的笔触属性后，回到工作区，得到如图 13-81 所示的图像。

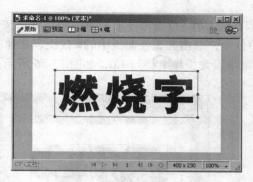

图 13-78　添加文本

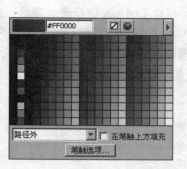

图 13-79　浮动颜色框

图 13-80　笔触选项框

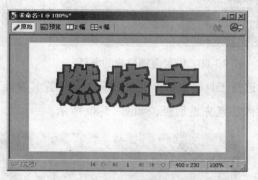

图 13-81　设置好笔触属性的文本

（5）选中文本，然后在其属性面板中单击 按钮，在弹出菜单中选择【阴影和光晕】|【发光】并设置发光属性如图 13-82 所示，得到图 13-83 所示图像。

（6）选中该文本，按住 Ctrl＋C 键和 Ctrl＋V 键复制粘贴并将复制所得文本设置属性，如图 13-84 所示，笔触颜色为无，填充颜色为#FFFF00，得到图 13-85 所示的图像。

图 13-82　发光属性设置

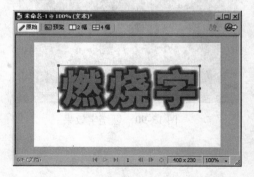

图 13-83　使用发光效果后的文本图像

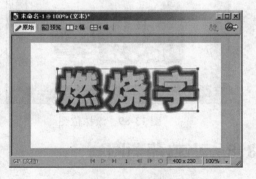

图 13-85　复制文本后的效果

图 13-84　设置复制文本的属性

（7）按住 Ctrl＋A 键全选对象后，接着按住 Ctrl＋G 键将所有对象组合，最后按住 Ctrl＋Shift＋Alt＋Z 键将对象转换为位图，选中位图，单击其属性面板中的■按钮，在弹出菜单中选择【模糊】|【高斯模糊】，在弹出对话框中设置模糊半径为 1.0，如图 13-86 所示。最终得到图 13-87 所示的图像。

图 13-86 设置高斯模糊的半径　　　　　图 13-87 使用高斯模糊后的效果

（8）选择工具箱上的涂抹工具 ，并设置其属性，如图 13-88 所示。然后对位图实行涂抹，涂抹的时候注意先重后轻，如图 13-89 所示。

图 13-88 涂抹工具属性

（9）涂抹好图像之后，为了增强效果，可以将画布调整为黑色，就可以得到图 13-90 所示的燃烧字效果了，燃烧的效果是不是变得更加明显了。

图 13-89 涂抹位图　　　　　　　　　　图 13-90 燃烧字效果

13.8　小鸡葡萄图

本小节中使用 Fireworks MX 2004 来绘制一幅"小鸡葡萄图"的国画，从而体验它的强大功能。为了方便讲解，将一幅国画分几部分来绘制，最后整合到最后的文件。这幅图画共有几部分，分别是小鸡、葡萄、葡萄叶子等图像。将它们分开来讲解。

13.8.1　绘制小鸡

（1）新建一个大小为 300×300 的文件，首先来绘制小鸡的"眼睛"。单击工具箱上的椭圆

工具  同时按住 Shift 键绘制一个大小为 12×12 的圆形，设置填充颜色为黑色。然后复制这个圆形，在属性面板中修改其大小为 6×6，设置其填充颜色为白色，如图 13-91 所示。

（2）选中这两个圆形将二者组合起来，选择属性面板上的添加效果按钮，在弹出菜单中选择【模糊】|【高斯模糊】，并设置模糊半径为 1。接着绘制一个大小为 16×16 的圆形，设置其填充为无，笔触为黑色，笔触类型为 1 像素柔化。然后将其与放置模糊后的对象放置在一起，如图 13-92，这样就得到小鸡的"眼睛"图像了。

（3）将上面的所有对象再次组合起来。然后使用工具箱上的椭圆工具绘制一个椭圆。接着选择工具箱上的部分选定工具拖动椭圆的 4 个控制点，使得椭圆变形，如图 13-93 所示。

图 13-91　绘制两个圆形	图 13-92　绘制眼睛

（4）然后将所得的变形后的椭圆对象使用模糊效果，并将其放置在最下一层，使之与眼睛图像匹配，得到图 13-94 所示的图像。

图 13-93　调节椭圆的控制点	图 13-94　模糊椭圆后所得的图像

（5）同理再使用椭圆工具和部分选定工具以及钢笔工具绘制小鸡的其他部位，并适当设置这些区域的颜色、透明度和羽化值，得到如图 13-95 所示的图像。

（6）小鸡嘴巴的绘制和前面也类似。首先使用矩形工具绘制一个 14×8 的矩形，设置填充颜色为#CC8400，然后单击部分选定工具调节控制点，使得这个矩形能够看起来像一个小鸡嘴巴的上半部分，将其放置在最后，得到图 13-96 所示的图像。

（7）接着用同样的方法绘制小鸡嘴巴的下半部分，得到图 13-97 所示的图像。

（8）单击工具箱上的线条工具 ，绘制一条直线，设置直线笔触为实边圆形，笔触大小为

2，实心填充颜色也为#CC8400，将该直线和小鸡的腿部放置在一起并选中直线右击鼠标，在快捷菜单中选择【排列】|【移到最后】，得到图 13-98 所示的图像。

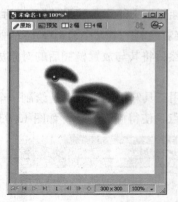

图 13-95　绘制小鸡的其他部位

图 13-96　绘制小鸡嘴巴的上半部分

图 13-97　绘制小鸡嘴巴的下半部分

图 13-98　绘制直线并排列到最后

　　（9）同理绘制几条长度不一的直线，颜色、笔触和羽化度等设置和上面的直线一样，并将这些直线按照不同角度放置，得到小鸡的一只脚，如图 13-99 所示。

　　（10）接着绘制小鸡的另外一只脚，并选择所有的对象将它们组合起来，这样就得到小鸡图像了，在后面的图像整合中会利用到这个小鸡图像，如图 13-100 所示。

　　（11）采用类似的方法绘制另外一幅小鸡图像，如图 13-101 所示。

图 13-99　绘制小鸡的一只脚

图 13-100　第一只小鸡图像

13.8.2　绘制葡萄

绘制葡萄类似于绘制小鸡的眼睛，下面就来看看如何绘制葡萄的图像。

（1）新建一个文件。单击工具箱上的椭圆工具，同时按住 Shift 键，绘制一个大小为 30×30 的圆形，设置其填充类型为线性填充，第一个颜色块为白色，第二个颜色块颜色为#7FA92D，并适当调整控制杆，如图 13-102 所示。

图 13-101　第二只小鸡图像

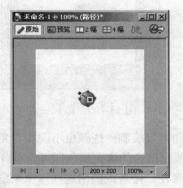

图 13-102　绘制圆形并使用渐变填充

（2）要实现"葡萄"的光照效果，这里使用线性渐变填充得到的效果还是不能够体现出这样的效果。所以要绘制一个白色的圆形来模仿光照效果，绘制一个大小为 9×9 的圆形，然后设置其填充颜色为白色，放置在适当位置，如图 13-103 所示。

（3）现在的图像过于清晰，需要将它模糊来实现在"宣纸"上绘画的效果。首先同时选中两个圆形，按快捷键 Ctrl＋G 将二者组合起来，单击属性面板上的添加效果按钮，在弹出菜单中选择【模糊】|【高斯模糊】，并在弹出对话框中设置模糊范围为 1.5，得到图 13-104 所示的图像。

图 13-103　绘制圆形并填充白色

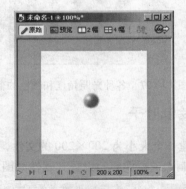

图 13-104　模糊后的图像

（4）下面再来为"葡萄"前端绘制一个黑点，单击工具箱上的矢量路径工具，在图像的右下角点一点，设置笔触颜色为#333333，笔触大小为 4，笔触类型为柔化圆形，得到图 13-105 所示的图像。

（5）现在的"葡萄"图像看起来太圆了一些，真实的"葡萄"应该是椭球体的。所以这里要对这个图像进行变形处理。首先选中所有的对象按快捷键 Ctrl＋G 将它们组合起来，然后利用工具箱上的扭曲工具 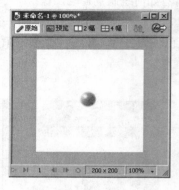 对组合的图形进行一定的调整，让它变成椭球体使其和"葡萄"类似，如图 13-106 所示。

图 13-105　添加一点

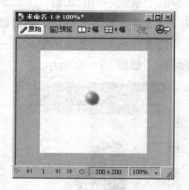

图 13-106　扭曲后的对象

（6）同理再来绘制一些颜色不同和"光照"角度不同的"葡萄"，当然也可以复制刚才的图像，然后改变图像的填充颜色即可绘制各种各样的"葡萄"图像了，如图 13-107 所示。最后将这个文件保存，接着就调用这些图像来绘制一串串的"葡萄"果实。

（7）使用刚才的各种各样的"葡萄"的图像，从中选取适合的图像，将它们排列在一起，模仿一串串"葡萄"的效果，这样就能绘制葡萄架上的一串串"葡萄"了，如图 13-108 所示。

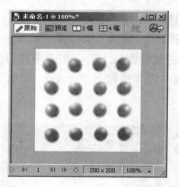

图 13-107　各种光照角度和颜色的葡萄

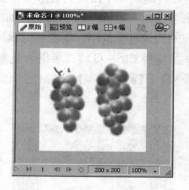

图 13-108　绘制"葡萄"串

13.8.3　绘制叶子

（1）新建一个大小为 200×200 的文件，单击多边形工具绘制一个三角形，并利用部分选定工具对其控制点进行调整，设置其属性如图 13-109 所示，得到图 13-110。

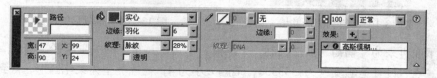

图 13-109　三角形对象属性面板

（2）选中三角形图像并将其复制，选择复制所得三角形图像然后右击鼠标，在快捷菜单中选择【变形】|【水平翻转】，并移动这个对象使之与原对象匹配，得到图 13-111。

图 13-110 调整三角形对象　　　　　图 13-111 变形并移动对象后的图像

（3）选中水平翻转所得的左边的三角形并复制，对复制所得的对象设置其属性如图 13-112 所示，得到图 13-113 所示的叶片图像。

（4）按快捷键 Ctrl＋A 选中所有对象，然后按 Ctrl＋G 键将其组合，复制叶片图像多次，并旋转这些复制后的叶片，在中心绘制一小圆形后绘制一条直线，得到图 13-114 所示的图像。

（5）运用类似的方法再绘制一些颜色不同和角度不同的叶子，如图 13-115 所示。

图 13-112 设置复制所得三角形属性

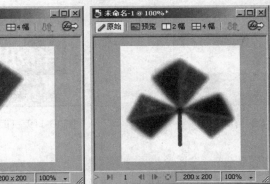

图 13-113 叶片图像　　　　图 13-114 叶子图像　　　　图 13-115 不同颜色和角度
的叶子图像

13.8.4 绘制印章

印章的绘制相对比较简单，只不过是一个矩形加上红色材质填充，并对填充使用纹理效果，然后在里面添上文字，并让它们看起来模糊一些就可以了。

（1）新建一个大小为 150×150 的文件，使用工具箱上的矩形工具，绘制一个大小为 130×120 的矩形，设置其填充颜色为#990000，如图 13-116 所示。

（2）为了模仿印章的石质效果，那么就需要给填充设置纹理效果。这在第 8 章填充中已经详细谈到过，读者可以参看前面的内容。选中这个矩形，然后在它的属性面板中选择【纹理】，在其下拉列表中选择纹理类型为【划痕】，然后设置纹理量为80%，而得到图13-117所示的图像。

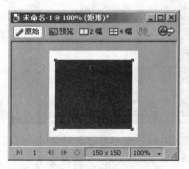

图 13-116 绘制矩形并填充

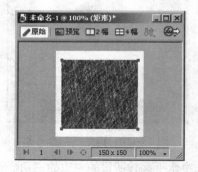

图 13-117 对矩形使用纹理

（3）接着需要为"印章"上添加文字。单击工具箱上的文本工具添加文本，为该印章添加"梦泊南北"4个文字，接着打开 Fireworks 的文本编辑器，然后利用它来调节文本的属性，使之能与印章匹配，如图13-118所示，最后将二者选中，按 Ctrl＋G 键将它们组合并使用模糊特效，得到图13-119所示的印章图像。

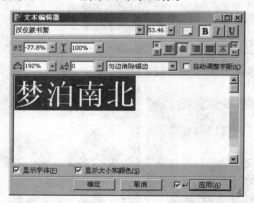

图 13-118 文本编辑器

图 13-119 印章图像

13.8.5 绘制宣纸

下面就要绘制宣纸背景了，宣纸背景的绘制也比较简单。也就是绘制一个矩形能够覆盖住画布，接着对矩形使用填充效果就可以了。下面就来看看宣纸背景的具体制作步骤：

（1）首先新建一个大小为 558×777 的矩形。接着在矩形的属性面板上设置矩形的填充类型为线性渐变填充，然后单击线性填充的颜色并按钮，在浮动的线性填充设置面板中设置第一个颜色块为颜色值为#0099FF，第二个颜色块颜色值为#999900，如图13-120所示。

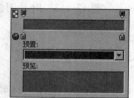

图 13-120 设置线性填充

（2）接着在该矩形的属性面板中设置矩形的其他参数。其中矩形边缘的羽化值为10，纹理为水平线3，纹理大小设为40%，设置矩形的属性如图13-121所示，最终将得到图13-122所示的宣纸效果背景图像。

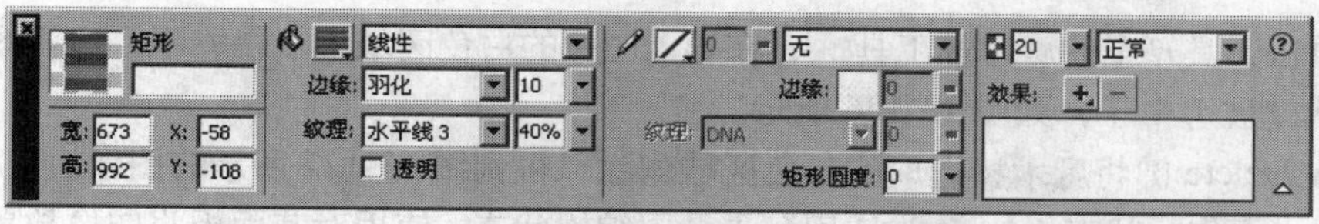

图 13-121　矩形的属性面板

13.8.6　整合图像

在上面的工作已经完成了以后，将这些制作好的对象打开，并将它们放置在背景图像上，适当的复制一些对象，利用缩放工具、倾斜工具、扭曲工具等对这些对象做适当的调整。另外利用矢量路径工具再绘制一些路径，并对这些路径设置不同的颜色、笔触和纹理使之能够像葡萄的茎，并适当的调整颜色等等细节工作。最后添加两行竖排的文本，这样就得到最终的国画图像了，如图 13-123 所示。

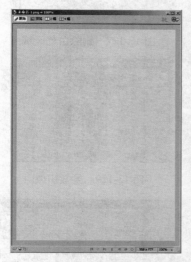

图 13-122　宣纸效果的背景图像

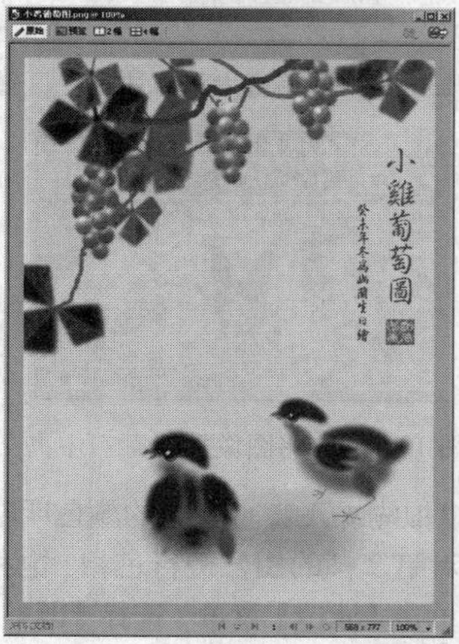

图 13-123　葡萄小鸡图

13.9　飞舞的蝴蝶

这里来绘制一个飞舞的蝴蝶动画，让蝴蝶的翅膀在不停地扇动着，如同一只现实中的彩蝶在翩翩飞舞。还可以在网页制作过程中在 Deamweaver 中将这个 GIF 动画插入一个层之中，然后设置时间轴来控制动画在网页上的运动路径，用以实现它在页面上飞舞的效果。

下面开始制作，看看蝴蝶翅膀扇动效果是如何实现的，具体步骤如下所示：

（1）新建一个大小为 80×80 的文件，设置其画布颜色为透明，得到图 13-124 所示图像。

（2）导入一个静态的蝴蝶图片，如图 13-125 所示。但是这幅图像是有白色背景的。

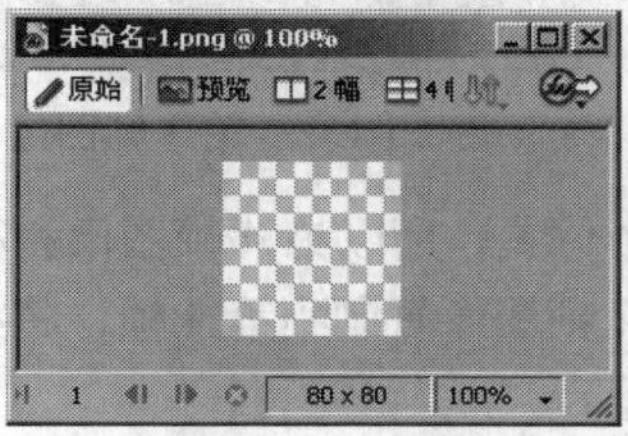

图 13-124　新建文件

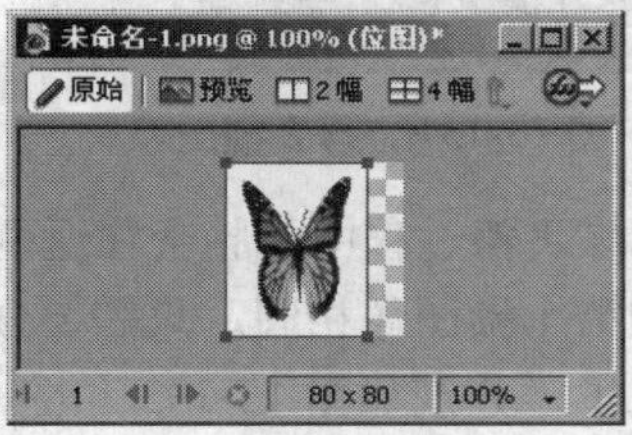

图 13-125　导入一幅静态蝴蝶图

（3）单击工具箱上的魔术棒工具 ，在导入图像的白色区域中单击一下，这样图像中所有白色的区域就被选中了，如图 13-126 所示。

（4）按 Delete 键将魔术棒选取的白色区域删除，得到图 13-127 所示的图像。

（5）单击工作区状态栏的 按钮回到矢量图编辑状态。使用对其面板将图像放置在画布的最中央，得到图 13-128 所示的图像。

（6）打开帧面板，单击 按钮新建一帧，并把第一帧的图像复制到第 2 帧之中，使用工具箱上的缩放工具 对复制所得图像进行调整，如图 13-129 所示。

图 13-126　使用魔术棒单击白色区域

图 13-127　删除白色区域

图 13-128　将图像放置画布中央

图 13-129　缩放图像

（7）为了模拟蝴蝶飞舞时产生的颜色明暗度变化，所以需要对第 2 帧的图像进行色相、饱和度和亮度的调整。单击【滤镜】菜单，选择【调整颜色】|【色相/饱和度】，在弹出对话框中调整色相、饱和度和亮度，如图 13-130 所示。最终得到满意的效果，如图 13-131 所示。

（8）接着再新建一帧，和上面两步类似，再调整图像得到图 13-132 所示的图像。

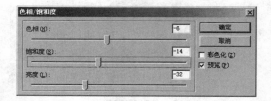
图 13-130　调整图像色相、饱和度和亮度

图 13-131　第 2 帧图像

图 13-132　第 3 帧图像

（9）由于蝴蝶飞舞过程中翅膀会往返两次同一个位置，所以第 4 帧图像和第 2 帧图像是相同的，第 5 帧和第 1 帧图像相同。只需要分别将第 2 帧图像复制到第 4 帧，将第 1 帧图像复制到第 5 帧就可以了，分别如图 13-133 和图 13-134 所示。

（10）最后再新建一帧，将第 5 帧图像复制到该帧，使用缩放工具将图像再进行缩放，使得蝴蝶的翅膀展开度更大一些，得到图 13-135 所示的图像。

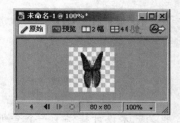

图 13-133　第 4 帧图像

图 13-134　第 5 帧图像

（11）帧面板中共有 6 帧，帧延时都是 Fireworks 默认的 7/100 秒，这样会使得蝴蝶翅膀扇动的频率过快。希望蝴蝶翅膀扇动频率慢一些，只需要在帧面板中选中所有的帧，双击帧延时区域，将帧延时设置为 15/100 秒，如图 13-136 所示。这样蝴蝶翅膀扇动就会变慢了。

（12）最后使用导出向导将这个图像导出为 GIF 动画文件，就可以在网页制作过程中插入这个动画，来实现蝴蝶在网页上翩翩起舞的效果了。

图 13-135　第 6 帧图像

图 13-136　设置帧延时

13.10　本章小结

本章中主要通过实例的讲解来帮助读者熟悉 Fireworks MX 2004 中文版的使用方法。在 QQ 企鹅的绘制中，需要掌握的是椭圆工具、缩放工具以及次选择工具在图像绘制中的作用，要注意多个对象是如何排列而得到需要达到的显示效果来绘制图像的。电话卡绘制过程中了解了【图像渐隐】命令的效果，熟悉了 Fireworks MX 2004 新增的链接线工具的使用方法。南开校徽和齿轮的绘制都利用了自动图形工具，另外在南开校徽的绘制中还运用了文本附加到路径、刀子工具切割路径等操作，这些都是值得读者注意的地方。随后在雨中燕园图像的绘制中利用了新增的杂点工具，其后附加讲解了 Fireworks 插件的安装及其使用。燃烧字绘制中主要学习文本的效果以及涂抹工具的使用。小鸡葡萄图图像的绘制则综合了 Fireworks 的各种运用技巧，包括封闭路径的绘制、效果的运用、纹理和填充的使用等。最后的蝴蝶动画则主要了解 GIF 动画的制作技术。相信通过本章的学习，读者能够较好地掌握 Fireworks 的图像绘制方法，并从中了解到 Fireworks MX 2004 中文版中新增的功能并最终熟悉它们的使用方法。

13.11　本章习题

（1）想一想如何添加和管理 Fireworks MX 2004 中文版的扩展插件。

提示：打开扩展管理器即可添加和删除扩展插件，扩展插件文件请见本书配套光盘。

（2）模仿本书的讲解，绘制一幅 QQ 企鹅、电话卡和南开校徽等图像。

提示：可以参看本书配套光盘中【各章实例】|【第 13 章】文件夹下的 PNG 源文件。

第 14 章　网页艺术设计概述

 教学目标

　　Internet 的发展带来了人类社会方方面面的革新，也为艺术设计提供了一个全新的平台和强大的技术支持。一方面，传统艺术设计和网络的结合促进了计算机艺术的兴起，这是 20 世纪艺术领域最令人惊叹的变革；另一方面，网站的建设也逐渐成为了技术和艺术的统一，追求信息性和观赏性的有机融合。现代发展迅猛的 CG 行业对从业人员提出了基本的艺术素养和扎实的软件知识两方面的要求，应用 Fireworks 的平面设计作为 CG 中的一个组成部分，自然也需要设计者了解网络，了解艺术，具有鲜明的设计思路，掌握基本的设计理念。本章就从网络的发展、网站建设和色彩设计等几个方面加以论述。高屋建瓴，帮助设计者们把握网页设计的清晰脉络。

 教学重点与难点

➢ 网络艺术
➢ CI 与 VI
➢ 网页色彩设计

14.1　网络艺术

14.1.1　关于互联网

　　Internet 即通常所说的互联网，它是一个覆盖全球的计算机网络体系，连接了世界各地数万个计算机网络，涵盖亿万台主机。Internet 的出现，是由工业化走向信息化的必然。从网络通信的角度来看，Internet 是一个以 TCP/IP 网络协议连接各个国家、各个地区，各个机构的计算机网络的数据通信网。从信息资源的角度看，Internet 是一个集各个部门，各个领域的各种信息资源于一体，供网上用户共享的信息资源网。

　　1945 年，世界上第一台计算机的诞生，标志着一个新纪元的开端，但当时的用户面对的还只是一个个孤立的终端，信息很难在不同的主机中实现自由传输。 1969 年美国国防部高级研究计划署（Advanced Research Projects Agency，ARPA）为军事实验之用建立了名为 ARPANET 的网络，初期只有 4 台主机，其设计目标是建立分布式的、存活力强的全国性计算机信息网络。

　　当时 ARPA 的这个项目包括一个称为 ARPANet 的广域网与使用卫星和无线电传输进行通信的网络。为解决不同网络中的计算机的信息传输问题，ARPA 开始拨专款支持并安排和协调工业界和学术界的研究人员合作研究怎样将一个大的企业或组织内的计算机都互联起来。其中的一个关键思想就是开发一种新方法将不同的 LAN 与 WAN 互联，成为一个"网间网"（Interconnect networks，简称"Internet"),它形成了 ARPANet 的主干网。

　　基于分组交换的概念，ARPA 和美国国防部通信局研制成功用于异构网络的 TCP/IP 协议并投入使用。1986 年在美国国会科学基金会（National Science Foundation）的支持下，用高速通信线路把分布在各地的一些超级计算机连接起来，以 NFSNET 接替 ARPANET。进而又经过十几年的发展形成 Internet。其应用范围也由最早的军事、国防，进而扩展到美国国内的学术机构，进而迅速覆盖了全球的各个领域，运营性质也由科研、教育为主逐渐转向商业化。

1983 年，所有联到 Internet 上的主机数目只不过 562 台，10 年之后，这个数目增加了 2000 多倍。到 1994 年初，平均每隔 30 秒钟就有一台联入到 Internet。今天，Internet 已遍布世界上 180 多个国家和地区，全球 Internet 用户数已突破 3 亿，并且保持着高速度增长。

90 年代初，中国作为第 71 个国家级网加入 Internet，目前，Internet 已经在我国开放，通过中国公用互连网络（CHINANET）或中国教育科研计算机网（CERNET）都可与 Internet 联通。只要有一台微机，一部调制解调器和一部国内直拨电话就能够很方便地享受到 Internet 的资源，而且各地区的局域网建设也迅速发展。便捷的联入方式、友好的用户界面、丰富的信息资讯、贴近生活的风格使得 Internet 逐步走入寻常百姓家，普及率越来越高，同人们的工作、学习、生活紧密相连，渗透进了现代社会生活的各个角落。

14.1.2　关于艺术设计

艺术从一定意义上说就是人创造的具有审美价值、寄托思想感情的精神产品。劳动创造了人类，人类在不断深化的劳动实践中形成了审美意识，产生了丰富的思想情感。所以说，艺术产生于劳动，劳动对象的丰富、劳动工具的发展、劳动经验的不断积累是人类艺术设计灵感和实践的源头活水，在漫长的人类历史进程中源远流长。

从原始人遮风挡雨的人造围墙、石屋，到艾菲尔铁塔的气势磅礴；从澳洲石壁遗留的远古浮雕，到现代雕塑的理念化与抽象化；从史前人类祈祷狩猎成功的野牛舞，到现代芭蕾力与美的协调统一……艺术随着人类的进步与发展在不断的深化中形成了纷繁复杂的门类，创造着一个又一个繁荣。

按照艺术形态的存在方式，可以分为三个大类：空间艺术，包括绘画、雕塑、工艺美术、摄影艺术、建筑艺术和园林艺术等；时间艺术，包括音乐、文学、曲艺等；时空艺术，包括戏剧、电影、电视剧、舞蹈和杂技等。

其中，空间艺术以涉及的维度为标准，又可分为二维、三维、四维三大类。二维艺术设计即通常所说的平面艺术设计，就绘画而言，远古朴素的洞穴壁画、西方逼真的油画、我国写意式的水墨画都属于平面艺术的具体形态。不同的历史年代，各异的文化背景为艺术家们提供了多种多样的艺术设计平台和载体，产生了繁星般绚丽多姿的艺术佳作。现代生活中常见的二维艺术设计有平面广告设计、插图设计、字体设计、动画设计等。

20 世纪中叶，计算机的诞生为人类提供了一个重要的脑力劳动的替代和辅助工具，也为传统的艺术设计注入了新了生机，计算机辅助设计（Computer Graphic 即 CG）日益成为现代社会艺术设计领域不可或缺的手段。而随着 Internet 的产生和迅猛发展，互联网已经渗透到政治、经济、法律、科学、艺术等社会生活的方方面面，网络进入了人们的日常生活，逐渐改变着人们的生活方式。互联网在为人们提供了大量资讯的同时，也拓展了艺术设计的发展方向，一种不同于传统艺术特点的新的艺术样式——网络艺术正在悄然兴起。

网络中丰富的软件资源为艺术设计者们提供了强大的技术支持，目前流行的浩如烟海的软件主要可以分为两大类：平面设计软件和三维动画软件。这两种软件同属于数字影像制作软件，平面设计软件主要用于平面设计、数字照片处理等方面；三维动画软件主要用于影视效果、建筑设计、工业模型等领域的场景、造型和动画设计等工作。

主流的平面设计软件生产商有 Adobe 公司、Macromedia 公司和 Corel 公司等。它们分别根据不同设计工作要求开发了相应的点阵图形和矢量图形软件来满足客户的需要。Adobe 公司的 Photoshop 软件主要用于对点阵图形的设计和修改，这一软件的应用十分普遍，几乎成了处理点阵数字图像软件的行业标准，另外，Adobe 公司还开发了用于矢量图形设计的 Illustrator 软件和可适用于点阵图和矢量图的印刷排版的 Pagemaker 软件；Corel 公司开发的 Coreldraw 软件在矢量图的设计方面占有一定的优势；Macromedia 公司针对互联网开发的 Flash、Dreamweaver、Fireworks 三大软件开创了全新的互联网影响传播、设计方式，其中，Fireworks 是世界上第一个完全为网页制作者设计网页图像的软件，它的出现掀起了网络图像处理的一次革命。Macromedia 公司的著名绘图软件 Freehand 具有强大的图形设计、排版和绘图功能，而且它操作简单、使用方便。

主流的三维动画软件包括如下几种：AVID 并购了 Softimage 后于 1999 年推出了 Softimage XSI 软件，它在传统的动画制作技术上进行了大量改进，并提出了基于 Internet 的内置网络浏览器 Netview 的革命性概念，解决了多动画特技层精确对位等问题。这一软件曾成功的应用于《人工智能》《指环王》等影片的拍摄。Alias-Wavefront 公司开发了高端三维动画软件 Maya，它继承了 Alias 优秀的建模能力，并且具有良好的开放性构架、强大的仿真动力学功能。风靡一时的《木乃伊归来》、《精灵鼠小弟》等影片就是它的代表作品。在基于 PC 平台的软件 3DS 的基础上，Autodesk 公司推出了针对 Windows 操作系统的新一代三维软件——3DS max，至今，它已拥有上百个可扩展插件和最大的用户群。1986 年，Allen Hastings 和 Stuart Ferguson 开发完成了三维动画软件 VidieoScape 3D 和 Modeler 3D，这是 Lightwave 3D 的前身。MAXON 公司开发了 Cinema 4D，它是一种可以满足三维设计中"照片级"真实度的软件，为艺术设计者提供了良好的创作支持。

本书中主要探讨网页平面设计中 Fireworks 软件的应用。Fireworks 是 Macromedia 公司发布的一款专为网络图形设计的图形编辑软件。它结合 Photoshop（点阵图处理）以及 Corel DRAW（绘制向量图）的功能，大大简化了网络图形设计的工作难度，无论是专业设计家还是业余爱好者，使用 Fireworks 都不仅可以轻松地制作出十分动感的 GIF 动画，还可以轻易地完成大图切割、动态按钮、动态翻转图等，因此，它已成为 Macromedia 三套网页利器之一，在辅助网页编辑方面功不可没。

Fireworks MX 2004 是 Macromedia 公司最新推出的一款功能强大、所占空间小的网络图像制作和处理软件，它继承了其以前版本易学易用的优点，同时又增加了许多新特点和新功能。这些内容在本书中已有详细的介绍。

14.1.3　网页艺术设计

CG 行业的从业人员需要具备基础的艺术知识和相关的软件应用能力。其中，基础部分包括美术、文学、音乐等艺术素养，影像与电脑程序基础，以及影视知识和动画技术。软件知识是 CG 最直接相关的技术，也是进行电脑影像创作的基本工具。这一部分包括平面设计软件，三维动画软件以及后期合成、剪辑软件的运用。

这两大部分，6 个级别的要求自下而上逐级提高，构成了一个"CG 金字塔"，如图 14-1 所示。在金字塔中，"平面设计

图 14-1　CG 金字塔

软件"位于中间，建立在基础知识技能的掌握上，又是学习三维动画软件和后期合成、剪辑软件的基础，具有特殊的地位。是网络艺术设计人员必备的软件知识之一。

网络艺术可分为三类：一是已经存在的文学艺术作品经过电子扫描技术或者人工输入等方式进入互联网络；二是直接在互联网络上"发表"的文学艺术作品；三是通过计算机创作或通过有关计算机软件生成的艺术作品进入互联网络，本书所讨论的网页艺术设计就属于这一类网络艺术。随着时代的发展，互联网日益成为人们生活、工作和学习不可或缺的重要组成部分，成为人与人之间、企事业单位、公司之间联系的纽带。网站设计和建设除了沿承传统的大众传媒的特点，而且同网络技术资源紧密结合，追求信息性与观赏性，技术性与艺术性的完美结合。

1. 网页艺术设计的方式

（1）明确网页主题，把握创作风格。

诗以言志，文以载道。伟大的作品都有鲜明的主题，它是艺术创作的灵魂。进行网页艺术设计首先就要确定网页设计的主题，这决定着艺术设计的风格与形式，好的风格选择能够起到深化主题的作用，主题与风格是神与形的关系，形神兼备是出色的网页设计必备的特征之一。

网页设计的风格是通过版面设计、色调处理、图文组合等来表现的。

中国生态科学院生态环境研究中心的主页（http://www.rcees.ac.cn）就是一个不错的例子。中国科学院生态环境研究中心是研究与解决我国重大生态环境问题、参与国家重大战略决策咨询、促进国家和区域可持续发展，为我国环境综合整治提供重大理论、方法与相关技术的国家级环境科学研究机构。生态环境中心的主页在色彩上选取了绿色作为基准色调，因为绿色象征着和平、生命、环境等主题，作为一个环境保护的研究机构，其主页通过对绿色的灵活运用，利用渐变、组合使其主要建筑形象得到良好的凸现，配合白色底色上简明扼要的文字说明形成畅达洗炼的风格，给人以明快、舒心、宁静、凉爽等感受，呼应了生态环境保护的主题，如图 14-2 所示。

图 14-2　中科院生态环境中心主页

（2）运用平面设计原则进行版式设计。

版式设计指的是页面的布局，即"经营位置"和"构图"。版式设计中要遵循主题鲜明、内容与形式统一的原则，注重整体感，协调网页技术与艺术设计的关系。

美国流行歌手 Pink 的站点（www.pinkspage.com）采用高对比度的紫红色，文字的色调都采用突出的颜色，醒目且富有变化。在黑色的背景上，明亮的紫红色与纯白的文字交织在一起，犹如跳动的音符，传达出神秘、浪漫、华丽的气质。在页面中白色、黑色图案的对比给人强烈的视觉冲击，也很符合现代流行音乐的节奏动感。

突出颜色　☐　FFFFFF

　　　　　■　C33B6B

辅助颜色　■　BE71B7

主要颜色　■　78165C

　　　　　■　000000

图 14-3　Pinkspage 站点

2. 网页艺术设计的特点

（1）综合技术的运用。

网页设计所涉及的技术是多方位的，包括以图片处理软件如 PhotoShop、图形处理软件如 Illustrator、FreeHand 等为基础的平面设计、应用 Macromedia 的三剑客 Dreamweaver、Flash、Fireworks 的网页设计、包括影视、音乐、图像、声音等内容的多媒体以及 DHTML 动态网页技术应用和三维动画、JavaScript 程序语言等。

随着互联网的发展，层出不穷的新的技术大大丰富了网页设计的表现力，而网页艺术设计的深化又对技术提出了更高的要求。没有强有力的技术支持，再好的艺术设计也难以实现；而没有艺术欣赏价值的技术运用也只是毫无意义的炫耀，在设计中，要重视技术与艺术的协调统一。

（2）人性化的文字编排。

网络是巨量信息的承载体，而阅读方式的自由性、跳动性的特点又要求设计时应充分考虑用户阅读时的心理，为达到方便用户在最短的时间内迅速理解网页里的信息内容的目的，在设计中主要应遵循以下原则：

➤ 有通俗易懂、言简意赅的指南，像一位资深的导游，对网站内容加以提纲挈领的介绍。

➤ 网页的长度适中，一般以一至三屏为宜，两屏最佳。网页过长不仅会影响阅读速度，还会增加视疲劳。基于人们一般的阅读习惯，在网页的宽度方向最好不要出现滚动条。

➤ 有丰富多样的阅读指南，如页面的链接、纵深型导航栏和横向型导航栏等等，恰当的阅读指南的运用不仅大大提高浏览者的阅读效率，而且还将为网页增添几分情趣。

（3）网页的显示效果不可控制。

网页以电脑屏幕为载体，以所有网民为用户，网络复杂多变的特性决定了网页设计者无法控制网页设计效果在用户端的最终展现效果，这主要表现为以下几个方面：

➢ 网民使用的浏览器种类（如 Netscape 或 Internet Explorer）及版本都可能与设计者的浏览器不同，因此显示效果自然不同：网页页面是根据当前浏览器窗口大小自动格式输出的。

➢ 同一种浏览器的工作环境（室内环境、屏幕区域、亮度、对比度、色彩等）不同，显示效果不同：网民可以控制网页页面在浏览器中的显示方式，比如字体大小、分辨率等。

这就要求网页的设计者充分考虑到可能的情况，采用能普遍运用的设计方案，比如网页安全色的使用等等，尽可能使众多的用户能够欣赏到满意的效果。

3. 网页设计分析

在网站设计中，LOGO 和 Banner 是具有代表性的标志，因此，一般设计者都会对它们的设计倾注特别的心血。下面将结合优秀的站点实例就 LOGO 和 Banner 的设计加以介绍。

（1）网站的 LOGO

如同产品的商标一样，LOGO 是站点特色和内涵的集中体现，看见 LOGO 人们就会联想起站点，它在网站的宣传和发展中起着重要的作用，LOGO 如同龙的眼睛，点上之后整条龙都栩栩如生。它反映的不只是站点的内容，更需要体现网站的特色和与其众不同之处。所以一个优秀的网站特别是企业网站往往在 LOGO 设计上十分注重，因为它们体现着一个企业在公众心目中的形象。网站的 LOGO 如同协会的会徽、学校的校徽一样往往代表着一种身份，展示了自己的归属，有哪些与众不同。这里的所指的 LOGO 不是指 88×31 的小图标形式的 Banner,而是网站的标志，它一般处在页面的左上角。

一个好的 LOGO 应具备以下的几个的条件，或者具备其中的几个条件：

➢ 符合国际标准。

➢ 精美、独特。

➢ 与网站的整体风格相融。

➢ 能够体现网站的类型、内容和风格。

网站标志的设计可以结合具体情况，它的设计创意主要来自网站的名称和内容，可以是中文，英文字母，可以是符号，图案，也可以是动物或者人物等等。一个标志一般需要体现出网站的名称、特点等标志性内容。比如：新浪用字母 sina、眼睛和网址作为标志，图 14-4 所示，新华网是用新华网的中文和其主要内容"新闻"的英文 News 作为标志，图 14-5 所示，网易用网易繁体字、英文 NETEASE 和网址作为标志，图 14-6 所示。

图 14-4　新浪的 LOGO　　　　图 14-5　新华网的 LOGO　　　　图 14-6　网易的 LOGO

最常用和最简单的方式是用自己网站的英文或者中文名称作标志。采用不同的字体，字母的变形，字母的组合或者加上网址制作自己的标志，如图 14-4 至图 14-6 所示。

➢ 网站有代表性的人物，动物，花草，可以用它们作为设计的蓝本，加以卡通化和艺术化，例如可乐吧的雪人标志，图 14-7 所示，腾讯的小企鹅标志，图 14-8 所示，榕树下的榕树，图 14-9 所示。

图 14-7　可乐吧的 LOGO　　　　图 14-8　腾讯的 LOGO　　　　图 14-9　榕树下的 LOGO

➤ 网站有专业性的，可以以本专业有代表的物品作为标志。比如中国银行的铜板标志，图 14-10 所示，白鹿书院的 LOGO，图 14-11 所示。

图 14-10　中国银行的 LOGO　　　　　　　图 14-11　白鹿书院的 LOGO

（2）网站的 Banner

网站的 Banner 设计原则同 LOGO 一样，都要求既鲜明的体现网站的主题，实现标识的应用价值，同时具有良好的艺术观赏性，成为网页中的是视觉亮点。下面就从当前网页设计的海洋中撷取几朵浪花以飨读者，如图 14-12 至图 14-14 所示。

图 14-12　华夏银行的 Banner

图 14-13　佳雪的 Banner

图 14-14　sonystyle 的 Banner

14.2　CI 和 VI

14.2.1　关于 CI

CI 也称 CIS，是英文 Corporate Identity System 的缩写，直译为企业识别，我国学者一般称之为企业形象。CIS 一般定义为：将企业经营理念与精神文化，运用整体传达系统（特别是视觉传达系统）传达给企业周边的关系者，使其对企业产生一致的认同感与价值观。也就是结合现代设计观念与企业管理理论的整体运作，以刻画企业个性，塑造企业优良形象，这样一个整体设计系统称之为企业形象识别系统。

企业形象识别设计是现代工业设计和现代企业管理运营相结合的产物。以 IBM 公司为代表的美国企业在 20 世纪 50 年代开始把企业形象作为新的而又具体的经营要素。为了研究企业形象塑造的具体方法，确立了一个新的研究领域，出现了 Corporate Design（企业设计）、Corporate look（企业形貌）、Specific Design（特殊设计）、Design Policy（设计政策）等不同的名词，后来统一称之为企业识别，简称 CI（corporate identity），而由这个领域规划出来的设计系统，称之为企业识别系统（Corporate Identity System），简称 CIS。

CI 是一种改善企业形象，有效提升企业形象的经营技法，是一种明确地认识理念与企业文化的活动。CI 就是那种整合性的关于企业本身的性质与特色的信息传播。CI 将企业理念与精神文化，运用整体传达系统（特别是视觉传达设计），传达给企业周围的关系者或团体（包括企业内部与社会公众），并使其对企业产生一致的认同感与价值观。它将企业的经营理念和个性特征，通过统一的视觉识别和行为规范系统加以整合传达，使社会公众产生一致的认同感与价值观，从而达成建立鲜明的企业形象和品牌形象，提高产品市场竞争力，创造企业最佳经营环境的一种现代企业经营战略。

CIS 的构成要素包括 MIS（Mind Identity System）理念识别系统，BIS（Behavior Identity System）行为识别系统和 VIS（Visual Identity System）视觉识别系统。

1. MIS: 理念识别

所谓 MI，是指确立企业自己的经营理念，企业对目前和将来一定时期的经营目标、经营思想、经营方式和营销状态进行总体规划和界定。

MI 是企业形象定位与宣传的原点，是 CIS 的中心框架，对内影响企业的经营理念，决策宗旨、行为准则、管理体系，对外影响企业的公众形象、广告宣传等。

MI 的主要内容包括企业精神，企业价值观，企业文化，企业信条，经营理念，经营方针，市场定位，产业构成，组织体制，管理原则，社会责任和发展规划等。

2. BI: 行为识别

BI 位于企业识别系统的中间层位，直接反映企业理念的个性和特殊性，是企业实践经营理念与创造企业文化的准则，对企业运作方式所作的统一规划而形成的动态识别系统。包括对内的组织管理和教育，对外的公共关系、促销活动、资助社会性的文化活动等。通过一系列的实践活动将企业理念的精神实质推展到企业内部的每一个角落，汇集起员工的巨大精神力量。

BI 包括企业内部的组织制度，管理规范，行为规范，干部教育，职工教育，工作环境，生产设备，福利制度等等；以及外部的市场调查，公共关系，营销活动，流通对策，产品研发，公益性、文化性活动等等。

3. VI: 视觉识别

VI 是以标志、标准字、标准色为核心展开的完整的、系统的视觉表达体系。现代社会中，商场如战场，而企业的 VI 犹如一面旗帜，鲜明的表现了企业理念、企业文化、服务内容、企业规范等，将抽象概念转换为具体符号，塑造出独特的企业形象。

VI 系统可具体分为基本要素系统和应用系统两大类：基本要素系统包括企业名称、企业标志、企业造型、标准字、标准色、象征图案、宣传口号等；应用系统包括产品造型、办公用品、企业环境、交通工具、服装服饰、广告媒体、招牌、包装系统、公务礼品、陈列展示以及印刷出版物等。

在 CI 设计中，视觉识别设计最具传播力和感染力，最容易被公众接受。对绝大多数消费者而言同企业直接的接触很有限，而只能通过企业的产品、服务及宣传来认识企业，也就是说，企业的视觉识别所传达的信息是消费者认知企业的最主要的依据。企业标志是视觉形象的核心，它构成企业形象的基本特征，体现企业内在素质。企业标志不仅是调动所有视觉要素的主导力量，也是整合所有视觉要素的中心，更是社会大众认同企业品牌的代表。

而在一般的网站建设中，VI 更是艺术设计的核心，所以在 Internet 中，VI 更被赋予了广泛的含义，具有特殊的重要意义。所以下面将 VI 单独提出从一般性的网站建设，网页艺术设计的角度出发中加以详细的介绍。

14.2.2 关于 VI

VI 是英文中 Visual Indentity System 的缩写，意即视觉识别系统。就网站而言，VI 就是一个网站的外观。一个网站上看到的所有图片、文字、动画、以及它们的编排方式等一切可视的元素都是 VI 设计的一部分。

网站是信息传递的工具，但如果没有一个引发浏览者阅读兴趣的视觉形象，恐怕内容再好也是"酒香还怕巷子深"。

怎样才是一个好的 VI 设计呢？一个好的视觉设计，首先要有一个好的视觉效果，是否抢眼，是否顺眼，是否养眼是最通俗的判断标准。网站的第一感觉很重要，浏览者能否接受这个网站，很大程度上，就看是否有这种一见倾心的感觉。

怎样才能有一个让人一见倾心的视觉效果？那就要看整个页面的颜色是否协调；网页上的文字是否易于阅读；要看图片是否大小合适；最后还要看"动"与"静"是否配合得当。无节制地滥用 Flash、动态 GIF、滚动字幕等效果就会让人眼花缭乱，但千篇一律的静止画面也会显得毫无生气，让人感到乏味厌倦，恰切的动态效果和静止页面的配合会大大加强网页的艺术感染力。

另一方面，就网站 VI 设计的整体而言，还要注意所有页面是否协调与一致。相同排版方式、相同的背景色及近似的按钮的使用能增加网页一致性，树立统一的风格。这是最基本而有最重要的网站 VI 设计原则。

企业商业网站建立，更要注重 VI 设计。如果企业本身已经有了一个统一的 CI 系统设计，那么，网站的 VI 设计就应该遵循其 CI 设计。

一个好的 VI 设计，事实上可以凭借 CI 设计里已经指定的 LOGO、色彩、或标准字型等予以发展。尤其是色彩部分，使用正确的色彩往往可以得到相得益彰的效果。另外针对 LOGO 本身的一致性所作的设计上的变化也是一种变化。总而言之，所有的做法必须能够发展出一套更具品牌形象的设计，而且能将网站的整体特性完全地容入浏览者的脑海里。能让浏览者记住，并能吸引浏览者回头的 VI 设计，就是一个成功的网站 VI 设计。

下面将结合国内外一些网站的优秀范例对 VI 设计的原则加以详细地说明。

1. Ultra16 网站（www.Ultral6.com）

Ultra16 站点是提供技术型 Media Solution 的代理机构，它的所有页面都采用的相同的结构布局，以长方形、条形为主的框架结构线条明快，富有时代感。黑色与灰色的主调背景为整体营造了深沉，稳健的氛围，更凸显出渐变的黄绿色带来的神秘感，仿佛夜风中传来的幽幽晚歌。鲜明而有层次感的蓝色的运用赋予页面以空灵、朦胧、科幻的感受。整体设计同网站高科技、信息化、现代化的主题水乳交融，如图 14-15 所示。

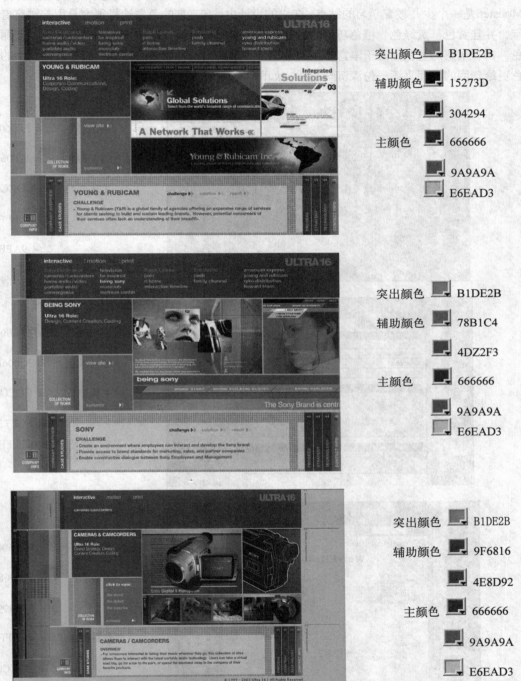

图 14-15　Ultra16 网站

2. FACT MANOSTER 网站（www.factmonster.com）

儿童的视觉系统还不发达，对颜色的感知能力有限，故而鲜艳的纯色调更能引起他们的注意，从而激发学习娱乐的兴趣。所以在面向少年儿童的站点设计上要充分注意这一点。Fact Monster 是一个少儿教育学习的站点，在它的设计中，高亮度的色彩选择很容易引起浏览者的注意，并且黄色、黄绿色、橙色巧妙的搭配营造出了一种轻松、活泼富有朝气的意趣，靓丽的红色、富有质感的蓝色点缀于丰富多变的造型中，烘托出一种激情的体验，而导航菜单中的蓝紫色更给华丽的界面平添一份深沉与稳重，如图 14-16 所示。

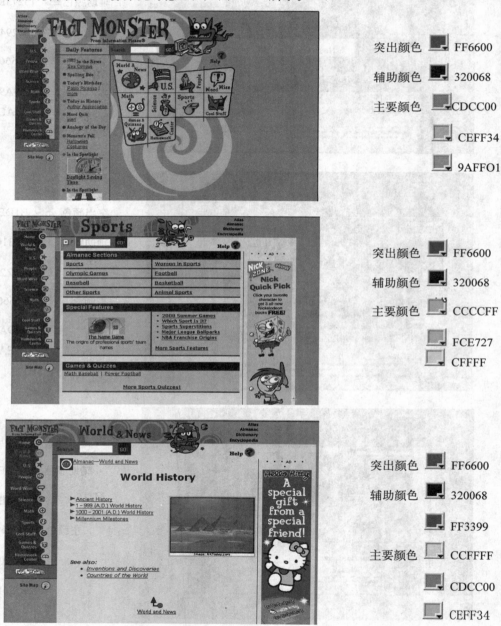

图 14-16　FACT MANOSTER 网站

3. the knot 网站（www.theknot.com）

the knot 站点主要提供婚纱选购、蜜月旅行及相关的信息服务。橙色的天蓝色为主调的设计营造了澄澈、纯真的氛围，其他冷色调的辅助如黄绿色、橙红色良好的协调共同表达了婚礼的圣洁、愉悦的印象。明朗的线条，中规中矩的字体使网页更显得稳重、大气，如图 14-17 所示。

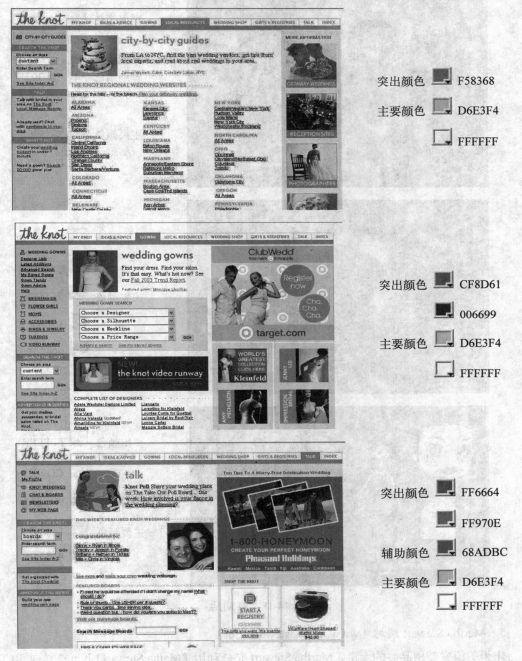

图 14-17　the knot 网站

4. SJ 网站（www.sj-sj.co.kr）

女性品牌公司 SJ 站点主要运用红色、紫色和粉红色这些中等对比度的色彩为主调，使成熟女性的魅力与风姿得到了良好的展现。不同页面以各异的配色方案尽显雍容华贵，富丽堂皇。新奇的造型，夸张的线条与字体的搭配创造出了一种运动的和谐，表达了时尚、新潮的理念。

黑色的边框使构图更加集中，完整，如图 14-18 所示。

突出颜色	F3C97F
	E45920
辅助颜色	720309
	7B0305
主要颜色	CC5662
	000000

突出颜色	DFD9DB
	58A0AF
主要颜色	7C0000
	810000
	090305

突出颜色	FFFFFF
	CD9DF
辅助颜色	9D52AD
主要颜色	746697
	44354A

图 14-18　SJ 网站

5. Martha Stewart 网站（www.marthastewart.com）

作为美国家装用品界的女皇，Martha Stewart 充分利用《Matha Stewart Living》杂志和 TV、广播和互联网等各种媒体资源广泛宣传自己的产品。

该站点充分体现了 Martha Stewart 产品的风格和特点，用纯白的背景色和水平垂直的分割线条保持了整个页面的素雅整洁，给人一种宁静，平和，柔美的感觉。

各级页面采用了类似的配色方案，以白色为统一的背景，主颜色都采用同一色相的色调，并且以冷色调为主营造了冷静、稳重的氛围，塑造了诚信的形象，如图 14-19 所示。

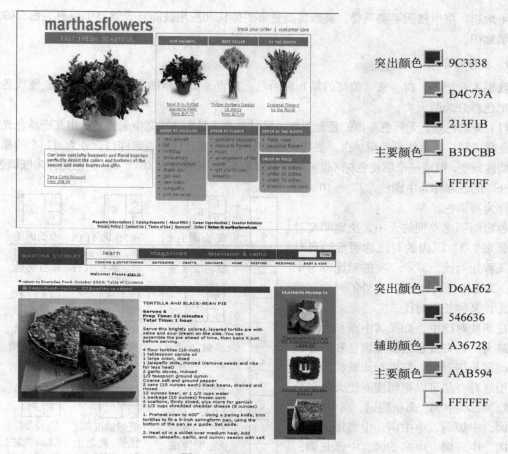

图 14-19　　Martha Stewart 网站

文本和图像的暖色在冷色调的衬托下显得十分突出，火红、鹅黄、淡粉的花束交相呼应，鲜嫩欲滴仿佛就绽放在眼前。这种适度的对比很容易给人留下深刻的印象，对产品起到了有效的展现和宣传，来激起顾客的购买欲。

14.3　色彩概述

远观望色，近视看花。色彩是人类视觉最敏感的东西，随着人类对世界体验和认知的复杂化，多样化，抽象的色彩逐渐被赋予了生动的内涵。"接天莲叶无穷碧，映日荷花别样红"，"日出江花红胜火，春来江水绿如蓝"，色彩是平面上的韵律，是无声的语言。

在互联网高速发展的今天，如何在连篇累牍的网页中脱颖而出，给浏览者留下深刻的印象，网页的色彩设计是关键。出色的色彩选择和搭配能给人眼前一亮的视觉冲击，无论浏览多少次都不会觉得厌倦，甚至惊喜的添加到收藏夹，作为经常光顾的对象。

灵活自如而不落俗套的色彩搭配需要网页设计者在实践中反复的摸索和总结，但掌握了基本的色彩原理和搭配规律将有助于设计者提高色彩认知和运用水平。

14.3.1　色彩原理

色彩是网页设计中不可缺的重要组成部分，新颖的搭配可以起到先声夺人的作用，但万丈高楼平地起，空中楼阁可要不得。要想提高色彩的体认和应用技能首先就要了解有关色彩的基本美学知识。

1. 色彩的分类

我国古代把黑、白、玄（偏红的黑）称为色，把青、黄、赤称为彩，合称色彩。现代色彩学，把色彩分为两大类：

（1）无彩色系。无彩色系指的是光源色、反射光或透射光在视觉中未能显示出某一单色光特征的色彩序列。试将纯黑逐渐加白，使其由黑、深灰、中灰、浅灰直到纯白，分为 11 个阶梯，成为明度渐变，做成一个明度色标（也可用于有彩色系），凡明度在 0°～3° 的色彩称为低调色，4°～6° 的色彩称为中调色，7°～10° 的色彩称为高调色。

色彩间明度差别的大小，决定明度对比的强弱，3° 以内的对比称明度的弱对比，又称短对比。3°～5° 的对比称为中对比，又称中调对比。5° 以外的对比称为强对比，又称长调对比。

在明度对比中，如果其中面积大，作用也最大的色彩或色组属高调色和另外色的对比属长调对比，整组对比就称为高长调，用这种办法可以把明度对比大体划分为高短调、高中调、高中短调、高中长调、高长调、中短调、中中调、中高短调、中低短调、中长调、中高长调、中低长调、低短调、低长调、低中调、最长调 16 种，如图 14-20 所示。

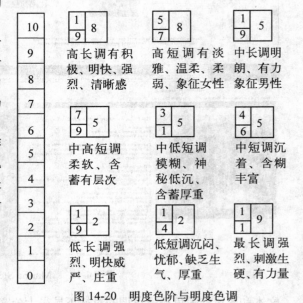

图 14-20 明度色阶与明度色调

一般而言，高调明快，低调朴素，明度对比较强时光感强，形象的清晰程度高；明度对比弱时光感弱，不明朗、模糊不清。明度对比太强时，如最长调，有生硬、空洞、眩目、简单化等感觉，而且有恐怖感。

（2）有彩色系。与无彩色系对应的就是有彩色系，比如可见光谱中赤、橙、黄、绿、青、蓝、紫 7 种基本色及它们之间不同量的混合均属有彩色系，它们总给人相对的、易变的及具体的感受。

2. 色彩的要素

有彩色系中，任何一种颜色都具有 3 个基本要素：色相、明度和纯度。无彩色系只有明度，而无色相和纯度要素。

（1）色相。色相是指色彩的相貌，具体体现为各种色彩，如赤、橙、黄、绿、青、蓝、紫等。色相又称色度，艺术家常把它不严格地称为色调，它是有彩色系的首要特征。从物理学上来讲，色相差异是由光波波长决定的。在可见光谱中，赤、橙、黄、绿、青、蓝、紫中每一种色相均有自己的光波波长或频率。

（2）明度。明度指的是颜色的明暗或深浅程度，也即颜色的相对色调或明亮程度，又称光亮、亮度或明暗度。光度是相对于光源色而言的，而亮度则是相对于物体色而言的。明度是一切色彩现象所具有的通性，任何色彩都可以还原为明度关系来思考，明度关系是搭配色彩的基础。

可以将色散带展开，即：紫红、红、橙红、橙、橙黄、黄、黄绿、绿、青绿、青、青蓝、蓝、蓝紫、紫、紫红。使紫红居两端，黄色居中央，向上逐渐加白，可以发现，黄色很快就可变成纯白，而紫色最慢变为纯白。向下逐渐加黑，紫色很快即可变为纯黑，其次为青色，而黄色最慢才变为纯黑。整个表变为 W 形，这说明黄色明度最强，而紫色最弱，其余类推，如图 14-21 所示。

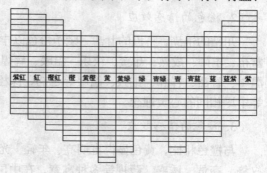

图 14-21　各色明度展开

在具体的色彩环境中，色彩的明暗是相对的，如红黄两色在整个色相中可归为明色，但红色相对于黄色而言又是暗色，而红色与青色相比，红色又变为明色。明度关系是色彩的骨架，是色彩结构的关键。

（3）纯度。纯度指的是色彩的饱和程度或强度，又称饱和度、鲜艳度或显明度。在光学上它取决于色彩波长的单一程度。任意一个颜色加白、加黑、加灰都会不同程度的减弱该色相的鲜艳程度，并对明度亦有所规范。简单地说，光波波长越单纯，则色光越鲜艳。而色光越混杂，则越会趋近于纯度为零的白光。从生理上讲，人眼对色彩的纯度感觉也不尽相同。比如红光对眼刺激强些，其纯度就显高；而绿光对眼刺激弱，纯度就显低。

14.3.2　色彩情感效应

人们对色彩的认识不是孤立的、抽象的，而是常常同色彩的载体一起加以识别和记忆，一旦知觉经验与外来色彩刺激，发生一定的呼应，就会在人的心理上引出某种情绪。因此，色彩不是单纯的符号，而是被赋予了不同的个人情感体验，具有丰富的内涵。蔚蓝色天空的辽阔无垠，七彩虹霓的华光万丈，春的新绿，夏的葱郁，秋的缤纷，冬的洁白，色彩已经内化为一种文化，带给人不尽的遐想，这称之为色彩的情感效应。

在人类发展的不同历史阶段，不同的民族传统都对色彩有自己的理解和认识，但由于人类实践和发展的相似性，"色的联想就多数人来说具有其共通性。一般地说，它与传统密切相关，按照色彩所含的特定内容，色彩的象征主义便流行起来。色彩的象征性既有世界共同的东西，也有一些由于民族习惯而不同的东西。设计色彩图案，认识这个色彩的象征性极为重要，通过所运用的色彩，能使之传达出设计的意义。"（琢田敢《色彩美学》，见《色彩美的创造》89 页）。

英国著名心理学家格列高利认为："颜色知觉对于我们人类具有极其重要的意义——它是视觉审美的核心，深刻地影响着我们的情绪状态"。（英，R.L 格列高利《视觉心理学》，106 页，北京，北京师范大学出版社，1986。）不同时代的艺术大师们都对色彩有着特别的感知，在艺术创作中加以表现，留下了不朽的杰作。在网页的色彩搭配中，同样需要设计者对这些情感效应进行深刻的体会并加以运用，才能创作出生动感人的作品。

1. 红色的情感效应

喷薄而出的红日，熊熊燃烧的火焰，令人神迷，夺人魂魄。红色向人们传递着热烈、喜庆、吉祥、兴奋、生命、庄重、激情、敬畏、残酷、危险等信息，给人强烈，热情、喜悦的感受，也使人表现出急躁与愤怒；橙红代表力量、决心、快乐、温暖、向上的情感；粉红色传达的是积极温馨柔美的情感内涵，象征着爱情、甜蜜、娇媚、健康、愉悦；纯红加灰多表现出抑郁、悲伤、茫然的精神不振的状态；绿蓝底上的红色表现为有一种燃烧一切的热望与冲动；黄绿色底上的红色则代表了激烈、狂妄的表情；黑色底上的红色则迸发出难以遏制的超乎寻常的热情。

2. 橙色的情感效应

川桔的饱满，脐橙的甘甜，赋予橙色以丰收的联想。高饱和状态的橙色可表达光明、华丽、富裕、丰硕、成熟、甜蜜、快乐、温暖、辉煌、丰富等多种不同的情感；浅橙色则呈现出细腻、温馨、香甜、祥和、细致、温暖等色韵；深橙色则表示缄默、沉着、安定、拘谨、悲伤、腐朽等不尽相同的心灵理念。

3. 黄色的情感效应

与橙色相比，黄色显得更明亮、年轻、光明、开朗，充满活力，代表着轻松、智慧、任性、权势、高贵、诱惑、藐视等多种寓意。在中国千年的封建历史中，黄色一直是王权的象征。当黄色与其他色彩并置时，又表现出不同的个性。比如，红色底上的黄代表的是欣喜和喧闹；橙色底上的黄则显得稚嫩轻浮；蓝色底上底黄色则象征着温暖辉煌；黑色底上的黄则表现出积极、强劲。黄色中若加入紫色或黑灰，则表露出怀疑、背叛、失信、妒忌及缺少理智的阴暗心迹；黄色中加白淡化为浅黄色时则显得苍白、幼稚、虚伪。

4. 绿色的情感效应

绿色是自然界生命的象征，在地球这个摇篮里世代繁衍生息的人类对绿含有深刻的感情。纯正的绿色如草原，如森林，蕴含着和平、生命、青春、希望、舒适、安逸、公正、平凡、平庸等情感；蓝绿色给人以冷静、凉爽、端庄、幽静、深远、酸涩等体会；黄绿色给人以新生、纯真、无邪、活力、无知等情感印象；浅绿色则有宁静、清淡、凉爽、轻盈等感觉；暗绿色则代表沉默、安稳、刻苦、忧愁、自私等心里启示；浊绿色则暗示灰心、腐败、悲哀、迷惑、庸俗等。

5. 蓝色的情感效应

高远的天空，博大的海洋一直是人类理想的圣土，寄托了无数幻想与憧憬。饱和度最高的蓝色代表理智、深邃、博大、永恒、真理、信仰、尊严、保守、冷酷等情感；淡紫色底上的蓝色有空虚、退缩、无能的暗示；黄色底上的蓝色代表沉着自信；绿底上的蓝色带有暧昧、消极、无为等色彩；褐色底上的蓝色则有颤动、激昂的象征意义；淡蓝色意味轻盈、亮丽、高雅、透明、缥缈；深蓝色则表示沉重、朴素、悲观、静谧、孤独、幽深等。

6. 紫色的情感效应

饱和度高的紫色代表高贵、端详、庄重、虔诚、神秘、压抑、傲慢和哀悼等心里感受；红紫色能产生大胆、开放、娇艳、温暖、甜美等心里感觉；蓝紫色表达孤寂、珍贵、严厉、恐怖等意味；浅紫色代表优美、浪漫、梦幻、妩媚、羞涩、清秀、含蓄等韵致；深紫色则象征愚昧、迷信、哀思、痛苦、消沉、自私、灾难等意义。

7. 白色的情感效应

白色固有一尘不染的品质，使人很容易从中体会到纯洁、神圣、光明、洁净、正直、无私、空虚、缥缈等暗示。白色与任何色彩混合及并置都可以得到令人赏心悦目的色彩效果。

8. 黑色的情感效应

黑色多呈现出力量、严肃、永恒、毅力、刚正、充实、忠义、意志、哀悼、黑暗、罪恶、恐惧等寓意。黑色与纯度高的色彩放在一起时，可以把这些颜色衬托得辉煌艳丽而又协调统一；而黑色与较为惨淡、灰浊的色彩配合时，则会显得混浊、含糊而缺少美感。

9. 灰色的情感效应

灰色多代表中性蕴意，正灰色常给人柔和、平凡、谦逊、沉稳、含蓄、优雅、中庸、消极等印象。灰色在与饱和度高的色彩调混时，会凭借自身的平稳、成熟、老练等表现优势，迅速控制、融合和驯化张扬的纯色力量，使这些颜色表现出含蓄柔润、令人回味的奇妙色彩意象。如果灰色比例过大，也会使色彩丧失原有生气，造成心灰意冷的感受。

14.4　颜色模式

在 Fireworks MX 2004 中文版单击【窗口】菜单，选择【混色器】，就可以打开颜色混色器面板，它和样本面板都是默认组合在颜色面板之上的，Fireworks 混色器中提供了 5 种颜色模式，分别为：RGB 模式、十六进制模式、CMY 模式、HSB 模式和灰度等级模式，如图 14-22 所示。下面就分别来看看这 5 类颜色模式。

14.4.1　RGB 模式

RGB 是色光的色彩模式，也是最常用的颜色模式。因为绝大部分的可见光都可以使用红（Red）、绿（Green）、蓝（Blue）3 色作为三原色，按照不同的比例和强度的组合来表示出来，所以 RGB 模式又称为加色模式。所有显示器、投影设备以及电视机等等许多设备都依赖于这种加色模式来实现的。在 RGB 模式中红、绿、蓝三原色各具有 256 个亮度级，通过这三原色叠加可以产生多达 1677 万种的颜色。在颜色混合器种，当选择 RGB 颜色模式时在各颜色区域中显示的数值是十进制的数值，范围为 0~255，同时色谱图上显示的是全彩色，如图 14-23 所示。

图 14-22　颜色混合器面板　　　　图 14-23　RGB 颜色模式

14.4.2　十六进制模式

Fireworks 中所提供的十六进制颜色模式实际上从严格意义上说还是一种 RGB 颜色模式，不过它不是用十进制的数值来表示三原色，而是用十六进制来表示三原色的数值。十六进制颜色模式更适合处理网页图像，这是 Fireworks 所默认的颜色模式，其中所有的颜色都是采用十六进制的值来表示的，前面 14.2 小节中分析网站色彩时便是使用十六进制来表示颜色。在对象的颜色笔触和填充颜色框中都是默认它来表示图像的颜色的。选择这个颜色模式的时候，混色器面板上的红、绿、蓝 3 种颜色的十六进制数值范围为 00~FF，色谱图上显示的则是 216 种网页安全色，如图 14-24 所示。

14.4.3 CMY 模式

CMY 颜色模式恰恰和 RGB 的加色模式相反，它是一种减色模式。CMY 颜色模式是依据色彩相减原理而产生的。所谓的 CMY 分别代表 Cyan（青色）、Magenta（洋红）和 Yellow（黄色），而 CMY 颜色模式便是根据这 3 种颜色所占的百分比来定义颜色的。

CMY 颜色模式主要用于出版和彩色印刷，由于 Fireworks 主要针对网页图像，所以它不是主要的色彩模式，只有当网页需要打印输出的时候，设计者此时才需要考虑 CMY 模式。如果在 Fireworks 的颜色混合器中选择了 CMY 模式，此时在各颜色值区域中显示的便是十进制的青、洋红和黄 3 种颜色的值，而色谱图上显示的是全彩图，如图 14-25 所示。

图 14-24　十六进制颜色模式　　　　图 14-25　CMY 颜色模式

14.4.4 HSB 模式

HSB 颜色模式是许多图形处理软件都支持一种色彩模式，它通过色调（Hue）、饱和度（Saturation）和亮度（Brightness）的值来表示颜色。其中色调是纯色，即组成可见光谱的单色。红色在 0°，绿色在 120°，蓝色在 240°。它基本上是 RGB 颜色模式全色度的饼状图。饱和度表示色彩的纯度，为 0 时为灰色。白、黑和其他灰色色彩都没有饱和度的。在最大饱和度时，每一色相具有最纯的色光。而亮度则表示的是色彩的明亮度。为 0 时即为黑色。最大亮度是色彩最鲜明的状态。

由于人眼在分辨颜色时不会将颜色分成 RGB 或者 CMY 等单色，而是按照色调、饱和度和亮度来区别的，因而 HSB 这种色彩模式比较接近人类大脑对色彩的辨认模式，它比 RGB 颜色模式和 CMY 颜色模式都更为直观，所以艺术家往往偏爱这种颜色模式。如果 Fireworks 中的混色器中选择了 HSB 颜色模式，如图 14-26 所示。

14.4.5 灰度等级模式

灰度等级颜色模式只存在灰度。灰度等级模式主要用于管理灰度，当选用这种模式时，颜色混合器中仅仅显示用于调节黑色百分比的区域，亮度是控制灰度的唯一要素。亮度约高，灰度越浅，越接近于白色；亮度越底，灰度越深，就越接近于黑色。设置为 0%时表示为白，设置为 100%时表示为黑，二者之间为灰度，色谱图中显示灰度，如图 14-27 所示。

图 14-26　HSB 颜色模式　　　　图 14-27　灰度等级颜色模式

14.5 本章小结

本章中详细讲解了网页设计艺术的发展由来，首先了解了网页艺术在艺术设计中的地位及其特点，然后通过一些网页设计佳站的艺术分析来深化对于网页艺术设计的认识，并从而了解视觉设计在网页艺术设计中的重要作用。接着了解了色彩的基本原理及色彩的情感效应，最后具体分析了 Fireworks MX 2004 中所使用的颜色模式，以帮助设计者进行网页设计时对于色彩的认知和了解，从而提高自己的设计水平。

随着网络艺术的深化发展，网页的设计越来越呈现出多样化的特点。要想设计出真正有影响力的好作品，没有丰富的学习和实战经验是不行的，可谓冰冻三尺非一日之寒。但掌握了网页设计的基本原则，对提高设计水平无疑可以起到事半功倍的效果。因此，希望设计者们能对这些理论知识加以理解，并在实践中灵活地把握和运用，及时总结经验教训，取人之长补己之短，不断提高艺术感知和技术设计的水平。兴趣、勤奋和毅力是攀登 CG 金字塔的高峰最强有力的支持。

14.6 本章习题

（1）网页设计和艺术有什么关系？网页设计中需要遵循哪些原则？

提示：网页设计属于平面设计的一个门类，属于艺术的一个分支。网页设计中必须掌握主题鲜明、形式与内容统一和强调整体性 3 个主要原则。

（2）什么是 VI？它有什么重要意义？VI 设计可以从哪几个方面入手？

提示：VI 是英文中 Visual Indentity System 的缩写，意即视觉识别系统。VI 犹一面旗帜，鲜明的表现了企业理念、企业文化、服务内容、企业规范等，将抽象概念转换为具体符号，塑造出独特的企业形象。VI 设计可以从 LOGO、标准色彩、标准字体和宣传用语等方面入手。

（3）到网上找一些优秀站点，试分析它们在网站的标识、版面的编排、色彩选择和搭配的设计上各有什么优点。

提示：可以多看看韩国和日本的设计站点，另外参考优秀的设计站点。

第 15 章　创建网站形象

教学目标

网站的 LOGO、Banner 和导航栏在网站中起着至关重要的作用，它们代表了一个网站的形象。运用 Fireworks MX 2004 中文版，用户能够十分轻松地制作出精美的网站 LOGO、Banner 和导航栏。本章中就来了解这些网站形象的概念，了解 LOGO、Banner 和导航栏分别是什么，并通过具体实例看看 Fireworks 在创建网站形象中发挥的作用。

教学重点与难点

  ➢ LOGO 和 Banner
  ➢ 按钮
  ➢ 导航栏

15.1　制作 LOGO

15.1.1　关于 LOGO

前面 14 章中已经初步了解了一些关于 LOGO 的知识。并知道：在电脑领域中，LOGO 是标志、徽标的意思，可以译为标志、标志图等。也就是说，一个站点的 LOGO 就是站点的标志图案。网站的 LOGO 分为两类：第一类往往出现在站点的每个页面上，一般情况下它位于网页的左上角，代表着该网站的某种理念和内容。而第二类 LOGO 是指互联网上各个网站用来与其他网站链接的图形标志，它是为其他网站链接到某一网站服务的，往往放在页面的下部或者只是给出链接路径供其他网站链接。虽然两类 LOGO 功能上有所区别，但是它们都体现着网站的理念、便于人们识别，有些类似企业的商标。所以 LOGO 的设计在网页设计中起到重要的作用，它们往往是网站的【点睛之笔】。

LOGO 在网站中发挥着非常重要的作用。首先，它是某一网站与其他网站进行链接的标志和门户。Internet 之所以叫做【互联网】就在于各个网站之间可以相互链接。如果想让浏览者走入自己的网站，那么首先就需要提供一个让其进入的入口（这里一般指的是第二类 LOGO）。而图形化的 LOGO 形式，特别是动态的 LOGO，比文字形式的链接更能吸引人的注意。其次，LOGO 还是网站形象的重要体现，它的功能类似于名片，人们在看到这张【名片】时就能初步了解某一网站的内容、特色、理念、名称等等诸多重要的信息。最后，LOGO 还能有助于浏览者选择访问某些网站。一个设计优秀的 LOGO 往往会反映网站及制作者的一些重要信息，特别是对一个商业网站来话，人们可以从中基本了解到这个网站的类型或者内容。浏览者要在许许多多多的网站中寻找自己想要的特定内容的网站时，一个能让人轻易看出它所代表的网站的类型和内容的 LOGO 将是十分重要的。

15.1.2　诺利网 LOGO

诺利公司是一个以皮衣进出口为业务的服装公司，在该企业的网站中要凸现网站上的服饰，所以网站的背景色是黑色的，因而 LOGO 设计也要匹配网页的色彩，所以这里选择黑色为底色，让设计时候就能感觉 LOGO 放在网页上的效果。这也是 LOGO 设计中需要注意的问题。现在就来开始诺利网站的 LOGO 设计。

（1）新建一个大小为 350×350 的文件，并设置画布颜色为黑色，如图 15-1 所示。

（2）单击工具箱上的矩形工具绘制一个大小为 199×27 的矩形，并设置填充色为#0066FF，笔触颜色为无，得到图 15-2 所示的图像。

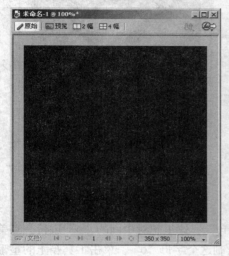

图 15-1　新建一个文件

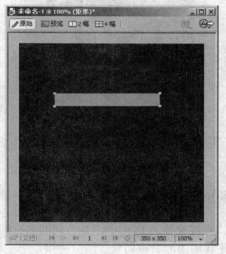

图 15-2　绘制矩形

（3）接着复制这个矩形两次，并将复制的矩形拖到图像适当的位置。并将最下面的一个矩形的长度设置的比上面的两个稍微短一些，如图 15-3 所示。

（4）按住 Ctrl＋A 键全选对象，并按 Ctrl＋G 键将 3 个矩形组合起来，单击工具箱上的缩放工具旋转组合的对象，并将对象放置到图像的适当位置，如图 15-4 所示。

图 15-3　复制矩形并调整下面矩形的长度

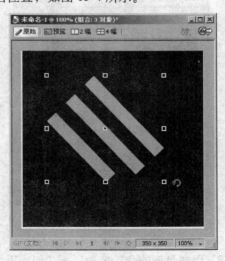

图 15-4　组合对象并旋转对象

（5）选中组合的对象并按 Ctrl＋C 键和 Ctrl＋V 键复制粘贴对象，然后选中复制所得的对象，右击鼠标在弹出的快捷菜单中选择【变形】|【水平翻转】将其水平翻转，适当运用缩放

工具调整两个对象，然后将二者结合，得到如图 15-5 所示的图像。

（6）接着选择工具箱上的椭圆工具同时按住 Shift 键在图像上绘制一个正圆，设置其填充颜色为#FF9900，得到图 15-6 所示的图像。

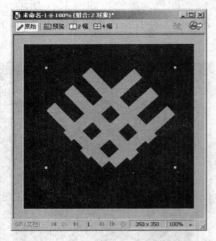

图 15-5　将复制所得对象水平翻转并组合对象

图 15-6　绘制正圆

（7）接着要为 LOGO 添加公司的名称即"Norry"，这里想对中间的"o"进行一点美工处理，使其周围能有锯齿状。所以使用星形工具来绘制这个字母"o"。单击工具箱上的星形工具同时按住 Shift 键，绘制一个星形，如图 15-7 所示。

（8）用鼠标选择星形左下角的控制点向上拖动鼠标调整星形的角数，使得星形的角数增加到 20 个，如图 15-8 所示。

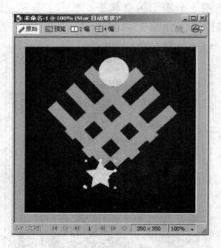

图 15-7　绘制星状图

图 15-8　调整星形的角数

（9）现在星形的角的度数过于尖锐，再用鼠标拖动控制角的完整度的控制点，如图 15-9 所示，使得星形图像的角变得短一些。

（10）接着分别添加"N"和"rry"两个文本，使得这 3 个对象组合起来能够显示出"Norry"的文本效果。并选中三者将它们组合起来，如图 15-10 所示。

图 15-9　调整角的长度

图 15-10　组合对象

（11）选择这个组合，单击属性面板的 ⊞ 按钮，在弹出菜单中选择【阴影和光晕】|【发光】，并设置发光属性，如图 15-11 所示。同理为其他对象添加同样的发光效果，然后绘制一个小正方形并使用缩放工具对它旋转一下，然后多次复制将这些正方形移动到矩形相交的地方排列好，最终得到图 15-12 所示的 LOGO 图像。

图 15-11　发光属性设置

图 15-12　诺利网站 LOGO

在这个例子中主要学习了工具箱上一些基本工具的使用，例如缩放工具 、矩形工具 、椭圆工具 、文本工具 A 和星形工具 等等。另外还知道了怎样设置文本、组合以及特效的属性，最终制作出了一个能够表现主题的 LOGO 图像。需要注意的一点是，做好了一个 LOGO 之后最好要保存好 PNG 源文件以方便修改。当然在制作过程中边制作边保存最好了，这样还能够防止突然机器故障导致了辛苦工作的白费。

15.1.3　经纬线 LOGO

现在来制作经纬线科技公司主页上的 LOGO 图像。经纬线科技公司专业从事网络工具软件和应用软件的开发推广，是世界领先的网络仿真软件产品 OPNET 的中国地区总代理。现在就开始 LOGO 的制作，具体步骤如下。

（1）新建一个大小为 200×60 的文件，单击工具箱上的矩形工具绘制一个矩形覆盖住画布，如图 15-13 所示。

（2）在属性面板中选择填充类型为线性填充，然后在线性填充颜色的属性框中分别设置第一个颜色块颜色为#99CCFF，第二个颜色块颜色为#0066FF，并将两个颜色块拖到临近的位置，如图 15-14 所示。

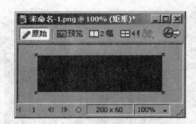
图 15-13　绘制矩形覆盖住画布

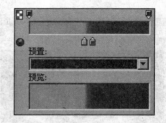
图 15-14　设置线性填充颜色

（3）移动线性填充的填充控制杆，将填充控制杆的方向调整为垂直方向，得到图 15-15 所示的图像。

（4）同理再来绘制一个圆形，并设置其填充为线性填充，将第一个颜色块和第二个颜色块的颜色设置恰好与上面的矩形填充颜色块设置相反，分别为#0066FF 和#99CCFF，得到图 15-16 所示的图像。

图 15-15　调整控制杆方向

图 15-16　绘制圆形并填充

（5）接着绘制一个椭圆形，设置其填充颜色为无色，笔触颜色为白色，并使用缩放工具将其旋转移动到适当位置，如图 15-17 所示。

（6）使用工具箱上的刀子工具，对椭圆进行切割。分别在不需要显示的弧度的两个端点进行切割，这样就为这个椭圆形的路径增加了两个控制点。接着使用工具箱上的指针工具选中这个需要删除掉的弧度，按住 Delete 键将其删除掉。最后为这个路径添上阴影，这样保证椭圆形所代表的"轨道"显得更加逼真，如图 15-18 所示。

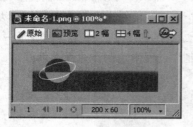
图 15-17　绘制椭圆

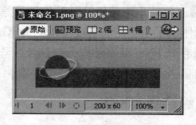
图 15-18　切割椭圆

（7）单击工具箱上的文本工具，为图像添上"经纬线"3 个字。设置字体类型为"微软繁琥珀"，字体大小为 40，得到如图 15-19 所示的图像。

（8）单击文本的颜色按钮，出现图 15-20 所示的颜色属性浮动对话框。然后单击其中的填充选项按钮，这时候跳出图 15-21 所示的浮动对话框。

（9）在填充类型的下拉列表中选择线性填充，然后单击编辑按钮跳出颜色对话框，如前面的图 15-14 所示。分别设置第一个颜色块和第二个颜色块的颜色为#0000CC 和#99CCFF，最终就得到图 15-23 所示的 LOGO 图像。

图 15-19 添加文本

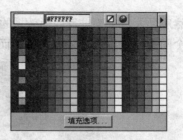

图 15-20 颜色属性浮动对话框

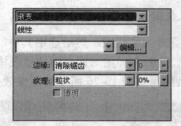

图 15-21 填充属性对话框

图 15-22 经纬线网 LOGO

（10）最后将这幅图像保存好，接着将其导出为一个可在网页上使用的 JPEG 文件或者 GIF 文件就可以了。

15.2 制作 Banner

15.2.1 关于 Banner

Banner 一般被称为旗帜广告、横幅广告等。它是网站用来作为盈利或者是发布一些重要信息的工具。它的主要作用是吸引人的注意力，让人来购买某种商品，或者是让人注意网站的一些动向，想要告诉浏览者该网站上的特色内容。因而 Banner 起得作用实际上是作为陪衬，但是它同时又是网站中非常重要的部分。Banner 的尺寸一般是 480×60 像素，或者 233×30 像素，通常情况下是 GIF 格式的图像文件，可以使用静态图形，也可用多帧图像拼接为动画图像。除普通 GIF 格式外，现在许多网站都放置了 Flash 形式的 Banner，不过这些 Banner 则需要浏览器插件的支持。本章所制作的 Banner 为 GIF 动画形式的 Banner。设计 Banner 应该要做到制作美观、方便单击、与网页协调和整体构成合理。

15.2.2 变色 Banner

本小节中来制作一个变色的 Banner，从而掌握元件的使用、补间实例动画的制作、层和帧的基本用法。

（1）首先新建一个大小为 468×60 的文件，并设置画布颜色为黑色，如图 15-23 所示。

图 15-23 新建一个文件

（2）然后导入一个要进行变色效果的位图文件，如图 15-24 所示。当然也可以使用绘图工具绘制这个图像，这里是为了方便讲解而选用了外部图像。

图 15-24　导入位图

（3）选中该幅图像按 Ctrl＋Shift＋D 键两次，克隆图像两次。然后选中其中的一幅图像，单击【滤镜】，选择【调整颜色】|【色相/饱和度】，这时在弹出对话框中调整色调的值，如图 15-25 所示。同样方式调整另外一幅图像的颜色，最终得到图 15-26 所示的图像效果。

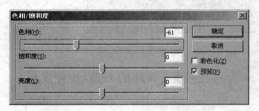

图 15-25　调整色调

图 15-26　对复制对象实行变色效果后的图像

（4）选中其中的一个图片如左边的紫色图片，按快捷键 F8 或者右击在弹出菜单中选择 Convert to 元件准备将图像转换为元件。在弹出的对话框内为元件命名并选择动画，如图 15-27 所示。

（5）单击【确定】之后会弹出动画设置的对话框，如图 15-28 所示。暂时对它不做设置。

（6）单击【确定】，这时回到工作区中，在画布上会看到带箭头的虚线边框的元件，如图 15-29 所示。使用同样方式将另外两幅图像转换为元件，并分别命名为【元件 2】和【元件 3】，然后将 3 个元件都删除掉。

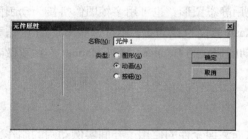

图 15-27　将图像转换为元件

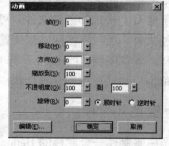

图 15-28　动画设置对话框

图 15-29　位图转换为动画元件的效果

（7）再在 Banner 的左边添加些图片做适当调整使 Banner 更加生动，如图 15-30 所示。

（8）接着单击【窗口】菜单，分别把【层】、【帧】和【库】3 个面板打开，为了将来创建动画服务。在层面板中选中【层 1】图层双击鼠标给图层命名为 Background，并选中【共享交叠帧】复选框即共享这个图层，如图 15-31 所示。

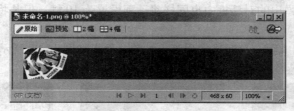

图 15-30　在 Banner 左边添加图片

（9）单击层面板右下角的 按钮新建一个图层。然后将如图 15-32 所示的库面板中的【元件 1】拖到画布中去，并放置到 Banner 的最右角，如图 15-33 所示。同时记住它属性面板中的位置信息（X：282，Y：0）。

图 15-31　命名并共享图层

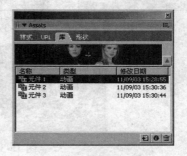

图 15-32　库面板

图 15-33　将元件拖到画布上

（10）选中这个元件，然后单击 【修改】菜单，选择【动画】|【设置... 】，在弹出的动画对话框设置帧数为 10，如图 15-34 所示。

（11）单击【确定】，这时弹出图 15-35 所示的对话框，询问是否要自动添加帧。

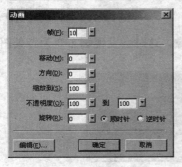

图 15-34　设置动画参数

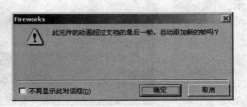

图 15-35　提示是否自动添加帧的对话框

（12）选择【确定】这时候会发现帧面板中出现了 10 个帧，如图 15-36 所示。

（13）接着使用同样方式新建一个图层并命名为【层 2】，并将【元件 2】拖到画布中，元件的位置应当与【元件 1】的位置一样，即都为 X：282，Y：0。单击【修改】菜单，选择【动画】|【设置...】，在弹出的对话框中也同样将动画设置为 10 帧，但是将透明度由 0 变到 100，如图 15-37 所示。

（14）单击【确定】即可。这时候发现第一帧的层面板如图 15-38 所示。图像效果如图 15-39 所示，一种渐变效果已经形成了。

图 15-36　帧面板中出现了新帧　　图 15-37　设置动画属性　　图 15-38　第一帧层面板

图 15-39　第一帧的效果

（15）下面就来制作第二个渐变效果了。也就是由红色变成绿色的了。在帧面板中选择第 10 帧，这时会发现画布右边的图像是红色的，如图 15-40 所示。

（16）单击帧面板右上角的 ≣ 按钮，在弹出菜单中选择【重制帧】，这时弹出了重制帧对话框，在其中选择【在当前帧之后】单选框将复制的帧放置到当前帧之后，如图 15-41 所示。

图 15-40　第 10 帧图像　　　　　　图 15-41　重制帧对话框

（17）单击【确定】回到画布，出现第 11 帧的图像，这时会发现画布变为背景图了，如图 15-42 所示。

图 15-42　第 11 帧图像

（18）此时在层面板中选中【层 1】，将绿色的【元件 3】拖到画布中，在属性面板中设置与前面相同的 XY 坐标。单击【修改】菜单，选择【动画】|【设置...】，在弹出的对话框设置动画同样是 10 帧，这时同样会弹出图 15-35 所示的提示对话框。选择【确定】，这样新的帧就被添加到了帧面板之上了，如图 15-43 所示。

（19）接着选择【层 2】，将红色的【元件 2】拖到画布中，在属性面板中设置与前面相同的 XY 坐标。单击【修改】菜单，选择【动画】|【设置...】，设置其不透明度由 100 到 0，帧数为 10，如图 15-44 所示，使得红色逐渐淡去，绿色显示出来。

图 15-43　新帧被添加到了帧面板之上　　　图 15-44　设置动画属性

（20）接着便是由绿色再变回紫色的了。同上，在帧面板中选中 20 帧，再添加一帧，选中"层 2"，将紫色元件拖到画布中，设置透明度由 0 到 100，选中【层 1】，拖入绿色元件，透明度不变，帧数也是 10 帧。单击播放按钮浏览，发现速度快了一些，按住 Shift 键选择帧面板上的所有帧，双击鼠标，设置帧延时为 15/100 sec 即可。下面来为 Banner 添加文字效果。

（21）在帧面板中选择第 1 帧，然后在层面板中选择【层 2】，接着新建一个【层 3】，选择工具箱上的文本工具 A 为图像添加"诺利服装网"文字，如图 15-45 所示。

图 15-45　添加文本

（22）选中文本，然后按 F8 键将文本转换为元件，在元件属性中为其命名为"nuoli"，选择转换为动画元件，如图 15-46 所示。由于要将文本保持静止状态 5 帧，所以在设置动画时和前面不变色的图片元件一样，只输入帧数就可以了，其他的设置不变，如图 15-47 所示。

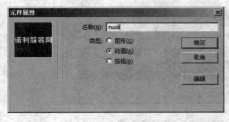

图 15-46　命名元件　　　　　　　图 15-47　设置动画属性

（23）同理添加诺利网的网址"http://www.norryleather.com"这个文本，并将其转换为元件，设置动画属性如图 15-48 所示。选择【确定】回到画布中，如图 15-49 所示。其中绿色点为动画起始位置，红色点为终止位置。然后在帧面板中选中第 5 帧，双击后面的数字，将帧延时设为 200。

图 15-48　设置动画元件属性　　　　　图 15-49　文本转换为动画元件后的图像

（24）下面来实现一个"动感模糊"效果。选中第 6 帧，这时会发现所做的前 5 帧动画看不到了。单击工具箱上的矩形工具绘制一个矩形，将矩形填充设为折叠填充，如图 15-50 所示。

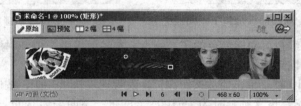

图 15-50　将矩形填充设为折叠填充

（25）在折叠填充浮动框中设置第一个颜色块为白色，第二个颜色块为黑色，如图 15-51 所示，最终得到图 15-52 所示的图像效果。

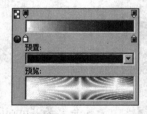

图 15-51　设置折叠填充属性　　　　　图 15-52　设置填充属性后的填充效果

（26）使用鼠标调整折叠填充的控制柄，得到图 15-53 所示的图像效果。

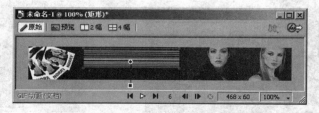

图 15-53　调整控制柄后的图像效果

（27）选中这个矩形，单击属性面板上的■按钮，在弹出菜单中选择【Eye Candy 4000LE】|【Motion Trail】，设置 Motion Trail 属性如图 15-54 所示。

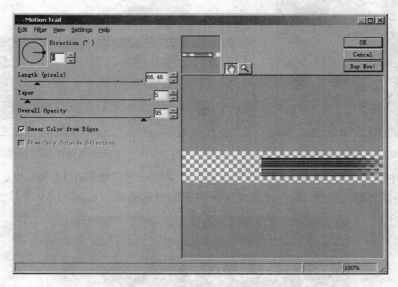

图 15-54　Motion Trail 设置

（28）再一次使用 Motion Trail 特效，不过将方向设为 180°，其他的设置和上面一样，得到图 15-55 所示的图像效果。

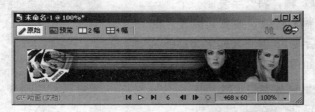

图 15-55　两次使用 Motion Trail 特效后的效果

（29）然后打开库面板，将"诺利服装网"字样的元件拖到场景中，右击鼠标选择【元件】|【分离】，断开和库的联系，然后选中文字，单击属性面板上的■按钮，在弹出菜单中选择【模糊】|【高斯模糊】对其进行高斯模糊，模糊度设置为 2.0 就可以了。然后将处理好的矩形放到模糊文字的上面，适当调节透明度，这样两个文字过渡时候的动感模糊效果就实现了，如图 15-56 所示效果。

图 15-56　动感模糊效果

（30）选中第 7 帧，输入文字"真诚为您服务"，转化为动画元件，也设置 5 帧的动画，设置不同的动画属性，如图 15-57 所示。得到图 15-58 所示的图像。

图 15-57　设置动画属性　　　　　　　图 15-58　设置动画属性后的图像

（31）选中第 12 帧，输入文字"我形我塑"，复制一下，然后在 14 帧粘贴，然后在 16 帧也粘贴，并将该帧帧速改为 100，这样文字就有了闪烁的效果，如图 15-59 所示。

图 15-59　Banner 的第 16 帧图像

（32）选择第 17 帧，将文字复制一个，选中后再用【运动模糊】特效，设置其属性，如图 15-60 所示。然后按 F8 键将其转化为动画元件，设置其属性，如图 15-61 所示。

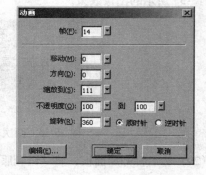

图 15-60　设置【运动模糊】属性　　　　　图 15-61　设置动画属性

（33）选择【确定】回到工作区，得到第 17 帧图像如图 15-62 所示。然后选择第 30 帧，设置帧延时为 200/100 秒即可。

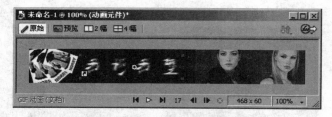

图 15-62　第 17 帧图像

（34）回到图像第 1 帧，单击下面工作区状态栏的 ▷ 图标就可以预览图像效果了。适当进行调整然后就可以选择导出向导，在导出向导对话框中选择导出类型为 GIF 动画，如图 15-63 所示，这样就可以将图像导出为 GIF 动画了。

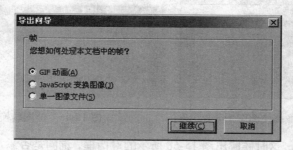

图 15-63　将图像导出为 GIF 动画

在上面的这个例子中，主要学习了渐变颜色动画的制作。在这个 Banner 的制作过程中，通过使用层面板、帧面板和库面板进一步熟悉了 Fireworks MX 2004 中文版中这些面板的使用方法。在帧面板中学习了如何选择各帧编辑，如何复制帧、添加帧等，还学习了如何去设置帧的时间长短。在层面板中了解了如何新建图层和设置共享图层等。在库面板中熟悉如何将图像和文本转换为动画元件，通过动画属性对话框设置动画的大小、透明度等来控制动画效果以及怎样将库文件放置到场景之中。通过对不同元件对象的不同设置实现了不同的动画效果，这里读者可以尝试着设置动画属性对话框中的不同参数来设置动画图像的效果，包括帧数、移动、方向、缩放到、不透明度、旋转等值，从而产生不同的效果。另外，在这个 Banner 的制作过程中，我们又进一步熟悉了指针工具、文本工具、缩放工具、矩形工具等工具的使用方法和技巧。另外还通过使用 Motion Trail 特效熟悉了它的使用，并通过它制作了文本的"动感模糊"效果。

15.2.3　天柱山 Banner

在下面的这个实例中需要制作一个 Banner 来宣传天柱山。下面就来看看怎么样运用 Fireworks MX 2004 来制作这个 Banner 的，具体步骤如下所示。

（1）新建一个大小为 468×60 的文件，设置其画布颜色为透明，并导入一幅汽车的位图图像，得到图 15-64 所示的图像。

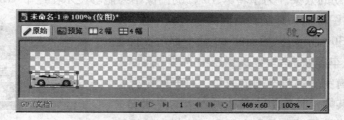

图 15-64　新建文件并导入图像

（2）选中这幅汽车图像，单击【修改】菜单，选择【元件】|【转换为元件】，这时候会跳出元件属性对话框，将这个图形文件命名为"汽车图 1"，如图 15-65 所示。

（3）单击【确定】，这时候位图图像就已经转换为了图形元件了，如图 15-66 所示。选中这个图形元件，单击【修改】菜单，选择【动画】|【选择动画】，跳出【动画】对话框，在其中设置帧数为 10，移动到 380，如图 15-67 所示。

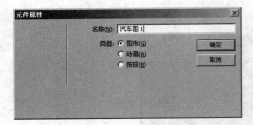

图 15-65　将图像转换为图形元件

图 15-66　位图转换为图形元件

（4）单击【确定】，这时候跳出图 15-68 所示的对话框，询问是否添加新帧，选择【确定】，这时候在帧面板中就已经添加了新帧，得到图 15-69 所示的动画元件图像。

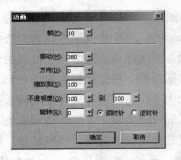

图 15-67　设置动画属性

图 15-68　弹出对话框

图 15-69　动画元件图像

（5）默认的帧延时的时间太短，可以将前面 9 帧帧延时设为 10，第 10 帧的帧延时设为 35 来控制汽车运动的效果。为了将第 10 帧的图像始终能够显示在这个 GIF 动画上，所以有必要将第 10 帧的图像效果复制到后面的所有帧中去。设计这幅动画共有 30 帧，所以后面的 20 帧中都需要有这个第 10 帧中的汽车图像。这里要调用库中的图形元件来实现所有帧中都有第一幅汽车图的效果。打开帧面板，新建一帧，设置其帧延时为 10。单击帧面板的洋葱皮工具，在弹出菜单中选择【之前和之后】，这样在编辑第 11 帧时就能够看到第 10 帧的汽车图像了。单击【窗口】，选择【库】，打开了库面板。发现库面板中有一个动画元件和开始保存的名为【汽车图 1】的图形元件，如图 15-70 所示。

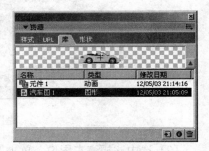

图 15-70　库面板

（6）从库面板中拖动图形元件到画布之中，使其和第 10 帧的汽车图形完全对齐。得到第 11 帧的图像，如图 15-71 所示。

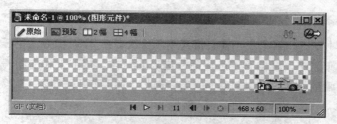

图 15-71　拖动图形元件到画布

(7) 选中第 11 帧，在帧面板中单击 ⋮ 按钮，在弹出菜单中选择【重制帧】，在弹出对话框中设置帧的数量为 9，如图 15-72 所示。

(8) 选中第 11 帧，导入另外一幅汽车图像，如图 15-73 所示。

图 15-72　复制第 11 帧

图 15-73　导入另外一幅汽车图像

(9) 同样单击【修改】菜单，选择【元件】|【转换为元件】，在元件属性对话框，将这个图形文件命名为【汽车图 2】，如图 15-74 所示。

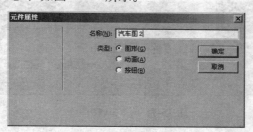

图 15-74　将图像转换为图形元件

(10) 单击【确定】，这时候位图图像就已经转换为了图形元件了。选中这个图形元件，单击【修改】菜单，选择【动画】|【选择动画】，跳出动画对话框，在其中设置帧数为 10，移动到 290，得到图 15-75 所示的图像。

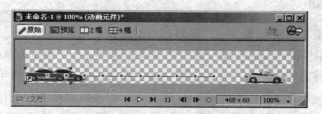

图 15-75　第二个动画元件

(11) 设置第 20 帧的图像帧延时为 35，11 帧到 19 帧帧延时为 10。然后新建一帧并设置帧延时为 10，从库面板中拖动"汽车图 1"和"汽车图 2"到画布之上，使其和第 20 帧中图像完全对齐，如图 15-76 所示。

（12）选择第 21 帧，和第 7 步一样，将其重制 9 次。在 21 帧中导入第三幅汽车图，只将车的前半部分放在画布之中，好像车子是逐渐开进来的一样。接下来和前面一样，将它转化为图形元件，并设置动画效果，设置其帧数为 10，移动为 100 即可，如图 15-77 所示。

图 15-76　第 21 帧图像

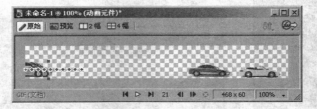

图 15-77　导入第三幅汽车图并设置动画

（13）将"汽车图 3"元件拖到第 30 帧中并与动画元件对齐。接着为图像添加两个小圆形和一个圆角矩形，并在矩形中添加"我也要去天柱山"几个字来增强效果，如图 15-78 所示。

图 15-78　第 30 帧图像

（14）将第 30 帧帧延时设为 200 即可，让它的显示时间长一些。最后保存这个文件并将其导出为一个 GIF 文件，这样在个人网页中就可以使用这个 GIF 图片了。

15.3　制作按钮

15.3.1　关于按钮

按钮是网页的重要组成元素之一，在网页中发挥着十分重要的作用。它主要起着两个作用：第一是起到提示性的作用，有提示性的文本或者图形来告诉浏览者单击后会有什么作用，这样的按钮可以是静态的图片，主要是让浏览者了解单击它起到什么作用，甚至可能仅仅是一个小的较为美观的图片。第二是动态响应的作用，即是指浏览者在进行不同的操作时，按钮能够呈现出不同的效果，响应不同的鼠标时间。起这样作用的按钮在一般情况下有 4 个状态，即释放、滑过、按下和按下时滑过，要编辑按钮的链接或行为还要设置按钮的活动区域。它们分别表示：

➢ 释放状态：这是按钮的一般状态，也就是按钮处在一般情况下的形态。可以使用工具箱上的绘制和编辑工具来创建按钮的释放状态。

➢ 滑过状态：这是当光标滑过按钮时显示的按钮状态。同样可以使用工具箱上的绘制和编辑工具来创建按钮的滑过状态。

➢ 按下状态：这是为按钮创建"被按下"的图像，也就是鼠标按下时按钮所显示的状态。这个状态用于导航栏中，但不用于简单变换图像。

➢ 按下时滑过状态：在按钮被按下时，只要鼠标滑过，按钮仍会更改外观。一般在多按钮导航栏中使用此按钮状态。"按下时滑过"不用于简单变换图像。

➢ 活动区域：通过一个链接到按钮的切片对象来定义此按钮的活动（单击）区域。可以使用属性面板来定义 URL 和其他链接属性。

Fireworks MX 2004 中文版提供了强大的按钮制作功能，用户可以新建也可以调用库来制作出各种各样的按钮，可以通过使用按钮编辑器来快速变换按钮上的文字，使得用户能够批量制作按钮，从而轻松制作有动态效果的导航栏。由于按钮有两种不同的作用：一个是为了提示，一个是动态响应。下面就分别来制作两类不同的按钮。

15.3.2 XP 风格按钮

开始制作一个具有 XP 风格的按钮，下面来看看具体的操作步骤。

（1）新建一个大小为 200×60 的文件，使用工具箱上的圆角矩形工具绘制一个圆角矩形，在属性面板中设置圆角值为 47，得到如图 15-79 所示的图像。

（2）然后在属性面板中填充设置中选择【渐变】|【线性】，即选择线性填充，并在浮动颜色框中设置第一个颜色块值为#B6B6B6，第二个颜色块值为#FFFFFF，得到图 15-80 所示的图像。

图 15-79 绘制圆角矩形

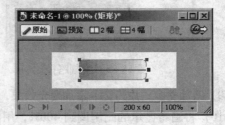

图 15-80 设置渐变填充

（3）由于现在是左右渐变，想实现上下渐变，其实只要调整渐变填充的控制杆就可以了，具体用法可以参看前面第 8 章的内容，如图 15-81 所示。

（4）按住 Ctrl＋Shift＋D 键克隆圆角矩形，然后使用工具箱上的矩形工具绘制一个矩形，并使用选择工具同时按住 Shift 键选择矩形和克隆所得的圆角矩形，如图 15-82 所示。

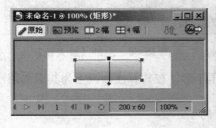

图 15-81 调整控制杆

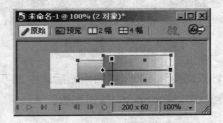

图 15-82 同时选中矩形和圆角矩形

（5）单击【修改】菜单，选择【组合路径】|【打孔】，将两个路径使用打孔效果，得到图

15-83 所示的图像。

（6）选中打孔所得的图形，在属性面板中将其笔触设为无，线性填充的第一个颜色块设为#3399FF，第二个颜色块设为#D0F3FD，适当调整控制杆，并在属性面板中设置不透明度设为70%，得到如图 15-84 所示的图像。

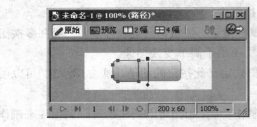 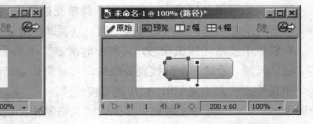

图 15-83　打孔后的图像效果　　　　　　图 15-84　调整填充效果

（7）为了实现高光的效果，将画布显示的比例调到 400%，然后单击工具箱上的钢笔工具，绘制图 15-85 所示的路径。

（8）调整路径的不透明度为 90%，切换到 100% 视图，并适当调整一些填充效果让其达到视觉上的最佳，得到图 15-86 所示的图像。

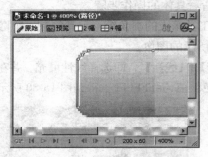 

图 15-85　绘制路径　　　　　　图 15-86　添加路径后的效果

（9）添加文本，并为文本添加发光效果，设置发光颜色为白色，得到如图 15-87 所示的图像。

（10）将画布显示的比例调到 400%，用圆形工具和钢笔绘制一个简单的放大镜图像，线条颜色为白色，无填充，如图 15-88 所示。

图 15-87　添加文本　　　　　　图 15-88　绘制【放大镜】

（11）切换到 100% 视图，然后选中底下的圆角矩形，在其属性面板上为其添加阴影效果，最终得到图 15-89 所示的按钮图像。

15.3.3　响应按钮

前面已经说过响应按钮有释放、滑过、按下和按下时滑过几个状态，其实只要分别制作各个不同状态的按钮图像就可以制作响应按钮了，下面来看看具体的实例。

（1）打开前面制作好的 XP 风格的按钮图像，按住 Ctrl＋A 键全选对象，然后按 Ctrl＋G 键将所有对象组合，如图 15-90 所示。

图 15-89　按钮图像

图 15-90　组合所有对象

（2）按 F8 键在弹出的元件属性对话框中选择转换为按钮单选框并命名，如图 15-91 所示。

（3）单击【确定】，这时候发现刚才的组合已经被转换为按钮图像了，此时对象上已经添加了切片，并且左下角有个小箭头图标，表示现在已经是一个按钮元件了。如果想制作各个状态的按钮图像那么只需要双击这个对象，就可以弹出图 15-92 所示的按钮编辑器了。选择左下角的【导入按钮】按钮甚至还可以导入 Fireworks 自带的按钮库，方便制作按钮，如图 15-92 所示。另外 Fireworks 的【编辑】|【库】菜单下自带了主题、动画、按钮和项目符号 4 个元件库，分别如图 15-93 至图 15-96 所示，使用它们可以方便地制作出许多精美的效果，这里读者可以自己去尝试。

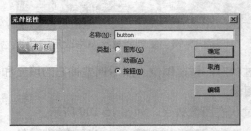

图 15-91　将组合对象转换为按钮元件

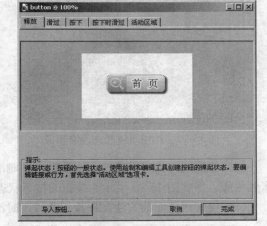

图 15-92　按钮编辑器

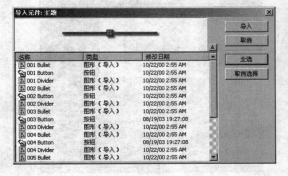

图 15-93　主题元件库

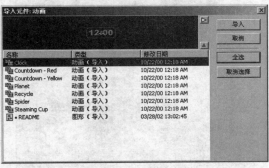

图 15-94　动画元件库

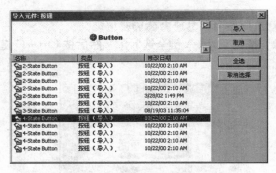

图 15-95　按钮元件库　　　　　　　　　图 15-96　项目符号元件库

（4）按钮的释放状态就选择原来的按钮状态，不做改动，接着选择按钮的滑过状态栏，这时候发现里面是空白的，如图 15-97 所示。不要着急，单击 复制弹起时的图形 就可以将释放状态的按钮图像复制到滑过状态，然后适当地修改文本和填充的颜色就可以制作好按钮的滑过状态了，如图 15-98 所示。

图 15-97　按钮滑过状态没有图像

图 15-98　复制释放状态修改后的效果

（5）使用同样的方式在按下选项栏中复制滑过状态的按钮图像，然后调整按钮的填充和字体颜色等，得到图 15-99 所示的按钮的按下状态图像。

（6）接着用上面的方法制作按钮的按下时滑过状态图像效果，如图 15-100 所示。

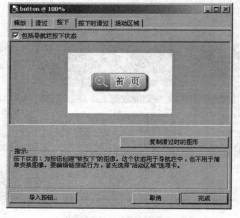

图 15-99　按钮的按下状态

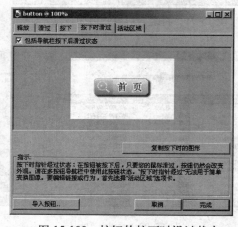

图 15-100　按钮的按下时滑过状态

（7）选择【活动区域】选项栏，使用鼠标拖动活动区域切片的大小，使得它和按钮大小基本符合，如图 15-101 所示。

（8）完成之后选择【完成】按钮，回到工作区，切换到 4 幅模式的图像预览看看按钮的效果，如图 15-102 所示，这样响应按钮就制作好了。

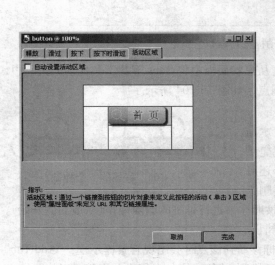

图 15-101　设置按钮活动区域

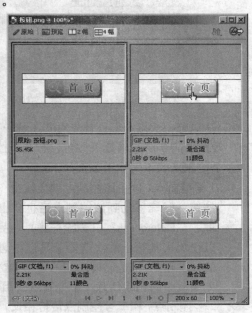

图 15-102　4 幅视图模式预览按钮效果

15.4　制作导航栏

15.4.1　关于导航栏

所谓导航栏，指的是页面上的各个栏目的组合，浏览者单击它们就可以跳转到网站的不同栏目的页面中去。它的目的是为了方便浏览者能够迅速地找到自己所需要观看的页面或者内容，起到一个【导航】的作用。浏览者通过导航栏就能够比较清楚地了解自己所浏览网站大致的内容分类，能够在大脑中形成一个结构框架图，方便了浏览者在这个页面之间的跳转，缩短了掌握信息的时间。一般情况下每个页面上都会有一个导航栏。这个导航栏可能是位于页面的上部，处在 LOGO 和 Banner 的下面，也有可能是处在页面的左部。

虽然导航也可以紧紧只用文本链接来达到，但是为了美观，常常运用多组按钮或者使用图片来制作一个导航栏目。使用按钮组合制作导航栏时还可以通过设置按钮的不同状态来创建个性化的导航栏。因而，从这个意义上说，导航栏本质上就是一组互斥的按钮的组合。最简单的生成导航栏的方法是复制一组按钮，然后改变每个按钮的文本和链接。下面就来看看导航栏的制作。

15.4.2　标签导航栏

页面的导航栏一般位于页面的上部，通常是使用一组按钮制作出来的，但是在 Fireworks MX 2004 中文版中的形状面板组中提供了标签组，使得能够非常简单的制作透明按钮效果的导航栏，这类导航栏能够很好的运用于艺术性的站点之上。下面就来看看如何使用制表组来制作导航栏。

（1）新建一个文件大小为 759×40 的文件，选择【窗口】|【自动形状】打开形状面板组，然后将标签拖到画布上去，如图 15-103 所示。

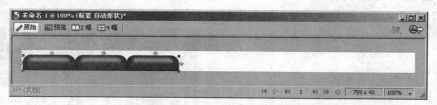

图 15-103　拖动标签到画布

（2）这里第一次接触标签首先对其了解一下。从形状面板中将 Tabs 形状工具拖动编辑区中，即可出现默认的 3 个水晶效果按钮，有 5 个控制点，如图 15-104 所示。

各个控制点的不同作用分别如下：

图 15-104　标签的 5 个控制点

➢ 1 号控制点：单击该控制点就会减少一个水晶按钮。鼠标移动到该控制点后也会出现提示框："Delete Tab"（删除标签）。另外还可以使用工具箱上的次选择工具选中想要删除的标签删除，但是需要注意的是，一定要按顺序来进行标签的删除操作（从最右侧开始），如果从中间删除任意一个标签就会出现错误。

➢ 2 号控制点：和 1 号控制点恰恰相反，鼠标移动到该点时会出现背景提示框："Add Tab"（添加标签），当单击该控制点就可以实现制表单位的增加，每次单击就可以增加一个标签单位。

➢ 3、4、5 控制点：这 3 个控制点的作用是相同的，水平移动任意一个控制点就会出现"Hue：xxx"等数值的提示，而且水晶按钮的外观颜色也会发生相应的变化，这样只需要移动鼠标就可以实现按钮的颜色的调整。

（3）由于导航栏有 10 个导航栏目。所以单击 2 号控制点添加标签到 10 个，使用缩放工具调整标签的大小使其与画布能够匹配，如图 15-105 所示。

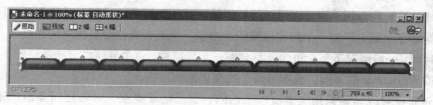

图 15-105　增加标签单位并缩放标签

（4）然后调整标签上面的控制点调整各个按钮的色调，得到图 15-106 所示的图像。

图 15-106　调整按钮色调

（5）接着在上面添加导航栏目的文本即可，如图 15-107 所示。

图 15-107　添加文本

（6）这样网站导航栏就算是做好了，由于不同的导航栏可能要链接到网站的页面，所以有必要对这 10 个栏目进行切割，让它成为 10 个小图片，将来在 Dreamweaver 中可以通过设置不同的链接地址让各个图片链接到网站不同的栏目页面。选择工具箱上的切片工具绘制切片，如图 15-108 所示。

（7）接着便可以将切片文件导出为 Fireworks HTML 文件了，将来还可以在 Dreamweaver 中插入这个 HTML 文件，然后对不同的切片对象设置不同的链接，这样导航栏就制作完成了。

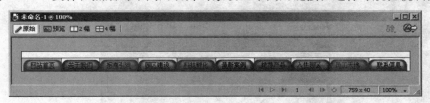

图 15-108　绘制切片后的导航栏

15.4.3　弹出菜单导航栏

现在许多网站的导航栏都会有弹出菜单，如果将鼠标放置到某个栏目上的时候，这时候这个栏目的旁边会弹出一个菜单，出现了这个栏目的子级菜单，当用鼠标单击这个下拉菜单中的标题会跳转到响应的子级页面中去，下面就来看看怎样制作这样一个具有弹出菜单的导航栏。

（1）新建一个大小为 158×189 的图像，按照前面的方法制作一个按钮，如图 15-109 所示。

（2）选择【窗口】|【库】打开库面板，这时候这个按钮已经显示在库面板之中，如图 15-110 所示。

（3）由于导航栏是由相似的按钮组成的。只要制作几个类似的按钮并将它们上面的文字做不同的修改就可以了。有了库面板就不需要重复劳动了。只需要选择制作好的按钮单击库面板右上角的 按钮，然后在弹出菜单中选择【重制】复制按钮就可以了。这里重复操作 6 次，一共得到 7 个按钮，如图 15-111 所示。

图 15-109　绘制一个按钮

图 15-110　库面板

（4）这样就得到了 7 个相同的按钮，由于这些按钮上的文字应该不一样，所以需要对这些按钮进行编辑。选择某个按钮双击，这时候就会弹出图 15-112 所示按钮属性对话框，选择其中的 [编辑] 按钮就可以打开按钮编辑器对按钮进行编辑了，在其中修改文本即可，选中文本右击鼠标选择【编辑器】打开文本编辑器修改文本，如图 15-113 所示。

图 15-111　复制按钮 6 次

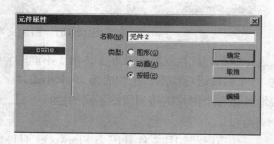

图 15-112　按钮属性对话框

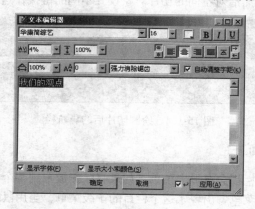

图 15-113　修改文本

（5）文本修改后会弹出图 15-114 所示的对话框，提示是否更新其他的按钮状态，选择【是】。

（6）这样第二个按钮上的文本已经被更新了，同理更新其他复制所得按钮上的文本，然后将这些按钮元件从库面板拖到画布中，如图 15-115 所示。

图 15-114　提示对话框

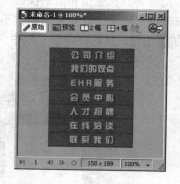

图 15-115　将按钮拖放到画布中

（7）下面就是为导航栏目添加弹出菜单了。先为【公司介绍】按钮添加【人力资源事业部介绍】、【服务客户与案例介绍】、【创业人力资源知识库】、【人力资源事业咨询师】4 个子级栏目。选中【公司介绍】按钮，这时候发现按钮上有一个小钟表样式的图标，单击这个图标，在弹出菜单中选择【添加弹出菜单】，如图 15-116 所示。

（8）这时候跳出【弹出菜单编辑器】对话框，在【内容】项目栏里面设置弹出菜单及其子级菜单的标题，其中上面的 + 按钮用于增加标题， - 按钮用于删除标题， 按钮用于左缩进菜单、 用于右缩进菜单，可以在这个选项栏中设置文本标题、链接和链接的目标。在链接栏里填上链接的相对路径或者网址就可以了，如图 15-117 所示。

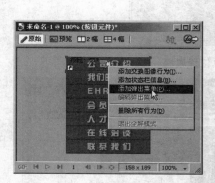

图 15-116　在菜单中选择【添加弹出菜单】

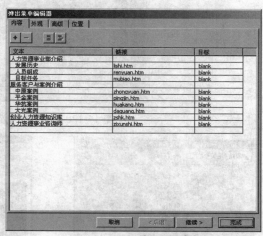

图 15-117　设置弹出菜单内容项

（9）单击【继续】设置弹出菜单的【外观】项，将【弹起状态】的文本和单元格颜色分别设置为#FFFFFF 和#3DA5D8，将【滑过状态】的文本和单元格颜色分别设置为#000000 和##68C8F8，如图 15-118 所示。

（10）单击【继续】设置弹出菜单的【高级】项，其设置如图 15-119 所示。

图 15-118　设置弹出菜单外观属性

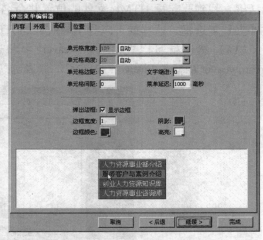

图 15-119　设置弹出菜单高级属性

（11）继续单击【继续】，设置弹出菜单的【Position】项，其设置如图 15-120 所示。

（12）单击【完成】按钮，这样按钮的下拉菜单就已经制作完成了。回到文件的原始状态，这时候发现下拉菜单已经添加到了按钮之上，如图 15-121 所示。按快捷键 F12 在浏览器中浏览所得的按钮，如图 15-122 所示。

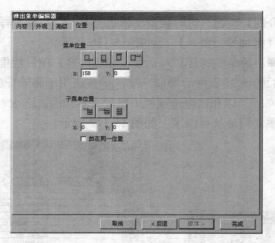

图 15-120 设置弹出菜单位置属性

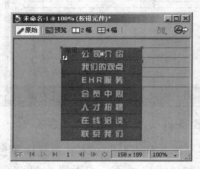

图 15-121 添加下拉菜单后的按钮

图 15-122 在浏览器中浏览按钮

（13）接着就可以将图像导出为 Fireworks HTML 文件了，选择【文件】|【导出】弹出导出对话框，找到要存放 HTML 文件的位置并命名 HTML 文件为 dh.htm，并选中【将图像放入子文件夹】复选框，这样就可以导出导航栏的 HTML 文件了，如图 15-123 所示。

（14）然后就可以在 Dreamweaver 中将这个文件插入到设计的页面中，至于如何在 Dreamweaver 中插入 Fireworks HTML，读者可以看后面第 17 章的内容，这里就不再详细叙述了。

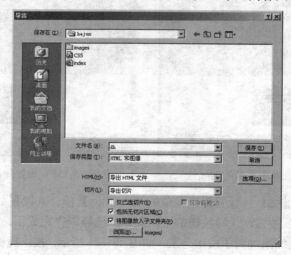

图 15-123 导出 Fireworks HTML 文件

15.5　本章小结

本章主要讲解了运用 Fireworks MX 2004 中文版设计 LOGO、Banner、按钮和导航栏等网站形象的一些具体方法，通过几个生动实例的讲解帮助读者了解网站中的形象图片如何运用 Fireworks 绘制出来，从而掌握该软件在网页艺术设计中的重要作用。作为 Macromedia 公司的网页三剑客之一的 Fireworks 在图像处理上的最大特色就是能够快速高效地制作网页图像，因而可以说本章的内容最能体现 Fireworks 这一特色。通过本章学习，读者可以了解到 LOGO 设计的一些简要方法、动态 Banner 的设计原理、导航栏的制作方法等与网页息息相关的图像制作方法，从而为制作自己的网页打下坚实的基础。

15.6　本章习题

（1）思考一下渐变效果的 Banner 动画中主要使用了哪些工具和方法。

提示：制作过程中主要运用了 Fireworks 的元件、动画对话框、层和帧面板。这也是制作 GIF 动画的必要工具。

（2）制作一个 XP 风格的按钮，然后用它来制作一个具有响应效果的导航栏。并为其添加弹出菜单，然后将导航栏导出为 HTML 文件并在 Dreamwever 中使用。

提示：首先绘制按钮并了解线性填充的使用和按钮的 4 种状态。接着在库面板中复制按钮修改按钮上的文本，然后将其导出为 Fireworks HTML 文件。

（3）使用标签制作一个多彩效果的导航栏，同时熟悉形状面板上其他形状组的功能。

提示：从形状面板中拖动到画布即可，然后添加标签数目并修改各个标签的颜色。接着为其添加文本，最后切割图像并导出为 Fireworks HTML 文件即可。

第 16 章 热点与切片

教学目标

　　网页设计中广泛应用的热点和切片是用来创建图像交互效果的重要工具，如导航栏、响应按钮等。热点又被称为热区，它是具有超链接的区域，鼠标放上去会打开对应的页面；切片能够将一幅大的图像切割成许多小的图片，因而能够减少图片的下载速度，也可以产生鼠标响应效果，而在浏览器中它们却又能显示为一个完整的图像。本章中就来详细了解热点和切片的概念、创建和编辑等，从而熟悉它们的使用方法。

教学重点与难点

➢　热点
➢　切片
➢　链接

16.1 热点

16.1.1 关于热点

　　热点是图像上带有超链接的一块区域，热点可以是矩形、圆形，甚至还可以是多边形。当将鼠标移动到热点上时，鼠标会变成手形，和文本的超链接是类似的。

　　一般情况下，一幅图像只链接到一个目标，可以在 Fireworks 中绘制一个热点即可，也可以直接在网页设计软件如 Dreamweaver 中直接指定链接地址。但是有时一幅较大的图片上可能会有多个不同的小区域，而这些不同的小区域的图片要相应地链接到不同的目标上去，这样就需要利用到热点的功能。可以在该图像上相应的位置绘制多个不同的热点，然后为这些不同的热点指定不同的链接地址即可。

　　下面通过对图像的操作来看看热点的具体使用。

16.1.2 创建热点

　　首先打开一幅图像，这个图像的中部显示的是合肥政务文化新区的区域图，是个多边形的区域。这个区域图上又 1 到 12 个标注点，而周围的 12 幅图片便是这些点的透视图。我们想让 12 个图片链接到 12 个关于它们介绍的页面上去，而中间的区域图链接到关于区域图介绍的页面上去。由于 12 幅图片是矩形的而中间的区域图是多边形的，所以就需要使用到不同的热点链接。下面就来看看热点的创建。

　　单击工具箱上的热点工具，会看见如图 16-1 所示的 3 类热点工具，【矩形热点】工具、【圆形热点】工具和【多边形热点】工具。下面就分别讲讲这 3 类热点工具的使用。

图 16-1　热点工具

1. 创建矩形热点

选择工具箱上的【矩形热点】工具就可以在对象上绘制矩形热点区域。只需选中它后在图像适当位置按下鼠标左键拖动鼠标即可。另外，如果在拖动鼠标的同时还按住 Shift 键则可以绘制正方形热点，如图 16-2 所示。

图 16-2　创建矩形热点

2. 创建圆形热点

选择工具箱上的【圆形热点】工具就可以在对象上绘制圆形热点区域。只需选中它后在图像适当位置按下鼠标左键拖动鼠标即可。另外，如果在拖动鼠标的同时还按住 Shift 键则可以绘制正圆热点，如图 16-3 所示。

图 16-3　创建圆形热点

3. 创建多边形热点

选择工具箱上的【多边形热点】工具就可以在对象上绘制多边形热点区域。选择它后在图上多边形区域的每个端点上单击可绘出连续的线段，最后所得的封闭区域就是多边形热点区域，如图 16-4 所示。

图 16-4　创建多边形热点

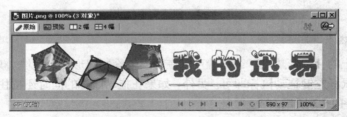

图 16-5　选中 3 幅小图的边界路径

另外，如果选中要作为热点的路径或对象，然后选择【编辑】菜单下的【插入】|【热点】就可以根据路径或所选对象的轮廓来生成热点了。如果选择了多个对象，如图 16-5 所示，接着选择【编辑】菜单下的【插入】|【热点】，此时会跳出图 16-6 所示的对话框，选择【多重】按钮就为所有的对象添加了热点，如图 16-7 所示。

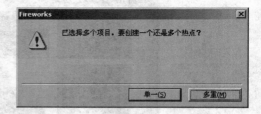

图 16-6　弹出对话框

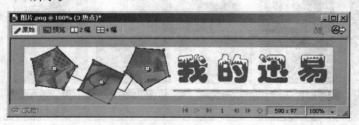

图 16-7　插入多个热点

16.1.3 选择和移动热点

可以是使用工具箱上的指针工具和次选择工具来选取某个热点。和其他对象一样，也可以使用 Fireworks 的层面板来选择热点，如图 16-8 所示。

选中热点后，就可以拖动鼠标来移动热点，不过要注意使用鼠标时应避开热点中心的小时钟形按钮。当然还可以使用方向键或者属性面板的位置值来改变热点位置。

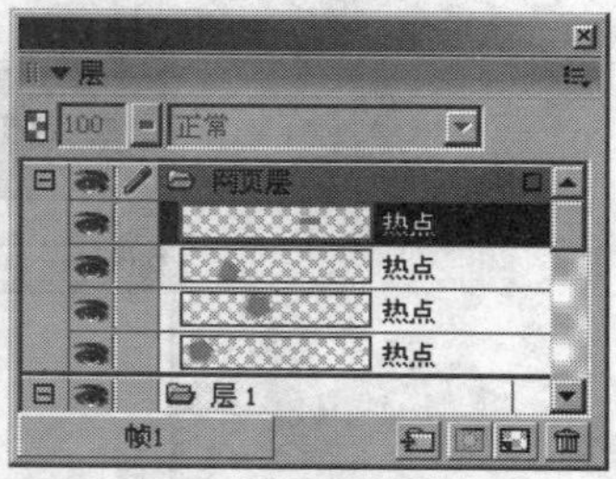

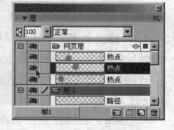

图 16-8　在层面板选择热点

16.1.4 改变热点形状和颜色

利用指针工具或者次选择工具拖动热点的控制点就可以改变热点的形状。不过对于矩形热点和圆形热点，只能通过控制点改变大小而不能改变形状。如果要将一种形状的热点变为另一种形状的热点，只需要在该热点属性面板中的【形状】下拉列表中选择需要的形状即可，如图 16-9 所示。

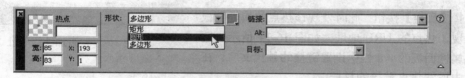

图 16-9　改变热点形状

在 Fireworks MX 2004 中文版中，热点在默认情况下是透明的青色，其十六进制颜色值为 #00FFFF。如果想要改变热点的显示颜色，只需要在图 16-9 所示的热点属性面板的颜色井中选择所需要的颜色就可。

16.1.5 显示与隐藏热点

默认情况下热点是覆盖在对象之上的，并显示透明的青色。有时候为了方便编辑图像就需要将一些暂时不需要编辑的热点隐藏起来，需要的时候再让其显示出来。此时可以使用工具箱上的隐藏切片和热点工具、显示切片和热点工具来控制热点或者切片的隐藏和显现。

除此之外，还可以利用层面板来控制热点的显示和隐藏。单击层面板某一热点前的眼睛图标就可以将该热点隐藏起来，如图 16-10 所示。隐藏了热点之后，再次用鼠标单击该区域，眼睛图标又会显示出来，热点又会出现在图像之中。

图 16-10　层面板上的眼睛图标

16.1.6 为热点添加链接

可以利用热点的属性面板或 URL 面板为热点添加链接。热点的属性面板如前面的图 16-9 所示，只需要分别在其中添加链接地址、替代标记和链接目标就可以了。这里主要来看看 URL 面板的使用：

单击【窗口】|【URL】就打开了 URL 面板。在默认情况下，URL 面板是组合在资源面板之下的，如图 16-11 所示。

选中图片上的某个热点，然后单击 URL 面板右上角的，此时会弹出如图 16-12 所示的弹出菜单。

图 16-11　URL 面板

图 16-12　弹出菜单

在弹出菜单中选择【添加 URL】或直接单击 URL 面板右下角的添加热点按钮，则会跳出【新建 URL】对话框，可以在其中为热点添加链接地址，如图 16-13 所示。

选择【确定】按钮，此时发现该热点的属性面板中也出现了热点的 URL 地址，如图 16-14 所示。还可以在属性面板的 Alt 栏中设置链接的替代文字，在目标栏中设置热点链接的目标。

图 16-13　添加链接地址

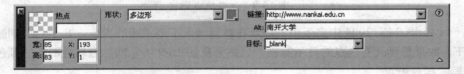

图 16-14　热点的属性面板

Alt（替代文字）是说明目标页面主题的文字，当浏览器无法显示图像时或鼠标放上去停滞一段时间的时候，链接对象上就会显示出该替代文字。

链接目标表示以何种方式打开热点链接的网页，有 4 类链接目标，意义分别如下：

➢ _blank：表示在新的浏览器窗口中打开目标网页。

➢ _self：表示在当前页面的窗口或者框架页中打开目标页面。

➢ _parent：表示在当前页面的父级页面中打开目标页面。

➢ _top：表示在当前页面所在的整个窗口中打开页面，如果该页面中包含了框架，则会删除所有的框架。

16.2　切片

16.2.1　关于切片

切片可以将图像切割成为多个小的文件，并将这些切割后的文件单独输出。当图像文件比较大的时候，由于受到目前网速的限制，用户的浏览器下载整个图片则需要花很长的时间，如果使用了切片，那么这个图片就能分为多个不同的小图片分开下载，这样能够大大缩短图片的下载时间。前面第 15 章中的响应按钮和导航栏的创建中实际上就已经讲到了切片。响应按钮创建完成之后实际上也是在其上添加了一个切片，而按钮的 4 个状态则分别导出为 4 幅不同的图片文件。而导航栏的各个栏目更是切割成了一幅幅小的图片文件了。

Fireworks 中的切片主要有以下几个功能和作用：

➢ 创建动态效果：利用切片可以制作出各种交互效果。例如前面一章响应按钮的几种状态实际上是作为切片导出为不同的图片的。

➢ 优化图像：可以分别对切片上的小图像进行不同的优化设置，还能够把它们导出为不同格式的图像文件。这不仅保证了图片的质量，还能够使得图片文件最小。

➢ 添加链接：制作好切片之后，可以单击切片中心的时钟形图标，在其弹出菜单中为切片设置链接，创建弹出菜单。

16.2.2 创建切片

在工具箱上，发现切片工具有两类，分别为【切片】工具和【多边形切片】工具，如图 16-15 所示。利用它们可以为图像创建矩形或者多边形的切片。

1. 创建矩形切片

打开一幅图像，然后选择工具箱上的【切片】工具，在图像的适当位置上按下鼠标左键并拖动绘制一个矩形区域，当觉得矩形的大小合适时释放鼠标左键，这样就为图像上的某一区域创建了矩形的切片，如图 16-16 所示。

图 16-15 切片工具

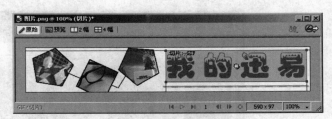

图 16-16 创建矩形切片

此时会发现，该切片区域被半透明的绿色所覆盖，称为切片对象。另外，此时 Fireworks 还依据切片对象的位置，使用了红色的切割线对图像进行了切割，称为切片向导。

和前面一节中的热点类似，要使切片与对象区域紧密匹配，可以首先选中要创建切片的对象，然后单击【编辑】菜单，选择【插入】|【切片】，此时切片就与对象紧密匹配了；如果选择了多个对象并使用前面的操作，此时会出现如图 16-17 所示的对话框，选择【多重】按钮，可以创建多个切片，如图 16-18 所示。

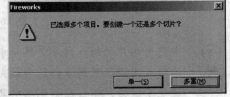

图 16-17 提示对话框

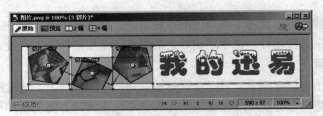

图 16-18 创建多个切片

2. 创建多边形切片

多边形切片的创建和多边形热点的创建类似，首先打开一幅图像，如图 16-19 所示。

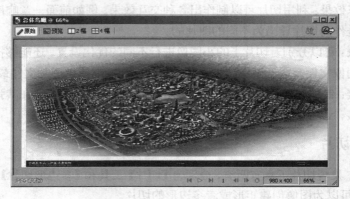

图 16-19　打开图像

然后选择工具箱上【多边形切片】工具。和创建多边形热点一样，在需要创建切片的多边形对象的各个顶点单击绘制线段链接成封闭的多边形区域，而这个封闭的多边形区域就是需要创建的多边形切片，如图 16-20 所示。

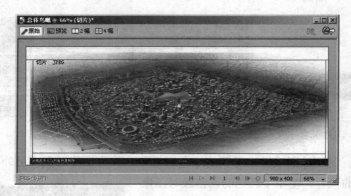

图 16-20　创建多边形切片

多边形切片的切片向导仍然是水平和垂直的，导出的切片文件依然还是矩形。因为多边形是用于设置图像的行为触发区域，而不是切片本身的。如果为该多边形切片对象设置了链接，那么在浏览器中鼠标只有放置到该多边形区域中时才会变成手形，而在该切片图像的其他区域上是不会发生变化的。

16.2.3　修改切片大小

和热点对象一样，可以使用工具箱上的指针工具、次选择工具来选中某个切片。当然，同样可以使用层面板来选择切片。选中了切片之后就可以使用鼠标、方向键或者属性面板的位置值来改变切片的位置了。

如果切片的大小不符合要求，可以将鼠标放置到切片的准线上，这时鼠标变为带有上下箭头的等于号形状，拖动鼠标就可以改变该切片的大小，使其符合要创建切片的对象大小，如图 16-21 所示。

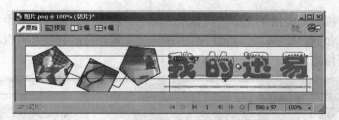

图 16-21 修改切片的大小

16.2.4 改变切片颜色

在默认情况下，切片是透明的绿色，如果需要改变切片的颜色，只需要在图 16-22 所示的切片属性面板中的颜色井中选择所需要的颜色即可。

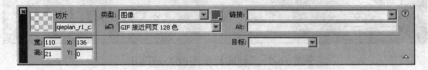

图 16-22 切片的属性面板

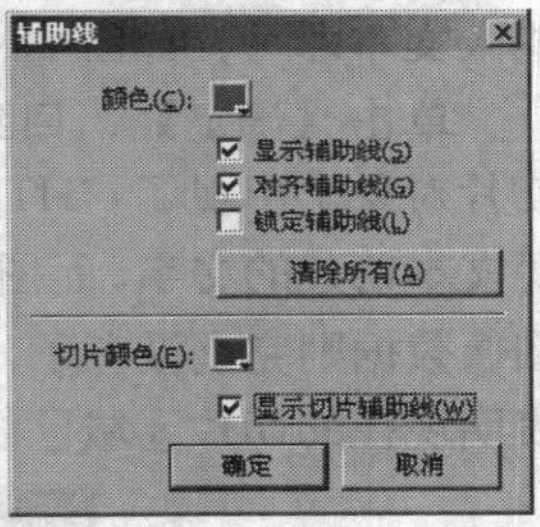

另外，不仅可以改变切片的颜色，还可以改变切片准线的颜色。选择【视图】菜单下的【辅助线】|【编辑辅助线】，此时会弹出【辅助线】对话框，如图 16-23 所示。可以在切片颜色的颜色井中修改切片准线的颜色。

16.2.5 优化切片

在切片的属性面板上有一个切片优化的下拉列表，其中有 GIF 网页 216、GIF 接近网页 256 色、GIF 接近网页 128 色、GIF 最适合 256、JPEG-较高品质、JPEG-较小文件和动画 GIF 接近网页 128 等几类优化方式，关于它们的区别读者可以参看前面第 5 章的内容。在属性面板中可以依据实际情况为某一切片选择一种合适的优化方式，如图 16-24 所示。

图 16-23 辅助线对话框

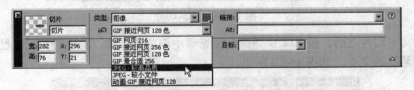

图 16-24 选择切片的优化方式

16.2.6 显示与隐藏切片

如同热点的显示和隐藏一样，可以利用工具箱上的隐藏切片和热点工具来将选中的切片隐藏起来，需要显示切片的时候单击显示切片和热点工具即可将切片显示出来。当然，同样还可以利用层面板上的眼睛图标来显示和隐藏切片。

16.2.7 创建文本切片

除了使用图像切片之外，还可以在 Fireworks 中使用文本切片。文本切片不导出切片的图像区域，只导出切片指定的表格单元中需要显示的文字。在切片的属性面板中，切片的类型栏的下拉列表中有图像和 HTML 两项，如图 16-25 所示。文本切片的好处是可以在没有创建新图像的情况下快速更新信息。

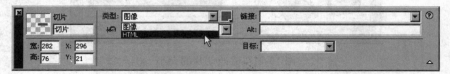

图 16-25　切片属性面板中的类型下拉列表

在切片类型的下拉列表中选择 HTML 会出现图 16-26 所示的切片属性面板。

图 16-26　将切片类型改为 HTML

单击该属性面板中的 编辑... 按钮，此时会弹出一个【编辑 HTML 切片】对话框，在其中输入文本即可，如图 16-27 所示。

单击【确定】，回到工作区。会发现此时切片对象上出现了"HTML 切片：我的迅易"等文本切片的文字，而图 16-16 所示的切片中的图像数据则完全没有了，如图 16-28 所示。这也表明现在的切片区域已经是一个文本切片了。

图 16-27　【编辑 HTML 切片】对话框

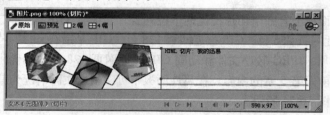

图 16-28　文本切片

创建好文本切片之后，按 F12 快捷键在浏览器中浏览该图像，发现切片区域已经具有了一个"我的迅易"的文本，如图 16-29 所示。

图 16-29　在浏览器中显示文本切片

16.2.8　为切片添加链接

为切片添加链接和为热点添加链接的方法是类似的，同样有利用属性面板利用 URL 面板两种方法。当选定某个切片之后，就可以在这两个面板中为该热点设置链接地址和链接属性。关于它的具体使用方法可以参考热点的链接方法，这里就不再重复了。

16.2.9　命名切片

在 Fireworks 中可以使用它默认的切片命名方式，让 Fireworks 自己来给切片取名，也可以在切片的属性面板中为切片设定名称。另外，还可以修改 Fireworks 默认的切片自动命名方式。

1. 自动命名切片

如果没有在切片的属性面板或层面板中输入切片的名称，那么 Fireworks 会依据它默认的自动命名方式来为切片自动命名。此时只需要在【导出】对话框的【文件名】文本框中输入 HTML 文件的名称就可以了，此时 Fireworks 会依据该文件名和它默认的自动命名原理来为图像中的切片依次命名。

2. 自定义命名切片

为了能够在站点文件结构中轻松地识别不同的切片文件，还可以为切片自行命名。可以首先选中待命名的切片，然后在该切片属性面板的【切片】框中输入一个名称，如图 16-30 所示。已经将某个切片命名为 xunyi 了。当然还可以在层面板中双击切片的名称，然后输入一个新名称来命名切片。

图 16-30　在属性面板中命名切片

3. 更改默认的自动命名

如果不想使用 Fireworks 默认的切片命名方式，那么就可以在【HTML 设置】对话框的【文档特定信息】选项栏中更改切片的自动命名。单击【文件】|【HTML 设置】，在弹出的【HTML 设置】对话框中选择【文档特定信息】选项卡，如图 16-31 所示。

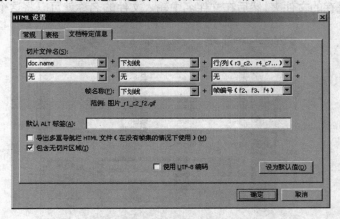

图 16-31　【文档特定信息】选项卡

在这个【文档特定信息】选项栏中，可以看出默认情况下切片是由 "doc.name" + "下划线" + "行/列（r3_c2、r4_c7…）" 来命名的。可以使用不同命名选项来定义自己的切片自动命名。创建的切片自动命名最多可包含 6 个元素，意义分别如下：

➢ 无：不向元素应用任何名称。

➢ doc.name：采用文件的名称。

➢ 切片：往自动命名中插入 "slice" 一词

➢ 切片编号（1、2、3...）、切片编号（01、02、03...）、切片编号（A、B、C...）、切片编号（a、b、c...）：根据所选择的特定样式，按数字顺序或字母顺序对元素进行标记。

➢ 行/列（r3_c2、r4_c7...）：用来指定切片图像表格的行和列。

➢ 下划线、句号、空格、连字符：通常使用它们作为分隔符。

例如，如果某一具有切片文档名为 qianshan，则使用 "doc.name" + "切片" + "切片编号（1、2、3...）" 所产生的切片文件名称就是 qianshanslice1。

另外，也可以使用该选项栏来为一个包含多个帧的切片创建自己的自动命名。例如，如果要为一个包含 3 种状态的按钮输入自定义切片文件名 zarwake，则 Fireworks 会将该按钮 "释放" 状态的图像命名为 zarwake.gif，"滑过" 状态图像命名为 zarwake_f2.gif，"按下" 状态的图像命名为 zarwake_f3.gif。

16.2.10 导出切片

使用 Fireworks 默认的切片命名方式或者已经定义了切片命名，那么就可以将一幅带有切片的文件导出为 Fireworks HTML 文件了。

首先在 Fireworks 中制作好一幅图像，使用工具箱上的矩形工具为该图像添加切片，如图 16-32 所示。

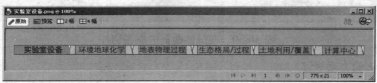

图 16-32　带有切片的对象

单击【文件】菜单，在其下拉菜单中选择【导出】，此时会弹出【导出】对话框。选择 Fireworks HTML 文件所需保存的文件夹，然后在文件名中输入文件的名称就可以将这个 HTML 文件导出，如图 16-33 所示。

图 16-33　导出切片窗口

其中，在切片得下拉列表中有无、导出切片和沿辅助线切片 3 个选项，它们的意义分别如下：

> 导出切片：表示根据切片对象导出多个切片文件。
> 无：表示不生成切片文件，只是将文件导出为一个图像文件。
> 沿引导线切片：表示依据文件中现有切片向导导出切片。

还可以选择该窗口下部的【将图像放入到子文件夹】复选框，这个复选框的作用就是将 Fireworks HTML 文件中的切片图像放置到这个 HTML 文件存放文件夹的子文件夹中去，默认的是 images 文件夹。当然也可以单击浏览按钮指定某一文件夹。

命名好后单击【保存】按钮，那么这个 Fireworks HTML 文件就被导出了，此时打开 images 文件夹，发现生成了许多小的切片图像。这里采用的是 Fireworks 的默认自动命名方式命名的，如图 16-34 所示。

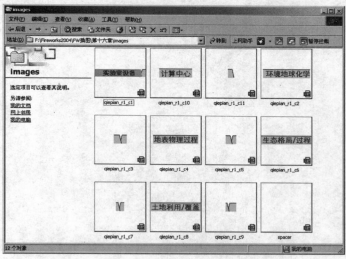

图 16-34　切片文件

此外，如果只希望导出图像中的某个切片，那么只需选中该切片，然后右击鼠标在弹出的快捷菜单中选择【导出所选切片】，同样在导出窗口中给切片命名。这样就可以将该切片的图片文件导出了。

16.3　本章小结

Fireworks 作为网页图像编辑工具最大的特色就是它能够生成 HTML 文件。而热点和切片切片在 HTML 文件中所发挥的作用是非常强大的。使用热点可以为图像添加链接区域，使用切片可以将图像切割成较小的文件格式。本章分别讲解了热点和切片工具的作用和功能以及如何运用 Fireworks MX 2004 创建、编辑热点和切片。热点和切片是图像设计和网页设计结合的关键一步，读者需要仔细理解本章中的内容，才能在后面的网页制作中熟练地使用它们创建优质的网页及其图像。

16.4　本章习题

（1）想一想如何同时选中多个对象，然后插入多个热点。

提示：按住 Shift 键用鼠标单击多个对象，然后单击【编辑】|【插入】|【热点】，在弹出对话框中选择【多重】按钮即可。

（2）想一想如何创建一个文本切片，它有什么样的作用。

提示：文本切片的好处是可以在没有创建新图像的情况下快速更新信息。在切片的属性面板中单击 编辑… 按钮，在弹出的【编辑 HTML 切片】对话框输入文本即可。

第17章 联合 Dreamweaver MX 2004

 教学目标

Dreamweaver 和 Fireworks 是 Macromedia 公司的网页制作利器，它们之间具有强大的兼容性，这种无缝连接的特性大大减少了网页设计者进行软件切换的时间，使得网页制作和图像处理的效率得到了有效的提高。本章中将首先了解一下 Dreamweaver MX 2004 的新增功能、工作区、窗口、面板和菜单等，然后在操作中细细体会 Dreamweaver 和 Fireworks 方便快捷的结合使用，并领会这两柄利刃的合璧所产生的强大威力，从而为将来实际中的网站建设打下一定的基础。

 教学重点与难点

➤ Macromedia 公司
➤ Dreamweaver MX 2004
➤ 图像占位符
➤ Fireworks HTML

17.1 关于 Dreamweaver MX 2004

Macromedia 公司的主要软件产品有 Authorware、ColdFusion、Director、Dreamweaver、Fireworks、Flash、FreeHand 等。该公司利用 Dreamweaver、Fireworks 和 Flash 这3件利器，分别控制了网页制作、网页图形处理和矢量动画这3个主要的网络创作领域，成为网络世界中负有盛誉的公司之一。

Dreamweaver 是集网页制作和网站管理于一身的【所见即所得】型网页编辑器，它是第一套特别针对专业网页设计师生产的视觉化网页开发工具，利用它可以轻而易举地制作出跨越平台和浏览器限制的网页。Dreamweaver MX 2004 提供了众多功能强劲的代码编辑支持、可视化设计工具以及应用开发环境。其应用程序代码规范，集成程度非常高，开发环境精简而高效，使 Web 应用开发人员能够运用 Dreamweaver 与他们的服务器技术方便快捷的构建功能强大的网络应用程序和衔接到用户的数据、网络服务体系。在管理上，Dreamweaver MX 2004 基于强大的规范管理可确保高质量的设计水平；在设计环境上，它提供 CSS 高效的开发代码来创作简洁、专业和规范的站点。开放式和可扩展是 Dreamweaver MX 2004 的一大特色，这赋予用户最大的自由度来灵活选择适用于不同设计环境和设计要求的技术。

Fireworks MX 2004 和 Dreamweaver MX 2004 的结合使用将在网站建设过程中发挥大的威力，为设计者带来意想不到的方便。为了使大家对这一点有更深入的体会，下面就首先对 Dreamweaver MX 2004 中文版进行初步介绍，先建立一个感性认识。

17.1.1 工作区

进入工作区有两种方式，在 Windows 中首次启动 Dreamweaver MX 2004 中文版时，会出现一个如图 17-1 所示的工作区设置对话框，可以从各种不同的风格中选择一种工作区布局进行下一步的具体设计。

图 17-1　工作区设置

17.1.2　窗口和面板

选定工作区之后单击【确定】按钮，这样就进入到 Dreamweaver MX 2004 中文版的界面中了，如同 Fireworks MX 2004 中文版一样，Dreamweaver MX 2004 中文版也增加了如图 17-2 所示的起始页面，起始页面中提供了创建新文档，快速访问最近访问过的文档，访问帮助文件等选项。

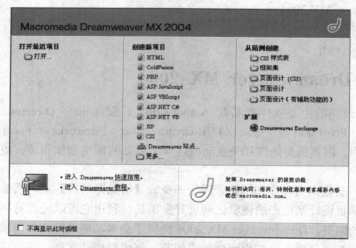

图 17-2　Dreamweaver MX 2004 中文版的起始页面

下面就分别来看看如图 17-3 所示的 Dreamweaver MX 中文版中的窗口和面板等，初步了解一下 Dreamweaver MX 2004 中文版。本书所介绍的只是它与 Fireworks MX 2004 中文版配合使用的一些方法，关于它的具体使用方法，希望读者参考 Dreamweaver MX 2004 中文版的使用文献获得进一步的信息。

➢ 插入面板：用于将各种类型的对象插入到文档中。图像、表格和层等不同对象都是一段 HTML 代码，允许用户在插入它时设置不同的属性。用户可以在插入栏中单击图像图标插入一个图像，也可以不使用插入栏而使用【插入】菜单插入对象，殊途同归。

➢ 面板组：是一组停靠在某个标题下面的相关面板的集合。单击组名称左侧的展开箭头可以展开一个面板组；拖动该组标题条左边缘的手柄可以取消停靠一个面板组。

➢ 工具栏：包含按钮和弹出式菜单，提供各种文档窗口视图，例如【代码】视图、【拆分】

试图和【设计】视图等，提供各种查看选项和一些普通操作，如在浏览器中预览。

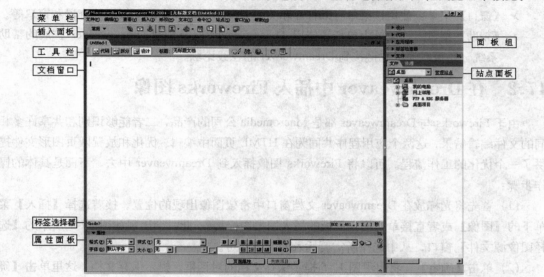

图 17-3　Dreamweaver MX 2004 中文版的窗口和面板

> 文档窗口：该窗口用于显示当前创建和编辑的文档。
> 属性面板：每种对象都具有不同的属性，用户可以用属性面板查看和更改所选对象或文本的各种属性。
> 站点面板：类似于 Windows 资源管理器，站点面板提供了本地磁盘上全部文件的视图，可以管理组成站点的文件和文件夹。

Dreamweaver MX 2004 中文版提供了丰富的面板和窗口，可以使用【窗口】菜单打开面板、检查器和窗口。这里只能浮光掠影地介绍几个，给大家一个初步的印象，其他的如历史记录面板和代码检查器等，如果有兴趣可以查阅相关的资料获得全面地认识。

17.1.3　菜单栏

下面再来看看 Dreamweaver MX 2004 中文版的菜单栏中各个菜单的作用。

> 【文件】菜单和【编辑】菜单：这两个菜单中包含了用于文件编辑的标准菜单项，例如新建、打开、保存、剪切、拷贝和粘贴等。此外，【文件】菜单还包含各种其他命令，如【在浏览器中预览】命令就是在浏览器中预览当前编辑的页面。【编辑】菜单还包括选择副标签、查找和替换、参数选择等命令。
> 【查看】菜单：可以从中选择文档的各种视图，例如设计视图、拆分代码视图，并且可以显示和隐藏不同类型的页面元素以及不同的 Dreamweaver 工具。
> 【插入】菜单：该菜单中提供插入栏的替代项，将各种对象插入到文档中去。
> 【修改】菜单：在该菜单中可以更改选定页面元素或选定项的属性，可用于编辑标签属性，更改表格和表格元素，对库和模板执行不同的操作等。
> 【文本】菜单：使用该菜单可以设置文本的格式，包括字体、样式、CSS 样式等。
> 【命令】菜单：提供对各种命令的访问，包括创建网页相册、根设定配色方案、在 Fireworks 中优化图像等。
> 【站点】菜单：该菜单中提供了一些用于创建、打开、编辑和管理当前站点中文件的菜

单项，这个菜单栏主要用于站点的管理。

➢ 【窗口】菜单：使用该菜单可以打开和关闭 Dreamweaver 中的面板、检查器和窗口等。

➢ 【帮助】菜单：该菜单中包括了使用 Dreamweaver 以及创建 Dreamweaver 扩展的帮助系统，还可以通过它链接到 Dreamweaver 的在线论坛。

17.2　在 Dreamweaver 中插入 Fireworks 图像

由于 Fireworks 与 Dreamweaver 都是 Macromedia 公司的产品，二者能够识别和共享许多相同的文件编辑结果，这两个应用程序共同为在 HTML 页面中编辑、优化和放置网页图形文件提供了一个优化的工作流程。可以将 Fireworks 图像插入到 Dreamweaver 中去，下面是具体的操作步骤：

（1）首先将光标放在 Dreamweaver 文档窗口中希望图像出现的位置。接着选择【插入】菜单下的【图像】或者直接单击插入面板的插入图像图标 ，此时会出现如图 17-4 所示的【选择图像源文件】窗口，从中选择所需要插入的图像即可。

（2）单击【确定】，将出现图 17-5 提示保存文档的对话框，提示保存文档。这里单击【确定】即可。

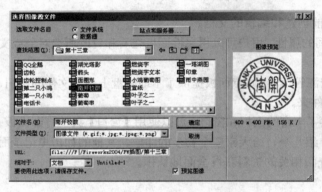

图 17-4　选择图像

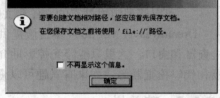

图 17-5　提示保存文档对话框

（3）如果插入的图像在当前的站点之外，则将出现图 17-6 所示的对话框，询问是否要将该文件复制到站点文件夹，如图 17-6 所示。

（4）选择【是】，此时会出现【复制文件为】对话框，选择站点中的一个文件夹并重新命名英文的文件名即可，如图 17-7 所示。然后单击【保存】按钮就可以将要插入的图像复制到当前站点并且将此文件插入到当前的页面中去了。

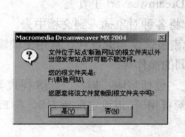

图 17-6　提示复制图像文件对话框

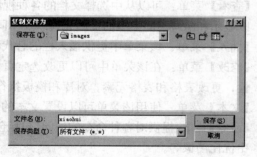

图 17-7　复制文件窗口

17.3 使用占位符创建 Fireworks 图像

图像占位符允许用户指定 Dreamweaver 中将来放置的 Fireworks 图像的大小和位置，可以在网页创建最终的图片之前尝试采用各种不同的网页布局，从而将 Fireworks 和 Dreamweaver 的功能综合运用，发挥二者的强大功能。在使用 Dreamweaver 图像占位符创建 Fireworks 图像时，系统会用与所选占位符尺寸相同的画布创建一个新的 Fireworks 文档。一旦 Fireworks 使用结束并且返回到 Dreamweaver，所创建的新 Fireworks 图像即会取代最初选择的图像占位符。使用 Dreamweaver 占位符创建 Fireworks 文件的具体步骤如下：

（1）在 Dreamweaver MX 2004 中文版中，将所需的 HTML 文档保存到当前站点下。将光标定位在文档中需要插入 Fireworks 文件的位置并依次选择【插入】|【图像对象】|【图像占位符】，此时会跳出图像占位符对话框，如图 17-8 所示，可以从中设置图像占位符的名称、颜色、大小替换文本等内容。

图 17-8 图像占位符对话框

（2）单击【确定】，图像占位符即会插入到 Dreamweaver 文档中，如图 17-9 所示。

（3）单击图像占位符属性面板上的 ![创建] 按钮，Fireworks MX 2004 中文版将会被启动，出现图 17-10 所示的文件窗口。

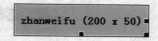

图 17-9 图像占位符

（4）在 Fireworks 中创建图像，完成后单击左上角 ![完成] 按钮。在【另存为】对话框中指定源 png 文件的名称和位置，然后单击【保存】，如图 17-11 所示。

图 17-10 图像占位符文档

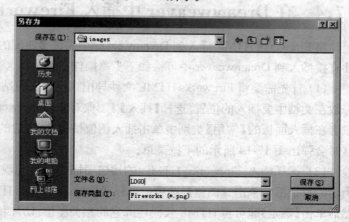

图 17-11 指定图像源文件

（5）在【导出】对话框中为导出的图像文件指定位置，所选的位置应在站点文件夹内并命名导出的图像文件，如果已经输入了图像占位符的名称，则该名称在 Fireworks 中将用作默认文件名，如图 17-12 所示。而导出的图像文件将是 JPEG 或 GIF 格式的文件。

（6）单击【保存】按钮，返回到 Dreamweaver，这时发现所创建的新 Fireworks 图像已经取代了最初选择的图像占位符，如图 17-13 所示。

图 17-12　导出文件窗口

图 17-13　Dreamweaver 中的图像

17.4　在 Dreamweaver 中插入 Fireworks HTML

将 Fireworks HTML 插入到 Dreamweaver 中有许多不同的方法。若要将 Fireworks HTML 文件直接插入到 Dreamweaver 中可按如下步骤操作：

（1）首先需要将 Fireworks HTML 文件导出到已定义的站点中，将光标放在文档中要插入的位置。选择【插入】|【图像对象】|【Fireworks HTML】或者在插入面板的【常用】类别中单击插入图像按钮旁边的倒三角形，这时会弹出图 17-14 所示的下拉菜单。

图 17-14　下拉菜单

（2）选择插入 Fireworks HTML 的按钮图标，会出现如图 17-15 所示的对话框，单击【浏览】选项，选择所需的 Fireworks HTML 文件，然后单击【确定】即可将 HTML 代码连同它的相关图像、切片和 JavaScript 一起插入到 Dreamweaver 文档中了。如果插入后不再需要 Fireworks HTML 文件，可以选择【插入后删除文件】选项。

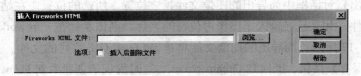

图 17-15　【插入 Fireworks HTML】对话框

将 Fireworks HTML 放到 Dreamweaver 中的另一种快速方法是将其从 Fireworks 复制到剪贴板上，然后直接粘贴到 Dreamweaver 文档中。可以使用【编辑】菜单下的【复制 HTML 代码】，或者在【导出】对话框中 HTML 选项中选择【复制到剪贴板】选项，这样就可以将 Fireworks HTML 复制到剪贴板并在指定的位置生成相关的图像文件，然后可以在 Dreamweaver 中将该 HTML 粘贴到文档中。当然，还可以在 Dreamweaver 中打开导出的 Fireworks HTML 文件，然后将所需的部分复制并在另一个 Dreamweaver 文档中粘贴来插入 Fireworks HTML 文件。

17.5 在 Dreamweaver 中更新 Fireworks HTML

若使用【文件】菜单下的【更新 HTML】选项，用户可以在 Fireworks 中编辑 PNG 源图像，然后自动更新任何放置在 Dreamweaver 文档中已导出的 HTML 代码和图像文件。值得一提的是，它甚至可以在 Dreamweaver 不运行的情况下用来更新文件，有点像在 Word 文档中可以直接对插入的 Excel 图表进行修改一样，这可以给设计者带来极大的方便。下面就来看看具体的步骤：

（1）首先打开 Fireworks，在其中打开一幅图像，然后在其中修改所需修改的文档，如图 17-16 所示。

图 17-16　修改图像

（2）选择【文件】|【更新 HTML】，会出现如图 17-17 所示的对话框，定位到需要更新的 HTML 的 Dreamweaver 文件中，然后单击【打开】。

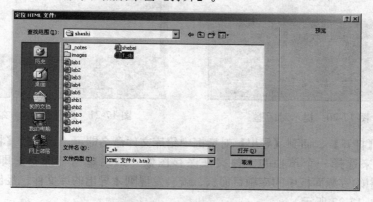

图 17-17　定位 HTML 文件

（3）这时在弹出对话框中选择【替换图像及其 HTML】或者【仅更新图像】，单击【确定】即可，如图 17-18 所示。

（4）然后找到放置需要更新的图像文件的目标文件夹，此时跳出【选择图像文件夹】对话框，如图 17-19 所示。单击【打开】按钮，这样就可以更新所需要更新的图像或者图像及其 HTML 文件了。

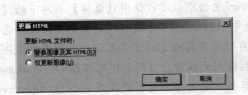

图 17-18　更新 HTML 对话框

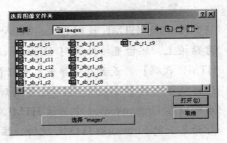

图 17-19　选择图像文件夹对话框

17.6　导出 Fireworks 文件为 Dreamweaver 库

　　Dreamweaver 的库项目位于其资源面板之中，它是站点根目录上命名为【Library】的文件夹中的 HTML 文件的一部分。Dreamweaver 的库项目简化了常用的网站组件（如站点的每个网页上出现的公司标识或导航栏）的编辑和更新过程。可以将这些副本从【库】中拖动到网站的任何网页，但只能编辑主库项目，而不能在 Dreamweaver 文档中直接编辑库项目。然后，可以在整个网站中放置该主库项目时让 Dreamweaver 更新它的每个副本。Dreamweaver 的库项目与 Fireworks 的元件非常相似，在 Dreamweaver 中对库文档所做的更改在整个网站的所有库实例中都会反映出来。由于 Fireworks 和 Dreamweaver 之间良好的兼容性，可以将 Fireworks 文件导出为 Dreamweaver 的库文件，下面就来看看具体的操作步骤：

　　（1）首先在 Fireworks 中打开一个文件并对其进行编辑，完成之后选择【文件】|【导出】，从保存类型下拉列表中选择【Dreamweaver 库】，此时会弹出如图 17-20 所示的提示对话框，提示建立或者定位一个 Library 文件夹。

　　（2）单击【确定】按钮，这时候会出现一个选择文件夹对话框，如果已经建立的库文件夹就可以选择库文件所在的 Library 文件夹，如图 17-21 所示。

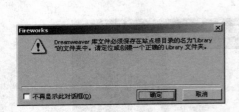

图 17-20　提示对话框

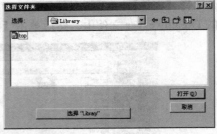

图 17-21　选择 Library 文件夹

　　（3）选择【打开】，回到【导出】对话框中给库文件命名即可，还选择【将图像放入子文件夹】复选框来选择一个单独的文件夹来保存图像，最后单击【保存】即可。此时打开 Dreamweaver 中的资源面板中的库项目面板，就会发现刚才导出的库文件已经出现在库项目面板之中了，如图 17-22 所示。

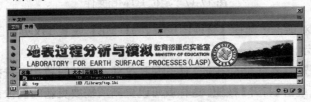

图 17-22　导出的库文件

17.7 设置 Fireworks 为外部图像编辑器

为了能够在 Dreamweaver 中自动启动 Fireworks 程序来编辑其中的文件类型，就需要在 Dreamweaver 中将 Fireworks 设置为 GIF、JPEG 和 PNG 文件的主编辑器。设置具体的操作步骤如下：

（1）在 Dreamweaver MX 2004 中，选择【编辑】|【首选参数】选项，然后在弹出的对框中选择【文件类型/编辑器】选项。

（2）在【扩展名】列表中，选择一个.gif、.jpg 或者.png 的网页图像文件的扩展名。如果发现 Fireworks 程序不在编辑器列表中，那么就需要自己添加 Fireworks 为外部图像编辑器了，此时单击编辑器列表上 ✚ 按钮，在硬盘上找到 Fireworks 应用程序，然后单击【打开】即可。如果 Fireworks 出现在编辑器列表中，那么直接选择它就可以了。最后单击【编辑器】列表之上的 设为主要(M) 按钮。如图 17-23 所示。

（3）设置好了之后单击【确定】按钮即可，接着重复上面的步骤就可以将 Fireworks 设为其他网页图像文件的编辑器了。

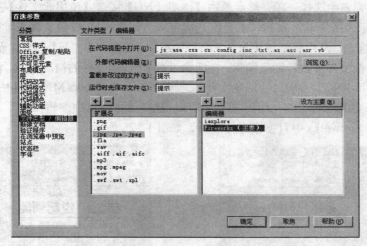

图 17-23 设置 Fireworks 外部图像编辑器

17.8 在 Dreamweaver 中编辑 Fireworks 文件

Fireworks 能够识别并保留在 Dreamweaver 中对文档所做的大多数类型的编辑，如更改的链接、编辑的图像映射、HTML 切片中编辑的文本和 HTML 以及在二者之间共享的行为。下面就分别看看如何在 Dreamweaver 中编辑 Fireworks 图像和表格。

17.8.1 编辑 Fireworks 图像

下面来看看如何在 Dreamweaver 中是如何编辑 Fireworks 图像的：

（1）首先选择所需要编辑的图像，然后在该图像的属性面板中单击 ◎ 按钮。如果在 Dreamweaver 中没有为图像定义源，那么此时会跳出图 17-24 所示的对话框，询问是否为放置的图像定位源 Fireworks 文件。

该对话框有 3 个下拉列表：启动时询问、始终使用源 PNG 和永不使用源 PNG，它们的意义分别如下：

➢ 启动时询问：每次都询问是否启动源 PNG 文件。当编辑或优化放置的图像时，Fireworks

会显示一条消息，用以提示用户作出启动并编辑的决定。

➢ 始终使用源 PNG：自动启动在设计说明中定义为所放置图像的来源的 PNG 文件，同时源 PNG 及其相应的放置图像将被更新。

➢ 永不使用源 PNG：不管源 PNG 文件是否存在，都自动启动放置的 Fireworks 图像，并且仅更新放置的图像。

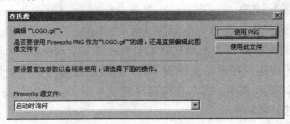

图 17-24　查找源对话框

（2）从下拉列表中选择一项，然后单击【使用 PNG】或者【使用此文件】按钮之一。其中【使用 PNG】表示为图像制定源 PNG，也就是指定从该图像的 PNG 源文件来编辑该图像，此时会弹出【打开】窗口，从中找到该图像的 PNG 源文件然后选择【打开】即可。而【使用此文件】表示直接使用图像文件来进行图像编辑，在图像没有 PNG 源文件的情况之下，就可以单击该按钮。选择好【使用 PNG】或者【使用此文件】之后，这时 Fireworks MX 2004 中文版即被启动，与此同时将打开要编辑的图像，如图 17-25 所示。这样就可以从中编辑图像了。

（3）然后在 Fireworks 中对图像进行编辑，如图 17-26 所示。

图 17-25　打开图像

图 17-26　编辑图像

（4）编辑完图像之后，单击文档窗口中左上角的 完成 按钮，此时图像将使用当前的优化设置导出，而 Dreamweaver 使用的图像文件就会被更新，如图 17-27 所示。如果选择了源文件，那么 PNG 源文件还会被保存起来。

图 17-27　图像被更新

17.8.2　编辑 Fireworks 表格

在 Dreamweaver 中不仅可以启动 Fireworks 来编辑其中的图像，甚至可以启动它来启动表格的 PNG 源文件从而更新表格，这为网页制作提供了很大的方便，下面来看看具体的操作步骤：

（1）单击需要编辑的表格的内部，再单击状态栏中的 table 标签选中整个表格。此时 Dreamweaver 的属性面板就会将所选区域自动识别为 Fireworks 表格，并在属性面板中显示了这个表格已知的 PNG 源文件的名称，如图 17-28 所示。只要单击表格属性面板中的 编辑 按钮即可在 Fireworks 中编辑这个表格了。

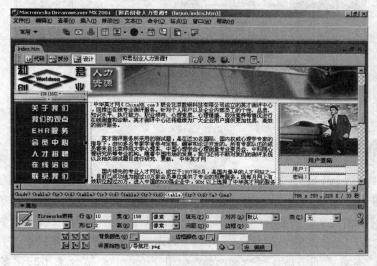

图 17-28　选中表格

（2）接着在 Fireworks 中对表格源文件进行编辑，这里双击【关于我们】按钮打开按钮编辑器将【关于我们】修改为【公司介绍】，如图 17-29 所示。

（3）修改好了之后，单击【完成】按钮即可。修改后的导航栏如图 17-30 所示。

图 17-29　在按钮编辑器中修改文字

图 17-30　修改了文字的导航栏

（4）修改好文字之后，接着单击左上角的 完成 按钮，这时表格的 HTML 和图像切片文件将使用当前的优化设置导出，放置在 Dreamweaver 中的表格就被更新了，如图 17-31 所示，而

PNG 源文件将被保存。

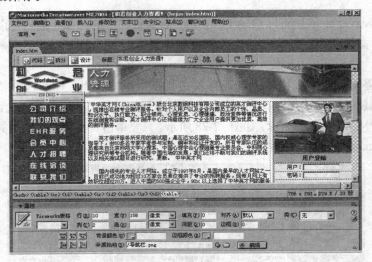

图 17-31　表格被更新

17.9　本章小结

　　Fireworks 与 Dreamweaver 都是 Macromedia 公司的产品，独特的集成功能使在二者之中交替处理文件变得十分容易。Dreamweaver 作为网页设计的利器，它与 Fireworks 天衣无缝的组合使得二者能够识别和共享许多相同的文件编辑结果，其中包括对链接、图像映射、表格切片等的更改。这两个应用程序共同为在 HTML 页面中编辑、优化和放置网页图形文件提供了一个优化的工作流程。本章详细讲解了 Dreamweaver 和 Fireworks 结合使用的诸多功能，例如在 Dreamweaver 中插入 Fireworks 图像、Fireworks HTML，使用 Dreamweaver 占位符创建 Fireworks 文件等，相信读者通过本章的学习能够得心应手地运用这两个软件轻松快捷地创建站点。

17.10　本章习题

　　（1）想一想如何将 Fireworks HTMl 文件插入到 Dreamweaver 中。

　　提示：单击插入 Fireworks HTML 的按钮图标，在弹出对话框中单击【浏览】选项，选择所需的 Fireworks HTML 文件，然后单击【确定】即可。

　　（2）尝试一下在 Dreamweaver 中用 Fireworks 编辑插入其中的图像和表格。

　　提示：选择所需要编辑的图像，然后在属性面板中单击 [编辑] 按钮即可打开 Fireworks 编辑图像；在表格内部单击，然后单击状态栏中的 table 标签选择整个表格，然后在属性面板中单击 [编辑] 按钮即可编辑表格。

第 18 章　建站实例

教学目标

　　网站在设计上无论是颜色选取、页面布局上都需要仔细地考虑。在设计一个网站之前首先要了解该网站的类别，从而确定网站的设计原则和理念。本章通过北京大学发展规划部网站首页的设计来了解和熟悉网站的设计思路和风格，并通过它从而进一步掌握 Fireworks MX 2004 中文版在网页设计中所发挥的作用。

教学重点与难点

> ➤ 事业单位网站
> ➤ 校徽、标题栏和导航栏
> ➤ 页面设计和布局
> ➤ 网站首页

18.1　总体设计

18.1.1　设计理念

　　事业单位的网站在设计上与商业网站和企业网站是不同的，商业网站在设计上往往商业性的气息比较浓厚，其主要目的是提高产品和企业知名度，吸引众多的顾客。而事业单位的网站在设计上则不需要考虑这些问题。它们所需要反映的是事业单位的形象或者政府部门的权威性，所以事业单位的网站要显得大气，能够体现出其庄重性和严肃程度。

　　在事业单位网站的设计中，颜色选取上往往也需要清洁明了，一般使用有威严或者给人以震撼感的颜色，因而表现庄重、敬畏等感情色彩的红色往往经常使用。它与其他颜色一起搭配，但是以红色为主基调的页面风格往往给人以一种崇高、尊敬、尊严和沉着的感觉。

　　在风格的设计上，也不像个人网站那样追求清新、淡雅、悠远、飘逸等个人情感色彩，它所需要表现的是大度、宽阔、包容等概念和胸怀。因而它在风格设计上就不去强调细腻，精雕细琢，而代之以挥洒自如、宽阔博大，无论是页面设计还是颜色搭配上都给人以一种收得住更放得开的感觉。

18.1.2　站点分析

　　下面就通过北京大学发展规划部的首页来简单了解事业单位网站的制作过程，并借此熟悉一下 Fireworks MX 2004 的一些使用技巧。

　　在制作之前需要对这个部门进行分析，以设计个人的风格和思路。发展规划部是北大党委和校行政领导下对学校的发展规划进行研究、论证、贯彻和落实的职能部门，主要职责包括：为学校改革与发展提供高质量、建设性、可操作的研究报告、方案设计、政策建议或决策咨询；在学校领导下，起草、研究、论证、修订、完善、细化和落实北京大学创建世界一流大学规划；

负责北京大学规划委员会和学科规划委员会、事业规划委员会、校园规划委员会的日常工作等。

了解了这些情况，就需要构想这个单位网站的设计风格和材料选取了。

（1）要体现出所属部门也就是北大。这样需要在首页上放置一个代表北大形象的图像，最好的莫过于就是北大的校徽了，这样首先需要做一个校徽。

（2）单位名称要体现出来，中文英文都需要，最好是放在醒目的位置，可以选择将其放置在页面中上部。

（3）网站栏目要体现出来。规划部要求有机构介绍的栏目和机构从事业务的栏目，也就是说要设计两个导航栏。其中关于机构介绍的导航栏有【工作人员】、【职能配置】、【内设机构】、【部长信箱】和【工作动态】五个栏目；而机构所从事业务的栏目要求有【事业规划】、【学科规划】、【校园规划】、【环境保护】、【辐射防护】、【工作简报】、【它山之石】、【信息荟萃】和【相关链接】等九个栏目。设想可以把机构介绍栏横向放置，而业务栏目纵向放置在页面左部，这样导航栏也设计好了。

（4）需要将单位一些最新的信息在首页反映出来，设想为其建立一个框架页面插入到首页之中就可以了，以后只要在这个框架页中添加新闻就可以了，首页风格保持不变。将这些新闻在网页中间体现出来，让浏览者一打开网站就能了解规划部最新动态。

（5）需要体现单位的地址以及联系方式等信息，将这些信息做成一个图片放置在网页的右下角就可以了。

首页的整体布局就这样设计好了，其他一些部分可以选择图片来进行美工处理和起到修饰效果。在颜色选择上可以选择较为庄重的红色调为主色调，不同的栏目会做不同的色彩处理。接下来就开始具体的制作过程。

18.2 创建网站形象

18.2.1 制作校徽

前面第 13 章中讲过南开校徽的制作，北大校徽的制作方法和它类似，这里关键的是要制作"北大"两个与一般文字不同的字体。现在就开始校徽的制作，具体操作步骤如下所示。

（1）新建一个 300×300 的文件，并单击工具箱上的椭圆工具，按住 Shift 键绘制一大小为 286×286 的圆形，设置其属性如图 18-1 所示，得到如图 18-2 所示。

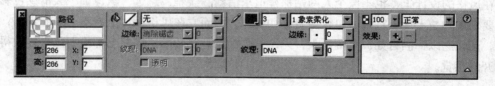

图 18-1　设置圆形属性

（2）同理再绘制两个圆形，设为无填充色。最后在内部绘制一个圆形并将其填充色设为红色，利用对其面板上的水平居中工具 和垂直居中 工具将这几个圆形对齐，得到如图 18-3 所示的图像。

（3）上面的图像中自外向内数的第二个圆形是用来为文本附加路径的，现在就用刀子工具 对其切割成 4 部分，将不需要的两条路径删除，得到如图 18-4 所示的图像。

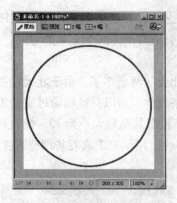

图 18-2　绘制一圆形　　　　图 18-3　绘制两个空心圆形和一个实心圆形

（4）接下来就是将文本附加到路径之上了，需要为校徽添加两个文本，一个是北京大学的英文名称"PEKING UNIVERSITY"，另外一个就是北京大学的成立年份"1898"。首先选中"PEKING UNIVERSITY"和上部的路径，选择【文本】菜单下的【附加到路径】，得到图 18-5 所示的图像。

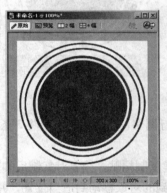
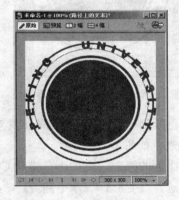

图 18-4　用刀子工具切割圆形并删除不需要路径　　图 18-5　将文本附加到路径

（5）发现文本处在路径的上方，需要文本在路径中央。只要右击文本在快捷菜单中选择【编辑器】，调整文本的基线就可以了，如图 18-6 所示。这样文本就处在路径的中心了，得到图 18-7 所示的图像。

图 18-6　调整文本的基线　　　　　图 18-7　调整文本基线后所得图像

（6）同理，将文本"1898"附加到下面的路径之上，开始文本是倒置的，只要选择【文本】菜单下的【倒转方向】就可以了。另外绘制两个小圆作为两个文本的分界，得到图 18-8 所示图像。

（7）下面的工作就是要在红色的圆形上添加"北大"两个字了。由于北大校徽是鲁迅先生所设计，代表着一种精神内涵。无法利用艺术字体来制作，所以只能够通过直线工具和钢笔工具来制作"北大"这两个字了。首先绘制一条竖线，设置其笔触大小为 13，描边种类为实边圆形，边缘为 16。接着同样绘制属性和竖线一样的斜线，用钢笔工具对其调整弧度，如图 18-9 所示。

图 18-8　添加新的文本所得图像

图 18-9　调整直线弧度

（8）同样再绘制一条直线，用钢笔工具对其进行调整，然后同时选中将 3 条线按 Ctrl+G 键将它们组合起来，如图 18-10 所示。

（9）选中上面的组合，按 Ctrl+C 键和 Ctrl+V 键复制粘贴。接着对复制后的对象右击鼠标，在快捷菜单中选择【变形】|【水平翻转】，并将得到的对象移动到适当位置，并与先前的对象组合在一起，如图 18-11 所示。

图 18-10　组合三条线

图 18-11　将复制所得对象变形后与原对象组合

（10）采用类似的办法再制作出一个"大"字，并利用工具箱上的缩放工具 适当地对文字或是圆形进行大小调整，并对边界实现投影效果，最终得到校徽图像，如图 18-12 所示。

（11）按 Ctrl+A 键选择全部对象后按 Ctrl+G 键组合，最后将这个文件保存为 xiaohui.png，在制作标题栏中会使用到。下面就简单讲讲标题栏目的制作。

18.2.2 制作标题栏

校徽制作好了之后，标题栏的制作就是一件十分简单的事情了，只需要为标题栏添加一些文本，然后对文本作一些效果处理就可以了。下面是具体的步骤。

（1）新建一个大小为 556×112 的图像，如图 18-13 所示。下面的主要工作就是将校徽放上去，另外添加"北京大学发展规划部"等文本，并对文本设置属性。

图 18-12 校徽图像

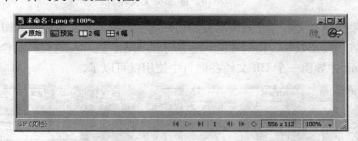

图 18-13 新建大小为 556×112 的图像

（2）导入一幅北大西门上的龙头装饰图像，并对其适当选取调整大小，并羽化边缘，得到如图 18-14 所示的图像。

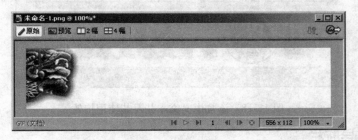

图 18-14 导入一幅龙头图片

（3）打开先前制作好的校徽图片 xiaohui.png，选择组合好的校徽对象，并将其复制到这个新建的标题文件中来，利用工具箱上的缩放工具来调整其大小，并将它放置到适当的位置，如图 18-15 所示。

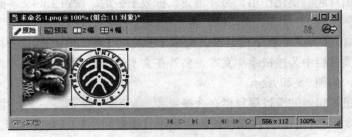

图 18-15 复制校徽到图像中并调整大小

（4）现在的工作就是为标题添加文字了，先添加英文文本，第一行添加"Office for Development and Planning"，第二行添加"of Peking University"，字体类型为 Cantaneo BT。并对它们使用投影效果，然后同时选中这两个文本，利用对齐面板上的右对齐工具 将它们右对齐，得到如图 18-16 所示的图像。

图 18-16　添加英文文本

（5）接下来添加中文文本"北京大学发展规划部"，设置其文本属性如图 18-17 所示。并对其设置凸起浮雕和发光效果，得到图 18-18 所示的图像。这样标题栏就制作好了，只需要将其保存为 biaoti.png 并导出一个 Gif 文件在网页中使用就可以了。

图 18-17　设置中文文本属性

图 18-18　添加中文文本并对其使用特效

18.2.3　制作导航栏

这个首页有两个导航栏，由于业务导航栏中使用了图片效果，这里只讲业务导航栏的制作，机构介绍导航栏和前面章节中讲到的导航栏制作类似。具体步骤如下所示。

（1）新建一个大小为 127×251 的图像，如图 18-19 所示。为其添加一组按钮，并且在按钮旁边放置一些小图片起到美化作用，另外希望鼠标放上去后，按钮上的文本颜色发生变化，而小图片颜色变浅。

（2）单击【编辑】菜单，在下拉菜单中选择【插入】|【新建按钮】。这时跳出按钮编辑器，在编辑器的释放项目栏中为按钮添加文本，另外在文本的旁边添加一小图片，并使用对齐工具将二者垂直对齐，如图 18-20 所示。

（3）选择按钮编辑器的滑过项目栏，选择 复制弹起时的图形 按钮，并将字体颜色改为#CC6600，然后选中小图片在属性面板中利用【调整颜色】|【亮度/对比度】特效将图片调亮，得到如图 18-21 所示的滑过状态效果。

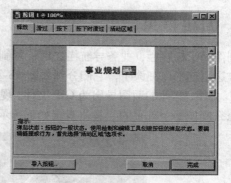

图 18-19 新建大小为 127×251 的图像   图 18-20 为按钮释放状态添加文本和图片

（4）选择【完成】按钮回到图像中来。然后单击【窗口】菜单，在下拉菜单中选择【库】打开库面板，单击库面板上的  按钮，复制所得的按钮 8 次，如图 18-22 所示。

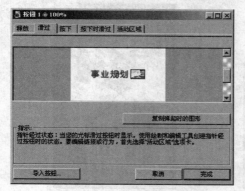

图 18-21 按钮的滑过状态   图 18-22 复制按钮 8 次

（5）分别双击复制所得的按钮，修改按钮文本内容，另外再用不同小图片替换按钮 1 的小图片。并在滑过状态中调整它们的亮度，最后选中所得的 9 个按钮，利用对齐面板的垂直距离相等工具 将它们的垂直距离调为一致，得到图 18-23 所示的图像。

（6）现在业务导航栏已经制作好了，将这个文件保存为一个 ywdh.png 就可以了。接着将它的 HTML 文件导出，并将图片放置在 images 子文件夹下，如图 18-24 所示。以后在首页制作中就可以使用这个文件了。

图 18-23 导航栏图像   图 18-24 导出 HTML 文件

18.3 创建首页

在制作好了标题栏、业务导航栏之后，再制作机构导航栏和信息栏以及美工图片，关于它们的制作这里就不详细谈了，它们分别如图 18-25 至图 18-27 所示，并将机构导航栏导出为一个 HTML 文件，其他的两图导出为 GIF 文件。现在来看看在 Dreamweaver 中它们是怎么结合使用的，怎么制作一个首页的，具体步骤如下所示。

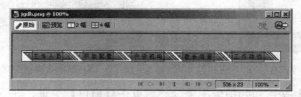

图 18-25　机构导航栏的切片图像源文件

图 18-26　信息栏的源文件

图 18-27　修饰图片源文件

18.3.1　站点的定义

建立一个网站首先要定义一个站点，看看具体步骤如下所示。

（1）打开 Dreamweaver MX 2004，选择【站点】菜单下的【新建站点】，在弹出对话框中的基本项目栏中将新建站点命名为【北京大学发展规划部】，在高级活页栏【本地根文件夹】中找到规划部网站的路径，分别如图 18-28 和图 18-29 所示。

图 18-28　命名站点

图 18-29　选择站点路径

（2）单击【确认】，这样发现在站点地图中已经有了用 Fireworks MX 2004 导出的两个 HTML 文件 jgdh.htm 和 ywdh.htm 了，如图 18-30 所示。现在的工作是要新建一个首页文件，并使用是两个 HTML 文件以及修饰图片和信息栏。

18.3.2 页面整体设计

站点定义好了之后就需要新建一个首页文件并对其进行整体的设计和布局了，在 Dreamweaver 中往往使用没有边界和填充的表格来进行排版，现在首先需要对这个页面进行结构上的设计和布局，具体的步骤如下所示。

（1）新建一个文件并将其保存为 index.htm，存在站点的根目录之下。下面就要设计页面的整体了。首先绘制两列两行的表格，单击插入面板上的表格工具跳出绘制表格窗口，将单元格填充、单元格间距和边框都设为 0，如图 18-31 所示。

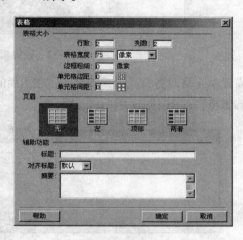

图 18-30　站点地图　　　　　　　　图 18-31　设置表格属性

（2）选择下面一行的两个单元格，利用表格属性面板的合并单元格工具 将这两个单元格合并，如图 18-32 所示。

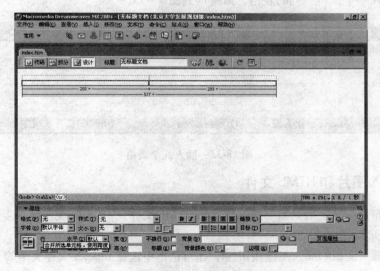

图 18-32　合并单元格

（3）单击【修改】菜单，在下拉菜单中选择【页面属性】菜单，在页面属性对话框中设置标题为"欢迎访问北京大学发展规划部！"，设置左边距和上边距为 0，如图 18-33 所示。

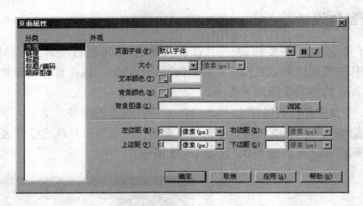

图 18-33　设置页面属性

（4）设置单元格对齐方式为顶端对齐，在上面的两个单元格中分别插入三行一列的表格和二行一列的表格，如图 18-34 所示。

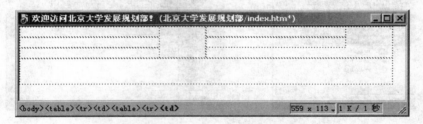

图 18-34　分别在单元格中插入表格

（5）在左上角最内部表格的下部单元格中插入一个二列一行的表格，接着在这个表格的左边单元格中插入一个二行一列的表格，最终得到图 18-35。

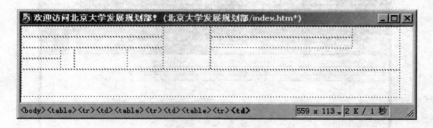

图 18-35　插入几个表格

18.3.3　插入图片和 HTML 文件

页面整体布局完毕之后只需要插入图片和 HTML 文件就可以了，现在就一步步地制作首页，具体步骤如下所示。

（1）选择插入面板的插入图像按钮，在对话框中选择 images 文件夹下的 biaoti.gif 文件，如图 18-36 所示。得到图 18-37 所示的文件。

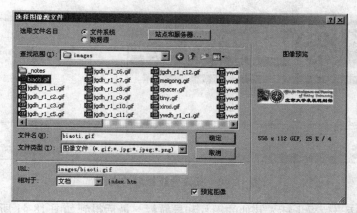

图 18-36 插入标题图片

图 18-37 插入图片后所得文件

（2）接着需要插入导航栏了，首先插入机构导航栏，将光标放到要插入导航栏的单元格中，然后选择插入面板的插入 Fireworks HTML 按钮 🔶，在如图 18-38 所示的弹出对话框中选择 浏览... 按钮，跳出【选择 Fireworks HTML 文件】对话框，选中导出的机构导航栏 HTML 文件 jgdh.htm，如图 18-39 所示，得到图 18-40 所示文件。

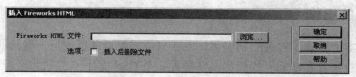

图 18-38 插入 Fireworks HTML 对话框

图 18-39 选择 Fireworks HTML 对话框

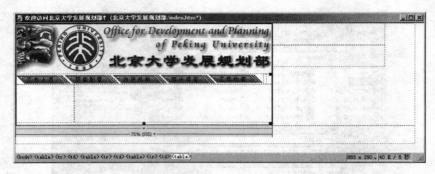

图 18-40　插入导航栏后的文件

（3）同理在适当位置上插入其他的图片和导航栏，最后得到如图 18-41 所示的文件。

图 18-41　插入所有的图片和导航栏所得文件

18.3.4　其他的工作

现在已经基本上完成了首页的制作了，现在只是需要对首页进行一些其他的辅助工作了，譬如计数器、版权信息和新闻栏的添加以及导入一个 CSS 文件了。

（1）先导入一个外部 CSS.CSS 文件。选择【文本】菜单，在下拉菜单中选择【CSS 样式】|【管理样式】|【附加】，跳出链接外部样式表弹出对话框，如图 18-42 所示，选择【导入】单选框，并单击 浏览... 按钮，在选择样式表文件对话框中选择 CSS.CSS 文件，如图 18-43 所示。导入一个外部文件 CSS 文件。

其中样式表文件内容如下：

```
body {
scrollbar-face-color: #eeeeee; font-size: 9pt;
scrollbar-highlight-color: #b5b5b5;
scrollbar-shadow-color: #b5b5b5; color: #000000;
scrollbar-3dlight-color: #eeeeee; line-height: 12pt;
scrollbar-arrow-color: #b5b5b5; font-family: "宋体";
scrollbar-darkshadow-color: #eeeeee;
font-size: 9pt; color: #000000;
```

```
font-family: 宋体; line-height: 1.5
}
a {
color: #000000; font-family: "宋体";
text-decoration: none
}
a:visited {
color: #000000; font-family: "宋体";
text-decoration: none
}
a:active {
color: #000000; font-family: "宋体"
}
a:hover {
color: #0099cc; font-family: "宋体";
text-decoration: underline
}
td {
font-size: 9pt;
font-family: "宋体"
}
```

图 18-42　链接外部样式表对话框

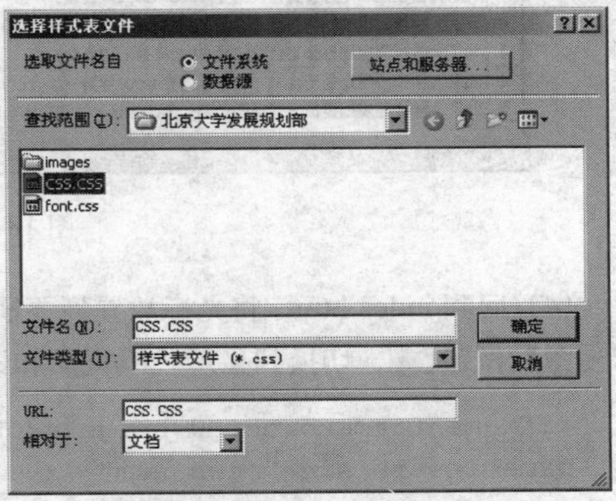

图 18-43　选择样式表文件对话框

（2）接着在左下角插入一个表格，在里面添加申请的技术器代码另外添上文字。然后在文件最下方的单元格中放置水平线和版权信息等，得到图 18-44 所示的文件。

图 18-44　添加计数器栏和版权信息栏

（3）现在需要的是在页面的中心空白区域内插入一个框架页来显示新闻了，首先制作好一个新闻的页面，将其命名为 news.htm 放在站点的根目录之下，同样为其导入外部的 font.css 文件，如图 18-45 所示。

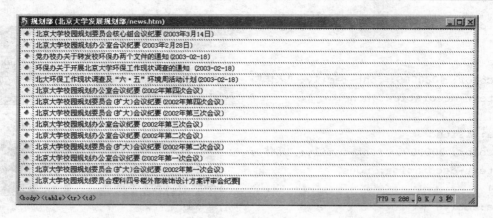

图 18-45　新闻页面

（4）回到 index.htm，将光标放置到要插入新闻页的单元格之中，单击【显示代码视图和设计视图】按钮，切换到显示代码视图和设计视图，在代码视图中插入下面的代码：

```
<iframe frameborder=0 height=302
name=insert src="news.htm"
width=419> </iframe>
```

这样框架页就已经被插入到首页文件中去了，如图 18-46 所示。

（5）最后将这个文件保存。如果接着要制作站点的话，利用 Dreamweaver 做好它与其他页面的链接就可以了，这里只是讲首页制作就不赘述了。现在按 F12 键在浏览器中浏览看看效果怎么样，如图 18-47 所示。这样首页就制作成功了！

图 18-46　插入框架页

图 18-47　在浏览器中浏览首页

18.4　本章小结

在上面的北京大学发展规划部的网站制作实例中，首先了解了一些关于事业单位的网站设计的风格和设计思路，了解了关于该类网站在页面布局、色彩搭配方面需要注意的一些信息。然后简单地讲解了规划部网站的制作过程，在此学会如何利用钢笔工具制作特殊的字体格式，更进一步熟悉文本和路径的结合使用，对于按钮的制作也加深了理解。最后，通过 Dreamweaver 讲述了怎么布局网页界面，如何利用 Fireworks 制作好的图片和 HTML 来制作首页文件，进一步深化了 Fireworks MX 2004 和 Dreamweaver MX 2004 的结合使用。

18.5　本章习题

（1）制作一个有小图标的导航栏，让鼠标放置上面后图片变亮，文本变色。

提示：新建一个文件，然后单击【编辑】|【插入】|【新建按钮】即可新建一个按钮，然后打开按钮编辑器制作按钮的几个状态，从中使用调整颜色滤镜功能即可。

（2）试着制作一个带有框架页的页面，了解怎么在 Dreamweaver 中添加框架页。

提示：在 Dreamweaver 站点中的文件中插入一段代码即可，参考相关本章内容。

附录 Fireworks MX 2004 快捷键一览表

工具箱

工 具	快捷键
Pointer（选择）工具	V 或 0
Select Behind（选择后面）工具	V 或 0
Subselection（次选择）工具	A 或 1
Scale（变形）工具	Q
Crop（剪切）工具	C
Export Area（输出区域）工具	C
Marquee（矩形选取框）工具	M
Oval Marquee（圆形选取框）工具	M
Polygon Lasso（多边形套索）工具	L
Lasso（套索）工具	L
Magic Wand（魔术棒）工具	W
Brush（笔刷）工具	B
Pencil（铅笔）工具	B
Blur（模糊）工具	R
Sharpen（锐化）工具	R
Dodge（减淡）工具	R
Burn（加深）工具	R
Smudge（涂抹）工具	R
Rubber Stamp（橡皮图章）工具	S
Replace Color（替代颜色）工具	S
Red Eye（红眼睛）工具	S
Eyedropper（眼药水）工具	I
Paint Bucket（油漆桶）工具	G
Gradient（渐变）工具	G
Line（直线）工具	N
Pen（钢笔）工具	P
Vector Path（自由路径）工具	P
Redraw Path（重绘路径）工具	P
Retangle（矩形）工具	U
Ellipse（圆形）工具	U
Polygon（多边形）工具	U
Text（文本）工具	T
Freeform（自由变形）工具	O

续表

工 具	快捷键
Reshape Area（重新造型区域）工具	O
Path Scrubber（路径擦洗器）工具	O
Knife（小刀）工具	Y
Retangle Hotspot（矩形热点）工具	J
Circle Hotspot（圆形热点）工具	J
Polygon Hotspot（多边形热点）工具	J
Slice（切片）工具	K
Polygon Slice（多边形切片）工具	K
Hide Slice and Hotspot（隐藏热点和切片）工具	2
Show Slice and Hotspot（隐藏热点和切片）工具	2
Set Default Stroke/Fill Color（设置却省的笔划或填充颜色）	D
Swap Stroke/Fill Color（交换笔划和填充的颜色）	X
Standard Screen Mode（标准屏幕模式）	F
Full Screen with Menus Mode（带菜单的全屏模式）	F
Full Screen Mode(全屏模式)	F
Hand（手）工具	H
Zoom（放大镜）工具	Z

File（文件）菜单

命 令	快捷键
New（新建）	Ctrl+N
Open（打开）	Ctrl+O
Close（关闭）	Ctrl+W
Save（保存）	Ctrl+S
Save as（另存为）	Ctrl+Shift+S
Import（输入）	Ctrl+R
Export（输出）	Ctrl+ Shift+ R
Export Preview（输出预览）	Ctrl+ Shift+X
Preview in Iexplore.exe（在浏览器中预览）	F12
Preview in（预览）	Ctrl+ F12
Print（打印）	Ctrl+P

Edit（编辑）菜单

命 令	快捷键
Undo（撤销）	Ctrl+Z
Redo（重做）	Ctrl+Y
Insert New Button（插入按钮）	Ctrl+ Shift+ F8
Insert New Symbol（插入新元件）	Ctrl+ F8
Insert Hotspot（插入热点）	Ctrl+ Shift+U

命 令	快捷键
Insert Slice（插入切片）	Alt+Shift+U
Find（查找）	Ctrl+F
Cut（剪切）	Ctrl+X
Copy（复制）	Ctrl+C
Copy HTML Code（复制 HTML 代码）	Ctrl+ Alt+C
Paste（粘贴）	Ctrl+V
Clear（清除）	Backspace
Paste Attribute（粘贴属性）	Ctrl+ Alt+Shift+ V
Dulicate（复制）	Ctrl+ Alt+D
Clone（克隆）	Ctrl+ Shift+ D
Preferences（属性）	Ctrl+U

View（视图）菜单

命 令	快捷键
Zoom in（放大）	Ctrl+=
Zoom Out（缩小）	Ctrl+-
Fit Selection（适合选择）	Ctrl+ Alt+0
Fit All（适合全部）	Ctrl+0
Full Display（全部显示）	Ctrl+K
Hide Selection（隐藏所选）	Ctrl+L
Show All（显示全部）	Ctrl+ Shift+L
Rulers（标尺）	Ctrl+ Alt+R
Show Grid（显示网格）	Ctrl+ Alt+G
Snap to Grid（吸附到网格）	Ctrl+ Alt+ Shift+ G
Show Guides（显示引导线）	Ctrl+；
Lock Guides（锁定引导线）	Ctrl+ Alt+；
Snap to Guides（吸附到引导线）	Ctrl+ Shift+；
Slice Guides（切片引导线）	Ctrl+ Alt+ Shift+；
Hide Edges（隐藏选取边缘）	F9

Select（选择）菜单：

命 令	快捷键
Select All（选择全部）	Ctrl+ A
Deselect（取消选择）	Ctrl+D
Superselect（选择上面）	Ctrl+Right
Subselect（选择下面）	Ctrl+Left
Select Inverse（反选）	Ctrl+ Shift+I

Modify（修改）菜单

命　令	快捷键
Trim Canvas（修剪画布）	Ctrl+ Alt+T
Fit Canvas（适合画布）	Ctrl+ Alt+F
Convert to Symbol（转换为元件）	F8
Tween Innstances（渐变动画）	Ctrl+ Alt+ Shift+T
Flatten Selection（合并选择）	Ctrl+ Alt+ Shift+Z
Merge Down（向下合并）	Ctrl+E
Free Transform（自由变形）	Ctrl+T
Numeric Transform（数字变形）	Ctrl+ Shift+T
Rotate 90CW（顺时针选择 90°）	Ctrl+ Shift+9
Rotate 90CCW（逆时针旋转 90°）	Ctrl+ Shift+7
Bring to Front（到最前面）	Ctrl+ Shift+Up
Bring Forward（向前一层）	Ctrl+ Up
Send Backward（向后一层）	Ctrl+Down
Send toBack（到最后面）	Ctrl+ Shift+ Down
Left（左对齐）	Ctrl+ Alt+1
Center Vertical（中心垂直对齐）	Ctrl+ Alt+2
Right（右对齐）	Ctrl+ Alt+3
Top（顶部对齐）	Ctrl+ Alt+4
Center Horintal（中心水平对齐）	Ctrl+ Alt+5
Bottom（底部对齐）	Ctrl+ Alt+6
Distribute Widths（宽度分散）	Ctrl+ Alt+7
Distribute Heights（高度分散）	Ctrl+ Alt+9
Join（合并）	Ctrl+J
Split（分离）	Ctrl+ Shift+ J
Group（群组）	Ctrl+G
Ungroup（取消群组）	Ctrl+ Shift+ G

Text（文本）菜单

命　令	快捷键
Smaller（变小）	Ctrl+ Shift+,
Larger（变大）	Ctrl+ Shift+.
Bold（粗体）	Ctrl+B
Italic（斜体）	Ctrl+I
Left（文字左对齐）	Ctrl+ Alt+ Shift+L
Centered Horinzontally（文字中心水平对齐）	Ctrl+ Alt+ Shift+C
Right（文字右对齐）	Ctrl+ Alt+ Shift+R
Stretched（拉伸）	Ctrl+ Alt+ Shift+S
Attach to Path（吸附到路径）	Ctrl+ Shift+T

续表

命　令	快捷键
Convert to Paths（转换路径）	Ctrl+ Shift+P
Check Spelling（拼写校正）	Shift+F7

Filters（滤镜）菜单

命　令	快捷键
Repeat Filter（重复滤镜）	Ctrl+ Alt+ Shift+X

Window（窗口）菜单

命　令	快捷键
Hide Panels（隐藏面板）	F4
Tools（工具箱）	Ctrl+F2
Properties（属性）面板	Ctrl+F3
Optimize（优化）面板	F6
Layers（层）面板	F2
Frames（帧）面板	Shift+ F2
History（历史）面板	Shift+ F10
Styles（样式）面板	Shift+ F11
Library（库）面板	F11
URL 面板	Alt+ Shift+ F10
Color Mixer（颜色混合器）面板	Shift+ F9
Swatches（调色板）面板	Ctrl+ F9
Info（信息）面板	Alt+ Shift+ F12
Behaviors（行为）面板	Shift+F3
Find（查找）面板	Ctrl+F

Help（帮助）面板

命　令	快捷键
Fireworks Help（Fireworks 帮助）面板	F1

读者回函卡

亲爱的读者：

感谢您对海洋智慧 IT 图书出版工程的支持！为了今后能为您及时提供更实用、更精美、更优秀的计算机图书，请您抽出宝贵时间填写这份读者回函卡，然后剪下并邮寄或传真给我们，届时您将享有以下优惠待遇：

- 成为"读者俱乐部"会员，我们将赠送您会员卡，享有购书优惠折扣。
- 不定期抽取幸运读者参加我社举办的技术座谈研讨会。
- 意见中肯的热心读者能及时收到我社最新的免费图书资讯和赠送的图书。

姓　名：_____　性　别：□男 □女　　年　龄：_____

职　业：_____　　　爱　好：_____

联络电话：_____　　电子邮件：_____

通讯地址：_____　　邮编：_____

1 您所购买的图书名：_____　购买地点：_____

2 您现在对本书所介绍的软件的运用程度是在：□ 初学阶段　□ 进阶／专业

3 本书吸引您的地方是：□ 封面　□ 内容易读　□ 作者　□ 价格　□ 印刷精美

　　　　□ 内容实用　□ 配套光盘内容　　其他 _____

4 您从何处得知本书：□ 逛书店　□ 宣传海报　□ 网页　□ 朋友介绍

　　　　　　　□ 出版书目　□ 书市　　其他 _____

5 您经常阅读哪类图书：

　□ 平面设计　□ 网页设计　□ 工业设计　□ Flash 动画　□ 3D 动画　□ 视频编辑

　□ DIY　□ Linux　□ Office　□ Windows　　□ 计算机编程　其他 _____

6 您认为什么样的价位最合适：_____

7 请推荐一本您最近见过的最好的计算机图书：

　书名：_____　　　出版社：_____

8 您对本书的评价：_____

_____

9 您还需要哪方面的计算机图书，对所需的图书有哪些要求：

社址：北京市海淀区大慧寺路 8 号　网址：http://www.oceanpress.com.cn
编辑热线：010-62100088　010-62100023　传真：010-62132549
邮局汇款地址：北京市海淀区大慧寺路 8 号海洋出版社发行中心　邮编：100081

商城首页　网站首页　留言板　联系我们

TAG　热门搜索：海洋 科技 养殖 经济 计算机

所有分类　　搜索　高级搜

当前位置：商城首页 > 教育类 > 计算机

您的购物车中有 0 件商品，总计金额 ¥0.00元。

- ☑ **计算机**
- 动漫游戏与数字艺术
- 精品图书
- "十一五"教材
- 图形图像与平面设计
- 工业设计
- ☑ 中高职
- ☑ 社会培训
- ☑ 大学教材
- ☑ 英语学习
- ☑ 其他

销售排行 | TOP 10
1. 海战史与未来海...
2. 论中国海权
3. 海洋军事
4. 蓝色财富
5. 第八届动画学院...
6. 海洋观教程
7. 中国海洋发展报...
8. 束星北学术论文...
9. 水声对抗技术
10. 同位素海洋学研...

浏览历史

商品列表

显示方式：▦ ▤ 字　按上架时间排序 ▼　倒序 ▼

五笔字型经典教程
本店价¥28.00元
收藏 | 购买 | 比较

中文版Photoshop···
本店价¥28.00元
收藏 | 购买 | 比较

Office ...
本店价¥35.00元
收藏 | 购买 | 比较

新编中文版Fl...
本店价¥28.00元
收藏 | 购买 | 比较

Altium ...
本店价¥33.00元
收藏 | 购买 | 比较

透视索马里海盗
本店价¥28.00元
收藏 | 购买 | 比较

新编中文版Ph...
本店价¥28.00元
收藏 | 购买 | 比较

中文版Flas...
本店价¥62.00元
收藏 | 购买 | 比较

影视动画技法
本店价¥58.00元
收藏 | 购买 | 比较

新编中文版Il...
本店价¥28.00元
收藏 | 购买 | 比较

建筑与景观模型...
本店价¥35.00元
收藏 | 购买 | 比较

CorelDR...
本店价¥25.00元
收藏 | 购买 | 比较

新编中文版Dr...
本店价¥28.00元
收藏 | 购买 | 比较

光影传奇——3...
本店价¥78.00元
收藏 | 购买 | 比较

影视动画背景绘...
本店价¥49.00元
收藏 | 购买 | 比较

日本动画类型分...
本店价¥39.00元
收藏 | 购买 | 比较

电子商务实训教...
本店价¥20.00元
收藏 | 购买 | 比较

中国漫动力
本店价¥55.00元
收藏 | 购买 | 比较

第八届动画学院...
本店价¥88.00元
收藏 | 购买 | 比较

马克笔环境艺术...
本店价¥49.00元
收藏 | 购买 | 比较

中文版Phot...
本店价¥118.00元
收藏 | 购买 | 比较

中国动画产业年...
本店价¥298.00元
收藏 | 购买 | 比较

现代动画概论
本店价¥39.00元
收藏 | 购买 | 比较

新编中文版In...
本店价¥33.00元
收藏 | 购买 | 比较

影视电脑动画基...
本店价¥58.00元
收藏 | 购买 | 比较

新编中文版Dr...
本店价¥30.00元
收藏 | 购买 | 比较

新编中文版Fl...
本店价¥30.00元
收藏 | 购买 | 比较

网络编辑实用教...
本店价¥49.00元
收藏 | 购买 | 比较

三维动画制作基...
本店价¥58.00元
收藏 | 购买 | 比较

网络组建管理与...
本店价¥39.00元
收藏 | 购买 | 比较